机械学科平台课程系列教材

# 机 械 设 计

## ——基础篇(第二版)

张卫国　饶　芳　主　编

吴昌林　姜柳林　王彦伟　编

U0345241

华中科技大学出版社

中国·武汉

# 内 容 简 介

本书是根据高等学校工科"机械原理与设计"课程教学指导小组修订的《"机械设计"课程教学基本要求》及机械大类专业人才的培养要求编写的。

本书重点讨论了通用机械零部件设计中的一些基本知识、基本原理和基本方法。全书共分 10 章。第 1 章简述了机械设计的基础知识；第 2 章～第 4 章介绍了机械传动零件设计；第 5 章介绍了连接件设计；第 6 章～第 9 章介绍了轴系支承等零部件设计；第 10 章介绍了弹簧设计。每章末皆配有习题供教学使用。

本书主要作为高等工科学校机械大类各专业(含机械、能源动力、材料、交通、船海、环境等)的教材，也可供有关工程技术人员参考。

**图书在版编目(CIP)数据**

机械设计——基础篇(第二版)/张卫国 饶 芳 主编.—武汉：华中科技大学出版社，2013.6
(2023.7 重印)
ISBN 978-7-5609-8813-9

Ⅰ.机… Ⅱ.①张… ②饶… Ⅲ.机械设计-高等学校-教材 Ⅳ.TH122

中国版本图书馆 CIP 数据核字(2013)第 081079 号

## 机械设计——基础篇(第二版)

张卫国 饶 芳 主编

策划编辑：万亚军
责任编辑：刘 勤
责任校对：朱 霞
封面设计：刘 卉
责任监印：张正林
出版发行：华中科技大学出版社(中国·武汉)　　电话：(027)81321913
　　　　　武汉市东湖新技术开发区华工科技园　　邮编：430223
录　排：华中科技大学惠友文印中心
印　刷：武汉邮科印务有限公司
开　本：710mm×1000mm 1/16
印　张：15.75
字　数：348 千字
版　次：2023 年 7 月第 2 版第 6 次印刷
定　价：48.00 元

# 代序(节选)

## 高度重视知识　认真打好基础
### ——兼谈构建专业教育平台

### 华中科技大学　杨叔子　张福润　吴昌林

　　高等教育是专门教育。教育所涉及的知识大致可以分为五个层次。第一层,作为高等教育所必需传授的基础知识:人文学科的,如文、史、哲;社会学科的,如经济、法律、政治;技术学科的,如信息、计算机;自然学科的,如数、理、化、生;还有艺术、体育、外语等。第二层,大门类专门教育所必需传授的基础知识。现今分为文科、理科、工科、医科、农科、军事科等等若干大门类。工科是面向工业生产与工程实际的学科,其必需传授的基础知识,如作为工程语言的工程图学,作为现代技术手段的计算机技术,作为工业与工程所需的机电基础知识等。第三层,在大门类学科中,又分为若干所谓的一级学科,如机械工程、船舶工程、土木工程、电气工程等。在这些一级学科中,有一些彼此密切相关且基础知识相近的学科,如机械工程、仪器仪表、能源动力、工程力学等所需的基础知识都与机械密切相关,大致为:力学(包括热力学、流体力学等)、设计、制造、控制、材料等。这些学科又可类聚在一起。第四层,是一般所谓的专业即二级学科,如上述的机械工程等一级学科中,根据实际情况,又划分成若干二级学科。我国根据科技发展、经济发展与社会进步的需要,1998年对本科专业目录做了大的调整,机械工程类专业即二级学科,从17个缩成4个,仪器仪表类专业从9个缩成为1个,能源动力类专业从4个缩成为2个,工程力学类专业从2个缩成为1个。这一层次的知识就是所谓的专业方向课程。机械工程类所包含的4个二级学科为机械设计制造及其自动化、材料成型及控制工程、过程装备及控制、工业设计。第五层,就是这些二级学科所分设的若干方向,或所谓的"专门化"。显然,这些方向或专门化所设置的课程或所讲的内容,基本上就是直接同生产实际或工程实际相联系的,甚至就是当前发展中的非常现实的问题,实质上是讲座。需要说明的是:第一,前一层次的课程固然要为以后的课程打基础,做准备,然而更为本质的是任何一层次的课程都应为受教育者一生的做人做事打基础;不然就是急功近利,背离了育人、提高素质这一根本宗旨。第二,由于专业不同,有的课程不一定是某一层次专有,例如,工科的数学,可以延至第三层,有的内容还可开设专门讲座。第三,还应规定必须选修1~3门与本专业关系不大甚至完全无关的其他专业的课程,以便扩大知识视野,启迪思维。第四,即使开设的专门化课程或讲座,也不能只就事论事,而应通过这一专门化课程作为具体事例,阐述寓于此事例中更为一般性的问题。总之,安排课程、选择内容,当然是从知识本身出发来考虑,但绝对不只是为了知识,而是还应重视知识所承载的思维、方法、精神等。高等教育为适应社会发展的需要,在上述各知识层次上进行了学科知识平台的调整与重构。从专门人才培养的角度出发,近十年来特别在第五层次至第三层次上对教学内容进行了深入的改革:在第四层次上类聚一些划分得过细、过窄的专业,将原有的 500 多个专业并为 240 多个专业;今年来如上所述,又在大门类学科(第三层)中类聚一级学科,按学科大类构建更为宽阔的知识平台。这样做,就是为了普通高等本科教育适应当前科技进步与市场经济发展的需要,谋求学生有所需的较宽的知识基础,有适应当今形势需要的较宽口径,从而能经一定实际工作锻炼后,不仅可适应目前工作需要,而且可以有创意地去发展,而不会被过窄的专业知识束缚手脚。这就要求精心去构建专业教育的知识大平台。构建知识大平台,就是恰当地选择知识的量、知识的质、知识的类型、知识的组分,恰当地组成知识的体系,以及决定相应的教与学的方式,就是构建与此平台相应的学、思、行的措施系统。毫无疑问,在传授知识时,要着力抓好课堂教育,还要对设计、实习、调查研究、试验、社会活动、校园文化等高度重视,即必须高度重视领悟人生,启迪思维,因材施教,锻炼能力,提高素质。因此,必须安排有足够的时间与空间,形成良好的学习氛围,在学生"学"时,能促进其"思"与其"行"。如同岳麓书院的传统一样:"博于问学,明于睿思,笃于务实,志于成人",以培养数以千万计的专门人才,而且便于进一步造就一大批拔尖创新人才。

显然,不同层次、不同类型的高等教育,上述五个层次的知识所占的比重、知识体系以及知识教与学的方式是不同的,因为所培养的人才所起的作用各不相同。但是,决没有谁贵谁贱,谁高谁低,谁优谁劣,相反,在经济建设与社会发展中,均不可少。一花独放,决非春天,万紫千红,才是春天。有差异,才有世界;无差异,没有世界。各层次各类型高等教育应明确自己的定位,安其位,谋其事,努其力,尽其智,上其水平,显其特色,创其一流,实现历史赋予的重大责任。

知识是文化的载体。必须在教育中,高度重视知识,切实打好基础;也必须更加高度重视通过知识来培育情感,启迪思维,提升精神境界,以能与时俱进,弘扬民族精神,深情爱国,焕发时代精神,奋勇创新。

杨叔子:中国科学院院士、原全国高校机械学科教学指导委员会主任委员、原华中科技大学学术委员会主任、华中科技大学教授、博导
张福润:原全国高校机械学科教学指导委员会秘书长、华中科技大学教授
吴昌林:教育部高等学校机械基础课程教学指导委员会副主任委员、第二届国家级教学名师奖获得者、华中科技大学教授、博导

# 再 版 前 言

本书第一版自 2006 年投入使用以来,经过了 6 年多的教学实践,得到了广大教师和学生的热情关注。第二版是在总结了前期使用经验的基础上,根据教育部《高等工业学校"机械设计"课程教学基本要求》的主要精神,结合当前课程改革的需要及广大师生的使用意见修订而成的。本次修订的具体内容如下。

1. 在重点章节中增加了一些设计实例,以便学生对设计方法的全面掌握与应用。

2. 对涉及国家标准的内容,全部按最新国家标准执行,以适应新形势的发展需要。

3. 增加了一些较新型零部件的设计方法(如圆弧圆柱蜗杆传动设计等),以开阔学生的视野。

4. 尽可能使主要零部件的设计计算方法与华中科技大学吴昌林主编的机械类多学时《机械设计》教材相一致,以形成一套系列教材。

5. 一方面对不太常用的知识及内容进行了精简,另一方面对部分必须掌握的重点内容进行了完善和补充。

6. 对第一版中的某些图、表、公式、文字及表述中的一些错漏之处进行了修正和补充。

本书由张卫国、饶芳任主编。参加本次修订工作的有张卫国(第 1、2、6、7 章)、饶芳(第 5、8 章)、姜柳林(第 4、9 章)、王彦伟(第 3、10 章)及吴昌林(第 3 章)等教师。在本书的修订过程中,编者得到了华中科技大学"机械设计"课程教学团队的各位同仁的指导和帮助,在此表示衷心的感谢。

限于编者水平,书中谬误之处难免,殷切希望广大读者批评、指正。

**编 者**

2013 年 1 月于华中科技大学

# 初 版 前 言

自 2003 年开始，华中科技大学机械学院、材料学院、能源与动力学院及交通学院等 4 个学院的机械设计制造及其自动化、材料成形及控制工程、热能与动力工程、过程装备及自动化、轮机工程、船舶与海洋工程等 6 个本科专业，已按照机械大类新的教学大纲实施教学。

"机械设计"课程是机械大类平台课程之一，是学生今后从事机械设计的重要理论与实践基础。为了适应新的教学大纲，满足不同类型学生的需求，我们编写了《机械设计——基础篇》和《机械设计——专题篇》这两本教材。前者是所有机械大类的学生必须掌握的基本知识，而后者则提供给期望深入学习机械设计有关知识的同学选用。这两本教材在内容上相互衔接，组成了一个有机的整体。

编写这套教材时，我们力求在满足教学基本要求的前提下精选内容、适当拓展知识面、反映本学科的新进展。《机械设计——基础篇》重点介绍常用机械零部件的基本设计计算方法，初步培养学生解决工程实际问题的能力，篇幅不大，难度适中，简明扼要，可满足机械大类各专业学习机械设计知识的需要。在此基础上，《机械设计——专题篇》对一些理论和应用问题进行了专题介绍，如机械零件的疲劳强度、流体动压润滑、较新型的传动装置设计、机械零部件结构设计、机械系统总体方案设计等，从而使学生更深入地了解机械设计的理论基础及新方法、新技术，拓宽视野。

参加本书编写工作的有：张卫国（第 1 章、第 2 章、第 6 章、第 7 章）、戴同（第 3 章）、姜柳林（第 4 章、第 9 章）、饶芳（第 5 章、第 8 章）、吴昌林（第 10 章），由张卫国、饶芳担任主编。

本书的编写及出版，得到了华中科技大学出版社领导和编辑的大力支持与帮助，他们付出了辛勤的劳动；华中科技大学机械学院的同仁对本书的编写提出了很多宝贵的意见和建议，编者一并在此表示真挚的谢意。

由于编者水平有限，书中错误和不当之处在所难免，恳请各位读者批评指正。

**编者**

2006 年 6 月

# 目　　录

# 第 1 章 机械设计概论

## 1.1 "机械设计"课程的性质及主要内容

### 1.1.1 "机械设计"课程在经济建设中的作用

机械设计是为了满足机器的某些特定功能要求而进行的创造过程,即应用新的原理和方法开发创造出新的机械产品,或对已有的机械设备进行技术改进。因此,机械设计是影响机械产品性能、质量、成本和企业经济效益的一项重要工作。机械产品能不能满足用户要求,很大程度上取决于设计工作。随着科学技术的进步,市场竞争日趋激烈,企业为了获得自身的生存和发展,必须不断地推出具有市场竞争力的新产品。因此,机械产品更新换代的周期日益缩短,人们对机械产品在质量、功能和品种上的要求将不断提高,这就对机械设计人员提出了更高的要求。

目前,我国机械产品的设计水平与国际先进水平相比还有相当大的差距,特别是设计方法比较落后,许多先进的设计理论、方法和技术还没有得到很好的掌握。设计水平的落后必然导致机械产品的性能和质量的落后,这样,机械产品不但难以进入国际市场,而且国内市场也将难以维持。为了从根本上扭转这种局面,必须大力加强机械产品的设计工作,大力推行现代设计方法,而其中的关键是大量地培养高素质的机械设计人才。"机械设计"课程担负着培养机械设计科技人才的任务。

### 1.1.2 "机械设计"课程的性质及任务

本课程是高等学校工科机械大类各专业必修的一门设计性质的技术基础课程,是学习许多后续课程和从事机械设备设计的基础,在从基础理论课学习逐步进入专业课学习的过程中,它起着承上启下的作用。"机械设计"课程综合性很强,涉及力学、摩擦学、机械原理、工程材料、机械制图、制造工艺、系统工程学、计算机辅助设计、优化设计、设计方法学等学科,因此,对机械设计人员来说,只有理论扎实、知识广博,才能充分考虑、理解并正确处理机械设计中的各种问题,才能进行创造性的设计工作,才能获得最佳的设计结果。

本课程的主要任务是:逐步培养学生正确的设计思想和创造性思维能力,了解国家的技术经济政策和国民经济发展对工程技术人员的要求;使学生掌握机械设计所必需的基本知识、基本理论和基本方法,具备设计机械传动装置和简单机械的能力;培养学生综合运用各种知识和技术资料(如标准、规范及手册等),以及处理机械设计中各种问题的能力;使学生获得实验技能的基本训练;使学生对机械设计的最新发展及现代设计方法在机械设计中的应用有所了解。

### 1.1.3 "机械设计"课程的主要内容和学习方法

"机械设计"课程主要研究在各种机器中普遍使用的通用机械零部件,如齿轮、螺纹连接、轴承等,研究这些通用零部件的工作原理、结构特点、选用原则以及参数设计和结构设计方法,在此基础上,研究机械及其传动系统的总体方案设计。

本课程涉及的内容广泛,与工程实际联系紧密。许多机械设计问题的解不是唯一的,往往有多种可行方案供选择和判断,而且机械设计过程具有反复性。在初学本课程时,学生常常难以适应这一变化。因此,在学习时应注意以下几点:①着重基本概念的理解和基本设计方法的掌握,强调分析问题和解决问题能力的培养;②着重理解公式建立的前提、意义、应用以及公式中各参数的物理意义和对设计结果的影响,不强调对理论公式的具体推导;③注意密切联系生产实际,努力培养解决工程实际问题的能力;④机械零部件的参数设计是本课程的主要内容之一,学习这一部分时,应根据零部件的工作状况,进行受力和失效分析,并根据功能要求和设计条件,建立设计计算公式,并学会应用设计计算公式进行具体的设计计算;⑤特别要重视公式的应用和具体设计方法的掌握,不要把主要精力放在公式的数学推导和记忆上。

## 1.2　机器的组成及其功能结构

图 1-1 所示的为加热炉工件输送机结构简图,其主要功能是传送物料。从结构上看,它由电动机 1、联轴器 2、蜗杆减速器 3、齿轮传动 4、连杆机构 5、执行构件 6、输送辊道 7和机架 8 等部分组成。电动机(动力源,能量转换装置)输出的能量,通过联轴器、减速器、齿轮传动、连杆机构等(机器的传动装置,用于能量的传递和分配)带动执行构件(机器的工作装置)实现物料的传送。机架对上述零部件起支承作用,保证它们能正常工作。工件输送机的启、停由人工或自动控制。从功能上看,它具有能量转换、能量传递、工作、控制、支承与连接、辅助(如照明等)等功能部件,其功能结构如图 1-2 所示。

自行车也是一种简单的机器,它的动力源是人力,通过踏板、链传动装置带动前、后车轮旋转,实现代步功能。其移动方向和制动由双手控制车把和车闸来实现,车架对车轮等零部件起支承和连接的作用。此外,车灯用于照明,货架用于携带少量货物等。从功能结构上看,自行车可视为由驱动(能量转换)、传动(能量传递)、行走(工作)、转向或制动(控制)、照明及载货(辅助)、支承和连接等功能部件组成。

从上面的实例可以看出以下几点。

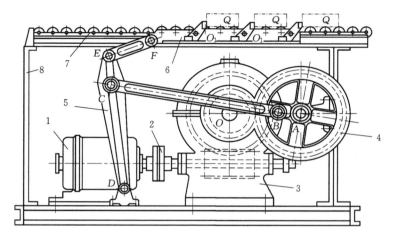

图 1-1　加热炉工件输送机结构简图

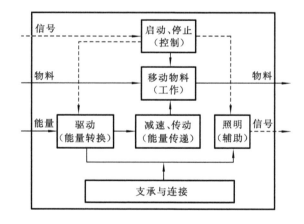

图 1-2　加热炉工件输送机功能结构图

　　（1）机器主要由原动机、传动装置、工作机构、控制系统、支承与连接、辅助装置等部分组成。

　　（2）功能分析是机械设计的基本出发点,进行机械产品的设计,首先必须进行功能分析,明确功能要求,设计出机器的功能结构图,然后再进行各个阶段的设计。只有这样,才能不受现有结构的束缚,形成新的设计构思,提出创造性的设计方案。

　　（3）不同机器的功能结构图是不同的,即使总功能要求相同,也可以设计出不同的方案。因此,设计者应能从多种可行方案中选出较优的,并据此进行机械系统各个阶段的设计。

# 1.3　机械设计中的一般性问题

## 1.3.1　机械设计的要求和步骤

根据用途不同,机械的种类繁多,但设计的基本要求相同。

**1. 功能要求**

机械设计的目的就是要实现预期的功能,为此,设计者必须正确地选择机械的工作原理,合理地设计出满足功能要求的机械传动方案,确定合适的机构和零部件的类型,使其满足待设计机械在运动特性和动力特性等诸方面的要求。

**2. 可靠性要求**

在满足功能要求的前提下,机械应能在预定的使用期限内安全可靠地工作,即机械在使用中不发生破坏、不致因零件的过度磨损或变形而导致失效、不能产生强烈的振动和冲击而影响机器的工作性能,更不能因某些零部件的破坏而引起人身和财产安全事故。为满足可靠性要求,必须正确地进行机械的整体设计及零部件的强度计算。

**3. 经济性要求**

机械产品的经济性体现在设计、制造、销售和使用的全过程中,产品的成本在很大程度上取决于设计。所以,设计人员在进行机械设计时,应在保证质量的前提下采用简单实用的设计方案,尽可能地降低原材料消耗,在满足要求的前提下选用价格低廉的材料,尽量采用标准零部件,充分考虑零部件的结构工艺性以减少加工装配成本。

**4. 标准化要求**

标准化程度是衡量一个国家生产技术水平和管理水平的尺度之一。标准化工作是我国现行的很重要的一项技术政策,设计工作中的全部行为都要满足标准化的要求。因此,从事机械设计时,除应尽量采用标准件外,自制件的某些尺寸、参数也应参照相关标准、规范正确选取。

机械设计的过程是一个复杂、细致的工作过程,不可能有固定不变的程序,设计步骤须视具体情况而定,大致上可分为三个主要阶段(见图 1-3):产品规划阶段、方案设计阶段和技术设计阶段。产品规划阶段包括:进行市场调查、研究市场需求,提出开发计划并确定设计任务书。方案设计阶段包括:确定机械的功能、寻求合适的解决方法、初步拟订总体布局、提出原理方案。技术设计阶段包括:选择材料、计算关键零部件的主要参数、进行总体结构设计、零部件结构设计,得出装配图、零件图和其他一些技术文档。值得注意的是:机械设计的过程是一个从抽象概念到具体产品的演化过程,设计者在设计过程中不断丰富和完善产品的设计信息,直至完成整个产品的设计;设计过程是一个逐步求精和细化的过程,设计初期,设计者对设计对象的结构关系和参数表达往往是模糊的,许多细节在一开始并不是很清楚,随着设计过程的深入,这些关系才逐渐清晰起来;机械设计过程

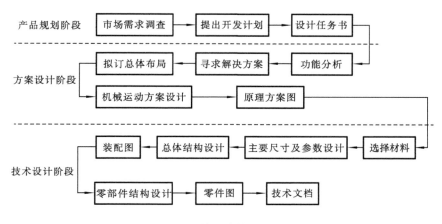

**图 1-3　机械设计的主要过程**

是一个不断完善的过程,各个设计阶段并非简单地按顺序进行,为了改进设计结果,经常需要在各步骤之间反复、交叉进行,直至获得满意的结果为止。

## 1.3.2　机械零件的常用材料及选择原则

机械零件的材料是多种多样的,常用的有各种钢和铸铁,其次是非铁金属和非金属材料。各种通用零件常用材料的品种和牌号将在以后各章节分别介绍,这里仅就材料的力学性能、基本特性、选用原则等作一般性说明。

**1. 机械零件的常用材料**

**1) 铸铁**

常用铸铁有灰铸铁和球墨铸铁。灰铸铁是机械制造中的主要铸造材料,其性脆、抗拉强度低,但有良好的铸造性能,且减振性、耐磨性、切削性均较好,成本低,常用于制造形状复杂或大型零件,如大型齿轮、机座、箱体等。球墨铸铁的强度较高,接近普通碳素钢,耐冲击性较好,其用途越来越广泛。

**2) 碳素结构钢**

碳素结构钢分为普通碳素钢(如 Q235)和优质碳素钢(如 45 钢)。对于碳的质量分数低于 0.25% 的低碳钢,其抗拉强度和屈服强度较低,但塑性较好、韧度较高,可通过表面渗碳淬火的办法提高零件的表面硬度和耐磨性,同时芯部具有较高的韧度以提高抗冲击能力。对于碳的质量分数在 0.3%～0.5% 之间的中碳钢,其综合力学性能较好,既有较高的强度,又有一定的塑性和韧度,常用来制造受力较大的螺栓、螺母、齿轮和轴等。

**3) 合金结构钢**

合金结构钢与普通碳素钢的主要区别就在于合金结构钢中添加了某些合金元素,以改善钢的性能,满足不同需求。如:添加镍元素(Ni)能提高钢的强度但不降低韧度;添加锰元素(Mn)能提高钢的耐磨性和强度;添加铬元素(Cr)能提高钢的硬度、高温性能等。

合金钢的价格比碳素结构钢的高,一般用于零件受载很大、要求强度高、结构紧凑、热处理要求较高等场合。

**4)铸钢**

铸钢的液态流动性比铸铁的差,其铸件的收缩率比铸铁材料的大,所以铸钢件的壁厚及过渡圆角半径均应比铸铁件的大一些。铸钢的强度略低于锻钢的强度,常用于制造尺寸较大的零件。

**5)非铁金属**

通常都是用有色金属制造机械零件,如铝合金、铜合金、轴承合金(也称巴氏合金)等。铜合金又分为青铜合金和黄铜合金,青铜合金有含锡和无锡的两种,黄铜合金含有锌元素。轴承合金主要用于制作滑动轴承。非铁金属合金的价格高、强度低,但减摩性、耐磨性、耐蚀性均较好,常用于有减摩要求的场合,以提高传动效率。

**6)非金属材料**

常用的非金属材料有橡胶、塑料等。橡胶具有较大弹性,能吸收冲击能量,并具有较大摩擦因数,故常用于制作吸振、减震的弹性元件以及靠摩擦力来传递运动的零件。塑料易于制造形状复杂的零件,塑料的种类非常多,各有特点,其用途日益广泛。

**2. 选择材料的基本原则**

机械设计时材料的选择是一项复杂而且重要的工作,它受多方面因素的制约,与设计者的知识程度及实践经验密切相关。在以后的有关章节中,将根据使用经验推荐适用的材料,这里只介绍选择材料的一些基本原则。

**1)满足使用要求**

选择材料时要考虑零件所受载荷或应力的大小及性质、机器的工作环境、尺寸及质量的限制、零件的重要程度等。

脆性材料原则上只宜用于承受静载荷作用的零件,承受冲击载荷作用的零件应以塑性材料为主。为提高接触强度和耐磨性,可对零件表面进行强化处理,如表面淬火、渗碳淬火等。在湿热环境下工作的零件,其材料应具有良好的防锈和耐蚀能力,可选用不锈钢、铜合金等。零件尺寸及质量的大小关系到材料的种类及毛坯的制造方法,一般来说,尺寸较小的零件,采用锻造材料和铸造材料均可,而尺寸较大的零件,其毛坯若采用锻造材料,应特别注意锻压设备的加工能力,尺寸过大不便锻造时,应采用可铸性材料。如果对零件的尺寸及质量有限制,则应选择强度高的材料。对于重要零件,为保证人身及设备安全,应选用综合力学性能好的材料,如合金钢。

**2)满足工艺性要求**

选择材料时要注意冷加工、热加工的工艺性。工艺性要求主要考虑零件及其毛坯制造的可能性及难易程度,如切削加工性能、铸造性能、锻造性能、热处理性能及焊接性能等。对于结构复杂的零件,宜采用铸造毛坯或用板材焊接而成。铸造时,应选用铸造性能较好的铸铁或铸钢材料,焊接时应选用焊接性能较好的低碳钢。结构简单的零件可采用锻造毛坯,大批量生产时可采用模锻方法,锻造材料应选用延展性好的材料。对于需进行机加工的零件,选材时要考虑切削性能,要易于切削并能够达到要求的表面粗糙度。需要进行热处理的零件,其材料应具有良好的热处理性能,如可淬性等。

**3) 满足经济性要求**

经济性要求主要表现在材料的价格和零件的制造费用上。在满足使用要求的前提下,能够选用价廉的材料,就不要选用价高的材料,这一点对于大批量生产的零件尤为重要。应尽可能节约贵重金属,比如采用组合式零件结构,将贵重材料用在零件的工作部分,零件的其他部分选用价廉的材料。零件的制造费用也是影响经济性的主要因素,例如制造箱体类零件时,虽然铸铁比钢板便宜,但在单件生产时,钢板焊接结构要比铸件经济,因其省掉了铸模的制作费用。还应注意提高材料的利用率,以求降低成本,例如采用无切削或少切削毛坯(如精铸、模锻、冷镦毛坯等)。此外,选材时还应考虑材料的供应状况,尽可能就地取材,减少采购、运输及管理费用,并尽量减少同一部机器上使用的材料品种和规格。

## 1.3.3　机械零件的失效形式和设计准则

**1. 失效形式**

机器或机械零部件由于某种原因丧失了正常的工作能力或性能参数降低到了限定值以下时,称为失效。机械零件的失效形式主要有以下几种。

**1) 断裂**

零件在受外载荷作用时,由于某一危险截面上的应力超过零件材料的强度极限而发生脆性断裂;或由于零件受变应力作用而发生疲劳断裂。例如轴的断裂、齿轮轮齿的断裂等。

**2) 工作表面疲劳点蚀**

若零件的工作表面长期受接触变应力作用,会使表面产生疲劳裂纹,从而引起表层金属的点状剥落,这就是疲劳点蚀。如齿轮的齿面点蚀、滚动轴承的滚道点蚀等。点蚀失效后,会引起振动、冲击和噪声,使机器的运转精度、工作性能下降。

**3) 塑性变形**

若作用在零件上的应力超过了材料的屈服强度,零件会产生塑性变形。塑性变形过大,会改变零件的形状和正确工作位置,引起运转不平衡,产生振动等。

**4) 过大的弹性变形**

零件的弹性变形虽然是可以恢复的,但过大的弹性变形也会影响零件的正常工作。如机床主轴的弯曲弹性变形过大,不仅会引起振动,而且会使轴的回转精度降低,导致被加工零件的质量严重下降。

**5) 磨损**

两个相互接触并作相对运动的工作表面可能会发生磨损现象。工作表面的过度磨损会影响机器的工作性能,使运动不连续而引起冲击,随着材料的丧失会削弱零件的强度。

**6）失去振动稳定性**

高速旋转的零件,当周期性干扰力的频率与零件的固有频率接近时会发生共振,导致振幅急剧增大,这种现象称为失去振动稳定性。共振会使零件甚至机器在短时间内遭到致命破坏。

由此可知,在实际工况下,机械零件可能的失效形式很多,归纳起来主要是这样几个方面的问题:强度问题(如断裂、点蚀、塑性变形等)、刚度问题(弹性变形)、耐磨性问题(磨损)和振动稳定性问题。机械零件在工作中到底会出现哪种形式的失效,与很多因素有关,比如材料、使用条件、受载状况等,要根据具体情况认真分析,找出其主要的失效形式。

**2．设计准则**

机械零件在不发生失效的前提下的安全工作限度,称为零件的工作能力。若这个安全工作限度是用零件所能承受的载荷大小来表示的,则称为承载能力。为保证零件在预定的期间内正常工作,设计时应针对可能出现的失效形式相应地确定工作能力判定条件。这些判定条件也就是机械零件的设计准则,如果所设计的零件满足这些判定条件,则说明它们在工作中是安全的。主要的工作能力判定条件如下。

**1）强度条件**

强度表明了零件抵抗断裂、点蚀及塑性变形等失效的能力。具备足够的强度是保证机械零件工作能力的最基本要求。零件的强度分为体积强度和表面接触强度。零件在载荷作用下,如果产生的应力在较大的体积内,则这种状态下的强度称为体积强度(简称强度)。若两零件的工作表面在载荷作用前是点接触或线接触,载荷作用以后,由于材料的弹性变形,则接触处变成狭小的面接触,从而产生很大的局部应力——表面接触应力,这时零件的强度称为表面接触强度,简称接触强度。

强度条件通常采用比较应力大小的方式,即

工作应力≤许用应力

上述的前三种失效形式均适合用强度条件来判定其工作能力。

**2）刚度条件**

刚度反映了零件在外载作用下抵抗弹性变形的能力。确定刚度条件的目的就是防止零件发生过大的弹性变形,即

实际变形量≤许用变形量

提高零件刚度的有效措施是:适当增大剖面尺寸或改变剖面形状;减小支承间的跨距;改变外载荷的作用位置;在适当的位置设置加强肋等。由于合金钢与碳素钢的弹性模量相差无几,所以,试图用合金钢替代碳素钢以提高零件刚度的办法是行不通的。

对于其他的失效形式,还可以确定相应的工作能力判定条件,如耐磨性条件、振动稳定性条件等,在此不一一赘述。

设计机械零件时,并不是用到所有的判定条件,而是针对零件可能发生的主要失效形式,选用一个或几个相应的判定条件,据此确定零件的主要尺寸或参数。比如轴的设计,

当它的主要失效形式是断裂时,则采用强度条件;主要失效形式是弹性变形时,则采用刚度条件。强度条件是机械设计中经常遇到问题,下面将进一步讨论。

## 1.3.4　机械设计中的强度问题

### 1. 载荷及应力

载荷是指外部作用于零件上的力、弯矩或转矩等。设计机械零件时,载荷可通过力学计算或实验来测定,通常作为已知条件。

载荷可分为名义载荷和计算载荷。根据原动机的额定功率按理论方法求出的载荷称为名义载荷,它是在理想的平稳工作条件下作用于零件上的载荷。实际上,机器工作时会受到各种干扰因素的影响,如振动、冲击、工作阻力变化等,使零件受到附加载荷的作用,则工作中作用于零件上的实际载荷(即计算载荷)要大于名义载荷。所以,设计机械零件时应该采用计算载荷,其值等于载荷系数与名义载荷的乘积,即

$$F_{ca} = KF \qquad (1\text{-}1)$$

式中:$F_{ca}$ 为计算载荷;

　　$F$ 为名义载荷;

　　$K$ 为载荷系数,它考虑了各种干扰因素的影响。

根据载荷的性质不同,还可将载荷分为静载荷和变载荷两类。不随时间变化或变化缓慢的载荷称为静载荷;随时间变化的载荷称为变载荷。

载荷作用后,零件的体积内部或表面会产生拉、压、弯、剪等各种应力,并产生相应的变形。根据名义载荷求出的应力称为名义应力,而根据计算载荷求出的应力称为计算应力。

按照应力随时间的变化情况,应力也可分为静应力和变应力。变载荷和静载荷都可能产生变应力。机械零件设计中常见的变应力是周期性循环变应力,如非对称循环变应力、对称循环变应力、脉动循环变应力等,其变化规律如图 1-4 所示。

图 1-4 中,$\sigma_{max}$ 为最大应力,$\sigma_{min}$ 为最小应力,$\sigma_m$ 为平均应力,$\sigma_a$ 为应力幅。它们的关系为

$$\sigma_m = \frac{\sigma_{max} + \sigma_{min}}{2} \qquad (1\text{-}2)$$

$$\sigma_a = \frac{\sigma_{max} - \sigma_{min}}{2} \qquad (1\text{-}3)$$

最小应力与最大应力之比称为循环特征 $r$,用来表示应力变化的情况,即

$$r = \frac{\sigma_{min}}{\sigma_{max}} \qquad (1\text{-}4)$$

由图 1-4 可知:对于对称循环变应力,因其 $\sigma_{max} = -\sigma_{min}$,故循环特征 $r = -1$,而且 $\sigma_m = 0$、$\sigma_a = \sigma_{max}$;对于脉动循环变应力,因 $\sigma_{min} = 0$,故 $r = 0$,且 $\sigma_m = \sigma_a = \sigma_{max}/2$;对于非对称循环变应力,$-1 < r < +1$,且 $r \neq 0$。正如直线可看成曲线的特例一样,静应力也可看成

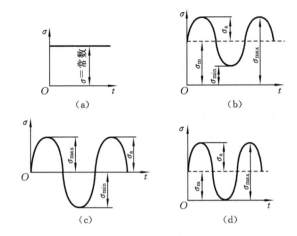

**图 1-4　常见的应力种类**

(a) 静应力；(b) 非对称循环变应力；(c) 对称循环变应力；(d) 脉动循环变应力

变应力的特例，即 $\sigma_{max} = \sigma_{min}$，$r = +1$。以后用 $\sigma_r$ 表示循环特征为 $r$ 的周期性循环变应力，如：$\sigma_{-1}$ 表示对称循环变应力，$\sigma_0$ 表示脉动循环变应力，$\sigma_{+1}$ 表示静应力，$\sigma_{0.3}$ 表示非对称循环变应力。

**2. 静应力作用下的强度问题**

如前所述，强度判定条件通常采用比较应力大小的方式，即判断零件危险截面的计算应力是否不超过许用应力：

$$\sigma_{ca} \leqslant [\sigma] \quad \text{MPa} \quad \text{或} \quad \tau_{ca} \leqslant [\tau] \quad \text{MPa} \tag{1-5}$$

其中，

$$[\sigma] = \frac{\sigma_{lim}}{S}, \quad [\tau] = \frac{\tau_{lim}}{S} \tag{1-6}$$

式中：$\sigma_{ca}$、$\tau_{ca}$ 分别为计算正应力和计算切应力(MPa)；

$[\sigma]$、$[\tau]$ 分别为许用正应力和许用切应力(MPa)；

$\sigma_{lim}$、$\tau_{lim}$ 分别为零件材料的极限正应力和极限切应力(MPa)；

$S$ 为安全系数。

在以后的讨论中经常涉及正应力 $\sigma$，若是切应力 $\tau$，则只需将 $\sigma$ 换为 $\tau$ 即可。

静应力作用下，极限应力 $\sigma_{lim}$ 取决于机械零件的失效形式。对于塑性材料制成的零件，其主要失效形式是塑性变形，此时应取材料的屈服强度 $\sigma_s$ 作为极限应力 $\sigma_{lim}$。对于脆性材料制成的零件，其主要失效形式是脆性断裂，所以应取材料的抗拉强度 $\sigma_b$ 作为极限应力 $\sigma_{lim}$。因此，静应力下的强度条件为

塑性材料　　　　　　　　　$$\sigma_{ca} \leqslant [\sigma] = \frac{\sigma_s}{S} \quad \text{MPa} \tag{1-7}$$

脆性材料　　　　　　　　　$$\sigma_{ca} \leqslant [\sigma] = \frac{\sigma_b}{S} \quad \text{MPa} \tag{1-8}$$

**3. 变应力作用下的强度问题**

变应力作用下,机械零件的主要失效形式是疲劳断裂,其强度条件在形式上与静应力作用时相同,关键是极限应力的确定方法不同。

疲劳断裂是损伤的积累,首先在零件表面产生初始微裂纹,在变应力的反复作用之下,裂纹的尖端部分发生反复的塑性变形,使得裂纹不断向纵深发展,当裂纹扩展到一定程度后,零件的有效截面面积不足以承受外载,最终导致零件断裂。由此可见,疲劳断裂不仅与应力的大小有关,还与变应力作用的时间或应力循环次数密切相关,也与循环特征 $r$ 有关。使零件发生疲劳断裂所需的最大应力远比零件材料的强度极限低,也就是说,在一定大小的静应力作用下零件不会发生脆性断裂,但在同样大小的变应力作用下却可能发生疲劳断裂。

图 1-5 所示为循环特征等于 $r$ 时,某种材料的极限应力 $\sigma$ 与应力循环次数 $N$ 之间的关系曲线,称为疲劳曲线。试验表明,零件(或试件)所受的应力加大,则使零件(或试件)发生疲劳断裂的应力循环次数减少;反之,则应力循环次数增加,即零件的寿命增长。图 1-5 中,$\sigma_{rN}$ 为对应于循环次数 $N$ 的极限应力,称为疲劳极限。对于某些材料,当循环次数 $N$ 超过某一数值 $N_0$ 后,疲劳曲线趋向于一水平线,此时疲劳极限不再随 $N$ 的增加而减小,可认为应力循环无限次后试件仍不会发生疲

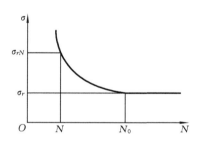

**图 1-5 疲劳曲线**

劳断裂。$N_0$ 称为循环基数,对应的疲劳极限是 $\sigma_r$,也称为持久极限。从图中可明显地看出,应力循环次数越少,极限应力(疲劳极限)越大。当 $N \leqslant N_0$ 时,疲劳曲线满足关系式:

$$\sigma_{rN}^m N = 常数$$

则

$$\sigma_{rN}^m N = \sigma_r^m N_0$$

由此得

$$\sigma_{rN} = \sqrt[m]{\frac{N_0}{N}} \cdot \sigma_r$$

式中:$m$ 为与材料性能、应力状态有关的指数。当 $N > N_0$ 时,疲劳极限均为持久极限 $\sigma_r$。不同材料的 $N_0$、对称循环变应力或脉动循环变应力作用下的 $\sigma_r$ 通过试验测定,可从有关手册中查取。疲劳极限 $\sigma_{rN}$、$\sigma_r$ 为变应力作用下零件材料的极限应力,则此时的许用应力

$$[\sigma] = \frac{\sigma_{rN}}{S} \quad (N \leqslant N_0 \text{ 时})$$

或

$$[\sigma] = \frac{\sigma_r}{S} \quad (N > N_0 \text{ 时})$$

**4. 安全系数**

在强度计算中引入安全系数,是为了考虑设计中的一些不定因素的影响,从而提高零件的可靠性,这些因素主要有:载荷或应力计算的准确性、零件的重要程度、材料性能参数

的准确性、计算方法的合理性等。所以,如何合理地选择安全系数($S$)是强度计算时应认真考虑的一个问题。若$S$取得过大,会使机器笨重;$S$取得过小,又不安全。经过长期的生产实践,各机械制造部门都制定有适合本部门的安全系数选取原则或规范。本书在后面相关章节中给出了安全系数的取值范围,设计时应根据具体要求酌情选取。零件的重要程度高,破坏后会引起严重的人身安全事故或设备事故时,$S$应取大值,比如,飞机起落架的受力零件、起重机的承重零件、汽车转向器拉杆等;反之,$S$可适当取小些,以尽量减小机器的体积和质量。

## 1.3.5　通用机械零部件的标准化

机械零部件的标准化就是通过对零件或部件的尺寸、结构要素、材料性能、检验方法、设计方法、公差配合、制图要求、名词术语、计量单位等制定出各种各样的标准,供设计制造时遵照执行。标准化工作还包含系列化和通用化。系列化是将同一品种或同类型产品的规格根据尺寸大小按优先数系科学排列,形成系列产品,用较少的品种满足用户最广泛的需求,例如同一类型的滚动轴承就有不同的尺寸系列。通用化是指系列之内或跨系列的产品之间应尽量采用同一结构和尺寸的零部件,以减少零部件的品种数量,增强互换性。

由上可知,机械零部件标准化的意义在于:

(1) 能以最先进的技术以及专用的刀具、设备等在专业化工厂中对那些通用零部件进行大批量的集中制造,可提高生产效率、保证产品质量、合理使用原材料、降低制造成本;

(2) 采用标准零部件或标准结构尺寸,可简化设计工作、缩短设计周期、提高设计质量、降低设计费用;

(3) 增强了互换性,便于机器的维修;

(4) 可以减少技术错误的重复出现。

设计时,应尽可能多地采用标准零部件。通用机械零部件中,诸如螺栓、螺母、垫圈、平键、销、V带、滚子链条、弹簧、密封件、滚动轴承、联轴器、离合器、通用减速器等都属于标准件,机械设计时在满足要求的前提下选择合适的型号和尺寸即可。对于非标准的通用零部件,其主要尺寸、参数、形状等凡是有标准规定的,应尽量按标准执行。如:齿轮的模数、压力角、齿顶高及齿根高系数;蜗杆传动的中心距;矩形花键的截面尺寸;轴的直径和轴段长度;V带轮和滚子链轮的主要尺寸;正、斜剖分式滑动轴承的结构形式等。

## 1.3.6　机械设计中的摩擦、磨损和润滑问题

### 1. 机械中的摩擦

#### 1) 摩擦的定义和分类

两个接触表面作相对运动或有相对运动趋势时,将会有阻止其产生相对运动的现象发生,这种现象就称为摩擦。通常,摩擦的大小,可通过摩擦因数来衡量。机械中常见的

摩擦有两大类：一类是发生在物质内部，阻碍分子间相对运动的内摩擦；另一类是在物体接触表面上产生的阻碍相对运动的外摩擦。对于外摩擦，根据摩擦副的运动状态，可将其分为静摩擦和动摩擦。根据摩擦副的运动形式，还可将其分为滑动摩擦和滚动摩擦。按摩擦副的表面润滑状态，又可将其分为干摩擦、边界摩擦、流体摩擦和混合摩擦，如图 1-6 所示。其中，干摩擦是名义上无润滑的摩擦；边界摩擦是两表面被极薄的润滑膜（边界膜）隔开，其摩擦性质与润滑剂的黏度无关而取决于两摩擦面的特性及润滑油油性的摩擦；流体摩擦是流体把摩擦副完全隔开，在流体内部的分子之间进行的摩擦；摩擦副处于干摩擦、边界摩擦和流体摩擦混合状态时，称为混合摩擦。

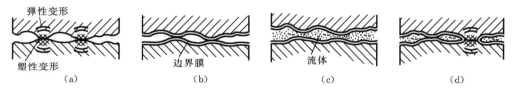

**图 1-6　摩擦状态**
（a）干摩擦；（b）边界摩擦；（c）流体摩擦；（d）混合摩擦

在机器中，摩擦具有两重性：一方面，需要利用摩擦，如摩擦传动、摩擦离合器、摩擦式制动器、螺纹连接以及各种车辆的运输能力等，都必须依靠摩擦，并取决于摩擦的大小；另一方面，摩擦会带来能量损耗，使机械效率降低，所消耗的能量还会转变成热，使机器的温度上升，影响其正常工作，此外，摩擦还会引起振动和噪声等，这些都是有害的一面。

由于摩擦的两重性，机械设计中关于摩擦的限制条件也有两个方面：当需要利用摩擦时，摩擦（通常用摩擦力或摩擦力矩来表示）必须足够大，即摩擦力或摩擦力矩应大于规定的许用值，以保证机器工作的可靠性；当摩擦有害时，就需要尽量减小摩擦（摩擦因数），其限制条件可以表现为摩擦因数不超过许用值、温升不超过许用值、效率不低于许用值或摩擦的能耗不超过许用值，等等。

**2）影响摩擦的主要因素**

摩擦是一个很复杂的现象，其大小（用摩擦因数的大小来表示）与摩擦副材料的表面性质、表面形貌、周围介质、环境温度、实际工作条件等有关。设计时，为了能充分考虑摩擦的影响，将其控制在许用的范围之内，设计者对影响摩擦的主要因素必须要有一个基本的了解。

（1）表面膜的影响　大多数金属的表面在大气中会自然生成与表面结合强度相当高的氧化膜或其他污染膜。也可以人为地用某种方法在金属表面上形成一层很薄的膜，如硫化膜、氧化膜等。由于这些表面膜的存在，会使摩擦因数随之降低。

（2）摩擦副材料性质的影响　金属材料摩擦副的摩擦因数随着材料副性质的不同而不同。一般而言，互溶性较大的金属摩擦副，因其较易黏着，摩擦因数较大；反之，摩擦因数较小。

材料的硬度对摩擦因数也有一定的影响,一般而言,低碳钢经渗碳淬火提高硬度后,可使摩擦因数减小;中碳钢的摩擦阻力随硬度的增加而减小;经过热处理的黄铜和铍青铜等金属,其摩擦因数也随着表面硬度的提高而降低;具有高强度、低塑性变形和高硬度的金属,例如镍和铬,其摩擦因数也相对较小。

(3)摩擦副表面粗糙度的影响 摩擦副在塑性接触的情况下,其干摩擦因数为一定值,不受表面粗糙度的影响。而在弹性或弹塑性接触情况下,干摩擦因数则随表面粗糙度数值的减小而增加;如果在摩擦副间加入润滑油,使之处于混合摩擦状态,此时,如果表面粗糙度数值减小,则油膜的覆盖面积增大,因而,摩擦因数也将减小。

(4)摩擦表面间润滑的影响 在摩擦表面间加入润滑剂时,将会大大降低摩擦因数。但润滑的情况不同、摩擦副处于不同的摩擦状态时,其摩擦因数的大小不同。干摩擦时摩擦因数最大,通常大于 0.1;边界摩擦、混合摩擦次之,通常在 0.01~0.1 之间;流体摩擦的摩擦因数最小,流体为润滑油时,摩擦因数最小可达 0.001~0.008。两表面间的相对滑动速度增加且润滑油的供应较充分时,较易形成混合摩擦或液体摩擦,在这种情况下,摩擦因数将随着滑动速度的增加而减小。

**2. 机械中的磨损**

**1) 磨损的定义及分类**

使摩擦表面的物质不断损失或转移的现象称为磨损。磨损的成因和表现形式是非常复杂的,可以从不同的角度对其进行分类。按磨损的损伤机理,可将其分为黏着磨损、磨粒磨损、表面疲劳磨损和腐蚀磨损等,其有关概念和破坏特点如表 1-1 所示。

表 1-1 磨损的基本类型

| 类型 | 基 本 概 念 | 破 坏 特 点 | 实 例 |
|---|---|---|---|
| 黏着磨损 | 两相对运动的表面,由于黏着作用(包括"冷焊"和"热黏着"),使材料由一表面转移到另一表面所引起的磨损 | 黏结点剪切破坏是发展性的,它造成两表面凹凸不平,可表现为轻微磨损、涂抹、划伤、胶合与咬死等破坏形式 | 活塞与汽缸壁的磨损 |
| 磨粒磨损 | 在摩擦过程中,由硬颗粒或硬凸起的材料破坏分离出磨屑或形成划伤的磨损 | 磨粒对摩擦表面进行微观切削,表面有犁沟或划痕 | 犁铧和挖掘机铲齿的磨损 |
| 表面疲劳磨损 | 摩擦表面材料的微观体积受循环变应力作用,产生重复变形而导致表面疲劳裂纹形成,并分离出微片或颗粒的磨损 | 应力超过材料的疲劳极限,在一定循环次数后,出现疲劳破坏,表面呈麻坑状(疲劳点蚀) | 润滑良好的齿轮传动和滚动轴承的疲劳点蚀 |
| 腐蚀磨损 | 在摩擦过程中金属与周围介质发生化学或电化学反应而引起的磨损 | 表面腐蚀破坏 | 化工设备中与腐蚀介质接触的零部件的腐蚀 |

**2）磨损过程**

　　由于影响磨损的因素很多,磨损过程非常复杂,一般可将其分为跑合磨损、稳定磨损和剧烈磨损三个阶段,如图 1-7 所示。在跑合磨损阶段,开始时,磨损速度很快,随后逐渐减慢,最后进入稳定磨损阶段。跑合磨损可将表面微观凸峰降低,使两摩擦表面贴合得更好,因而,跑合磨损是一种有益的磨损,有利于提高机器的性能和使用寿命。稳定磨损阶段是摩擦副的正常工作阶段,此时,磨损缓慢而稳定,此阶段越长越好。当磨损达到一定量时,进入剧烈磨损阶段。此时,摩擦

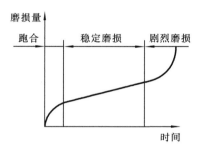

图 1-7　磨损过程

条件将发生很大的变化,温度急剧升高,磨损速度大大加快,机械效率明显降低,精度丧失,并出现异常的噪声和振动,最后导致零部件完全失效。

**3）减少磨损的措施**

　　为了减少摩擦表面的磨损,设计时需采取一些必要的措施。

　　（1）正确选用配对的材料　　正确选择摩擦副的配对材料是减少磨损的重要途径。当以黏着磨损为主时,应当选用互溶性小的材料;当以磨粒磨损为主时,则应当选用硬度高的材料,或设法提高所选材料的硬度,也可以选用抗磨料磨损的材料。

　　（2）进行有效的润滑　　润滑是减少磨损的重要措施,应根据不同的工况条件,正确选用润滑剂,创造条件,使摩擦表面尽可能在流体摩擦或混合摩擦的状态下工作。

　　（3）采用适当的表面处理方法　　为了降低磨损,提高摩擦副的耐磨性,可采用各种表面处理方法。如刷镀 $0.1 \sim 0.5$ μm 的六方晶格的软金属[如镉（Cd）]膜层,可使黏着磨损减少约三个数量级。

　　（4）改进结构,提高加工和装配精度　　正确的结构设计可以减少摩擦磨损。合理的结构,有利于表面膜的形成,使压力分布均匀,而且,还有利于散热和磨屑的排出。

　　（5）正确的使用、维修与保养　　新机器使用之前的"跑合",可以延长机器的使用寿命。经常检查润滑系统的油压及密封情况,对轴承等部位定期润滑,定期更换润滑油和滤油器芯,阻止外来磨料的进入等,对减少磨损都十分重要。

**3. 机械中的润滑**

　　润滑是减少摩擦、磨损的有效措施之一。润滑可分为流体润滑和非流体润滑两大类。如果摩擦面被具有一定厚度的黏性流体膜完全隔开,并由流体的压力来平衡外载荷,则称为流体润滑;否则,称为非流体润滑。流体润滑又可根据流体膜压力产生的方式不同,分为流体动压润滑和流体静压润滑。非流体润滑包括混合摩擦状态和边界摩擦状态。

　　对摩擦副进行润滑时,应首先根据工况条件,正确选择润滑剂和润滑方式(关于润滑剂的性能、选择原则详见第 8 章)。润滑的作用归纳如下。

　　（1）降低机器的摩擦功耗,节约能源。

（2）减少或防止零件磨损。

（3）由于摩擦功耗的降低,因摩擦所引起的发热量可大大减少,此外,润滑剂还可以带走一部分热量,因而,润滑对降低温升将起很大的作用。

（4）流体膜可以隔绝空气中的氧气和腐蚀性气体,从而保护摩擦表面不受锈蚀,所以,润滑剂也有防锈的作用。

（5）由于流体膜具有弹性和阻尼作用,因而,润滑剂还能起缓冲和吸振作用。

（6）使用膏状润滑剂,可阻止外部杂质侵入,起到密封防尘的作用。

# 习　　题

**1-1**　试分析下列机器的动力源、传动装置、执行部分及控制部分：自行车、缝纫机、洗衣机、电风扇。

**1-2**　机械设计应满足的基本要求是什么？机械零件的常用材料有哪些？如何选择？

**1-3**　机械零件有哪些常见的失效形式？相应的设计准则是什么？

**1-4**　何谓名义载荷？何谓计算载荷？变应力一定是由变载荷引起的吗？

**1-5**　应力循环特征 $r$ 的含义是什么？$r=-1$、$r=0$、$r=+1$ 各表示何种性质的应力？

**1-6**　计算机械零件强度时,许用应力如何确定？

**1-7**　摩擦分为哪些类型？磨损一定有害吗？润滑的作用有哪些？

# 第 2 章  挠性传动设计

挠性传动是一类较常用的机械传动形式,主要包括带传动和链传动。它们通过环形的中间挠性元件(带或链)在两个或两个以上的传动轮之间传递运动和动力,适合于传动中心距较大的场合。按照工作原理的不同,挠性传动又分为摩擦型传动和啮合型传动。摩擦型传动是靠中间挠性元件与传动轮接触面之间的摩擦力来传递运动和动力的,如 V 带传动、平带传动等;啮合型传动则是靠中间挠性元件与传动轮轮齿之间的啮合来实现传动的,如同步带传动、链传动等。本章主要讨论摩擦型带传动和滚子链传动的设计计算。

# 2.1  带传动概述

## 2.1.1  带传动的类型及特点

如图 2-1 所示,带传动通常是由主动轮 1、从动轮 2 和环形带 3 组成的。环形带一般张紧在带轮上,所以带与带轮接触面间会产生正压力。摩擦型带传动就是靠正压力产生的摩擦力拖动从动轮转动,从而实现传动的。

摩擦型带传动根据带的横截面形状不同分为以下几种。

(1)平带传动(图 2-2(a))  带的横截面为扁平的矩形,其工作面是带的内表面。平带传动结构简单,效率较高,柔性好,常用于中心距较大或主动轮与从动轮轴线不平行的场合。

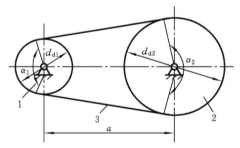

**图 2-1  带传动简图**

(2)V 带传动(图 2-2(b))  带的横截面为梯形,工作面为两侧面,带的内表面与带轮槽底不接触。由于带与带轮之间的正压力作用在楔形面上,故在相同的条件下,V 带传动产生的摩擦力比平带传动产生的大,能传递更大的功率,所以 V 带传动应用最广。根据分析,楔形面间的当量摩擦因数为

$$f_v = \frac{f}{\sin(\varphi/2)} \tag{2-1}$$

式中:$f$ 为带与带轮间的摩擦因数;$\varphi$ 为带轮轮槽楔角(图 2-3)。

(3)多楔带传动(图 2-2(c))  多楔带的截面形状类似于 V 带的组合,其工作面是楔的两侧面,这种带兼有 V 带和平带的优点,摩擦力大、柔性好,多用于传递功率较大而又

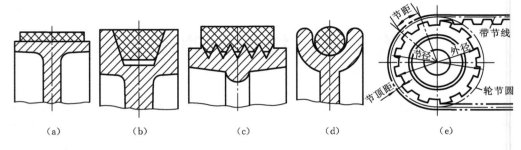

图 2-2　带传动的类型

要求结构紧凑的场合。

（4）圆带传动（图 2-2(d)）　圆带柔韧性好，但传动能力较差，一般用于轻型机械中，如仪器仪表、缝纫机等。

啮合型带传动常用的是同步带传动（图 2-2(e)）。工作时，同步带上的齿与带轮上的齿相互啮合，以传递运动和动力。同步带传动可避免带与带轮之间产生相对滑动，保证主、从动轮的圆周速度相等，传动比准确。这种传动方式常用于对运动传递的准确性要求较高的场合，如数控机床、纺织机械、收录机等。

带传动传递的功率一般不超过 80 kW，带速一般为 5～25 m/s，传动比一般为 2～4，传动效率 $\eta=0.91\sim0.96$。带传动的优点是：①带具有弹性，能缓冲、吸振，故传动平稳、噪声小；②对于摩擦型带传动，当载荷过大时，带在带轮上滑动，可防止其他零件损坏，对整机起到过载保护作用；③中心距大，传动距离远，结构简单，成本低廉，装拆方便。带传动的缺点是：①外廓尺寸较大，结构不紧凑；②需要将带张紧在带轮上，故作用在轴上的力较大；③对于摩擦型带传动，带与带轮间存在弹性滑动，传动比随载荷大小和张紧力改变，不能恒定；④不宜用于高温、易燃等场合。

在多级减速传动系统中，常将带传动置于高速级，因高速级转矩小、振动大，有利于带传动优势的发挥。

## 2.1.2　V 带传动的标准和结构

V 带传动是摩擦型带传动中应用最广的一种。V 带的种类有普通 V 带、窄 V 带、宽 V 带、大楔角 V 带、齿形 V 带、汽车 V 带、联组 V 带和接头 V 带等。其中，普通 V 带传动最常用。V 带的内部结构如图 2-3 所示，由抗拉体、顶胶、底胶和包布层组成。抗拉体是承受拉伸载荷的主体，有帘芯结构（图 2-3(a)）和绳芯结构（图 2-3(b)）两种；顶胶和底胶由弹性好的橡胶材料制成，以增强带的柔性；包布层起保护作用，由胶帆布制成。

普通 V 带均制成无接头的环状带，其规格尺寸、性能、测量方法及使用要求等均已标准化，按截面大小分为 7 种型号：Y、Z、A、B、C、D、E。其中，Y 型的截面尺寸最小，承载能力也最小；E 型的截面尺寸最大，承载能力也最大。

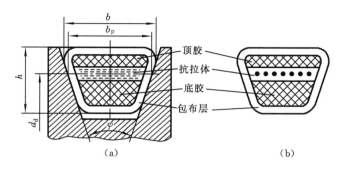

**图 2-3　普通 V 带的结构**
(a) 帘芯结构；(b) 绳芯结构

普通 V 带的相对高度 $h/b_p \approx 0.7$，楔角 $\varphi = 40°$。$b_p$ 为 V 带截面中性层的宽度，称为节面宽度，如图 2-3 所示。在 V 带轮上，与节面宽度 $b_p$ 相对应的带轮直径称为基准直径 $d_d$。在规定的张紧下，V 带位于测量带轮基准直径处的周长称为 V 带的基准长度 $L_d$。

普通 V 带的标记由带型、基准长度和标准号组成。例如 A 1250 GB/T 11544—1997，即为按本标准制造的 A 型、基准长度为 1250 mm 的普通 V 带。

## 2.2　带传动的受力分析及运动分析

### 2.2.1　带传动的受力分析

安装时，带必须以一定的初拉力张紧在带轮上。工作之前，带的两边受到相同的初拉力 $F_0$ 的作用（图 2-4(a)）。工作以后，由于带与带轮接触面间摩擦力 $F_f$ 的作用，带两边的拉力不再相等（图 2-4(b)）。主动轮（图 2-4 中为小带轮）作用于带的摩擦力与带的运动方向相同，而从动轮作用于带的摩擦力与带的运动方向相反。所以，带绕进主动轮的一边被拉紧，拉力由 $F_0$ 增加到 $F_1$，称为紧边；而另一边被放松，拉力由 $F_0$ 减小到 $F_2$，称为松边。若近似认为工作后环形带的总长度不变，则带的紧边拉力增量 $F_1 - F_0$ 等于松边拉力减量 $F_0 - F_2$，即

$$F_0 = \frac{1}{2}(F_1 + F_2) \quad N \tag{2-2}$$

若取主动轮一侧的带为脱离体，则 $F_f$、$F_1$、$F_2$ 三力对轮心的力矩之和为零，由此得
$$F_f = F_1 - F_2 \quad N$$

在带传动中，带与带轮之间的摩擦力 $F_f$ 起传递动力的作用，故称之为有效拉力或圆周力，记为 $F$。数值上有效拉力等于带紧边、松边的拉力之差 $F_1 - F_2$，即

$$F = F_f = F_1 - F_2 \quad N \tag{2-3}$$

联立求解式(2-2)和式(2-3)，得

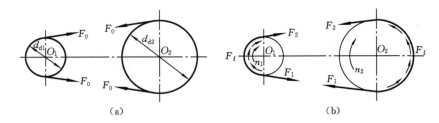

图 2-4　带传动的受力分析

紧边拉力　　　　　　　　$F_1 = F_0 + F/2$ ⎫

松边拉力　　　　　　　　$F_2 = F_0 - F/2$ ⎬　　　　　(2-4)

摩擦力 $F_f$ 随传递的载荷变化而变化,但 $F_f$ 不可能无限增大,当带传动的基本条件确定以后,$F_f$ 的极限值是 $F_{lim}$。若实际传递的载荷超过了极限摩擦力 $F_{lim}$,则带与带轮之间会出现显著的相对滑动,使从动轮的转速急剧下降,丧失传动能力,这种现象称为打滑,是摩擦型带传动的主要失效形式之一。在即将出现打滑的临界状态下,紧、松边的拉力 $F_1$ 与 $F_2$ 的关系可用古典的柔韧体摩擦欧拉公式表示,即

$$F_1/F_2 = e^{f\alpha}　　　　　(2-5)$$

式中:$f$ 为带与带轮接触面间的摩擦因数,对于 V 带传动,因是楔形面摩擦,故应用当量摩擦因数 $f_v$(见式(2-1));

$\alpha$ 为带在带轮上的包角,即带与带轮接触弧所对应的圆心角,如图 2-1 所示。

由式(2-3)、式(2-4)和式(2-5),可得极限摩擦力为

$$F_{lim} = F_1\left(1 - \frac{1}{e^{f\alpha}}\right) = 2F_0\frac{e^{f\alpha}-1}{e^{f\alpha}+1}　\text{N}　　　　(2-6)$$

带传动在正常工作时,必须使有效拉力

$$F < F_{lim} = F_1\left(1 - \frac{1}{e^{f\alpha}}\right)　\text{N}　　　　(2-7)$$

否则会出现打滑现象。由式(2-6)可知,增大初拉力 $F_0$、增大包角 $\alpha$ 或增大摩擦因数 $f$,都可以增大极限摩擦力 $F_{lim}$,也就是说能提高带传动所能传递的圆周力,增强传动能力。因小轮包角 $\alpha_1$ 小于大轮包角 $\alpha_2$,故计算带传动所能传递的圆周力时,式(2-6)中 $\alpha$ 应取 $\alpha_1$。

## 2.2.2　带的应力分析

带传动工作时,带的横截面内将产生下列几种应力。

**1) 紧边拉力和松边拉力产生的拉应力**

紧边拉应力　　　　　　　$\sigma_1 = F_1/A$　MPa

松边拉应力　　　　　　　$\sigma_2 = F_2/A$　MPa

式中:$A$ 为带的横截面面积($\text{mm}^2$)。

**2）离心力产生的拉应力**

当带绕带轮轮缘作圆周运动时，带上每一质点都受离心力的作用。经分析可得离心力引起的拉力 $F_c = qv^2$，由此得带横截面内离心力产生的拉应力为

$$\sigma_c = \frac{F_c}{A} = \frac{qv^2}{A} \quad \text{MPa}$$

式中：$q$ 为带单位长度的质量（kg/m），可查表 2-1；

$v$ 为带速（m/s）。

表 2-1　普通 V 带单位长度质量（摘自 GB/T 13575.1—1992）

| 带的型号 | Y | Z | A | B | C | D | E |
|---|---|---|---|---|---|---|---|
| $q/(\text{kg/m})$ | 0.04 | 0.06 | 0.10 | 0.17 | 0.30 | 0.60 | 0.87 |

值得注意的是，虽然离心力只作用于带作圆周运动的部分弧段，但它引起的拉力 $F_c$ 和拉应力 $\sigma_c$ 却作用于带的全部，且在带的各横截面上处处相等。

**3）带绕过带轮时的弯曲应力**

带绕在带轮上时，由于弯曲而产生弯曲应力 $\sigma_b$。根据材料力学的公式可得

$$\sigma_b = \frac{2Ey}{d_d} \quad \text{MPa}$$

式中：$E$ 为带的弹性模量（MPa）；

$y$ 为带横截面中性层至最外层的距离（mm）；

$d_d$ 为带轮的基准直径（mm）。

显然，带轮直径越小，弯曲应力就越大，缩短了带的使用寿命。为防止产生过大的弯曲应力，对每种型号的普通 V 带，都规定了相应的最小带轮基准直径 $d_{d\,min}$（见表 2-2）。

表 2-2　普通 V 带轮基准直径（摘自 GB/T 10412—2002）

| 型　　号 | Y | Z | A | B | C | D | E |
|---|---|---|---|---|---|---|---|
| $d_{d\,min}/\text{mm}$ | 20 | 50 | 75 | 125 | 200 | 355 | 500 |
| 基准直径系列 | 20,22.4,25,28,31.5,35.5,40,45,50,56,63,71,75,80,85,90,95,100,106,112,<br>118,125,132,140,150,160,170,180,200,212,224,236,250,265,280,300,315,<br>335,355,375,400,425,450,475,500,530,560,600,630,670,710,750,800,900,<br>1 000,1 060,1 120,1 250,1 400,1 500,1 600,1 800,1 900,2 000,2 240,2 500 | | | | | | |

图 2-5 表示了带工作时应力的分布情况，由三部分应力叠加而成。各截面应力的大小用自该截面引出的垂直线的长短表示。由图可知，在运转过程中，带任一截面的应力是循环变化的，即当带绕两带轮循环一周时，作用在带上任意点的应力变化四次，在这种变应力作用下，带将发生疲劳破坏。

最大应力产生在带的紧边刚开始绕上小带轮处，其值为

$$\sigma_{max} = \sigma_1 + \sigma_c + \sigma_{b1} \quad \text{MPa} \tag{2-8}$$

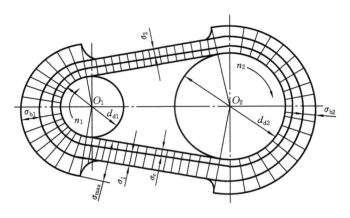

图 2-5 带横截面上的应力

## 2.2.3 带传动的弹性滑动和传动比

带是弹性体,受拉力作用后会产生弹性变形。由于紧边和松边的拉力不相等,因而带在运行一周的过程中,各处的弹性变形量也不相同,如图 2-6 所示(以平带为例)。图中,用横向间隔线的距离表示带单位长度变形量的相对大小。设带在 $a_1$ 点绕上主动轮,在转过包角 $\alpha_1$ 到达 $c_1$ 点的过程中,带所受的拉力由 $F_1$ 逐渐减小到 $F_2$。由于拉力逐渐减小,所以带逐渐收缩,使带在带轮接触面上出现局部微量的向后相对滑动,造成带的速度逐渐落后于主动轮的圆周速度 $v_1$。同样的现象也会发生在从动轮上,只是在转过包角 $\alpha_2$ 的过程中,带所受的拉力逐渐增大,使带被逐渐拉长,出现局部微量的向前相对滑动,造成带的速度逐渐超前于从动轮的圆周速度 $v_2$。这种由于材料的弹性变形和拉力差所引起的微量滑动现象称为弹性滑动。弹性滑动的大小与带传动传递的载荷有关。载荷越大,弹性滑

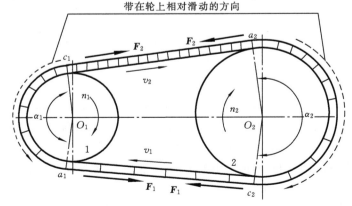

图 2-6 带的弹性滑动

动也越大。

应注意弹性滑动与打滑的区别。弹性滑动是微量滑动,是摩擦型带传动的固有特性,不可避免;而打滑是过载引起的整个接触弧上的全面滑动,是带传动的一种失效形式,应当避免。弹性滑动除了会造成功率损失、降低传动效率和增加带的磨损外,还会引起从动轮的圆周速度下降,使传动比不准确。

由于弹性滑动的影响,从动轮的圆周速度 $v_2$ 总是低于主动轮的圆周速度 $v_1$,其降低率用滑动率 $\varepsilon$ 表示,即

$$\varepsilon = \frac{v_1 - v_2}{v_1} = \frac{d_{d1} n_1 - d_{d2} n_2}{d_{d1} n_1}$$

则带传动的传动比为

$$i = \frac{n_1}{n_2} = \frac{d_{d2}}{d_{d1}(1 - \varepsilon)} \tag{2-9}$$

V 带传动的滑动率一般为 $\varepsilon = 0.01 \sim 0.02$。由于 $\varepsilon$ 数值较小,对运动的准确性要求不高时,可忽略不计。

# 2.3　普通 V 带传动的设计

## 2.3.1　设计准则及单根普通 V 带的许用功率

如前所述,带传动的主要失效形式是打滑(过载引起)和带的疲劳破坏(变应力引起)。因此,带传动的设计准则是:在保证带传动不发生打滑的前提下,使带具有足够的疲劳强度和使用寿命。

为了防止出现打滑,带传动工作时的有效拉力 $F$ 应满足式(2-7),用当量摩擦因数 $f_v$ 代替 $f$,可得不打滑条件下单根普通 V 带所能传递的功率:

$$P_0 = \frac{Fv}{1\,000} = F_1\left(1 - \frac{1}{e^{f_v \alpha}}\right)\frac{v}{1\,000} = \sigma_1 A\left(1 - \frac{1}{e^{f_v \alpha}}\right)\frac{v}{1\,000} \quad \text{kW} \tag{2-10}$$

为防止疲劳破坏,使带具有一定的寿命,应使

$$\sigma_{max} = \sigma_1 + \sigma_c + \sigma_{b1} \leqslant [\sigma] \quad \text{MPa}$$

或

$$\sigma_1 \leqslant [\sigma] - \sigma_c - \sigma_{b1} \quad \text{MPa} \tag{2-11}$$

式中:$[\sigma]$ 为带的许用应力(MPa)。

将式(2-11)代入式(2-10),可得带传动在既不发生打滑而又具有一定使用寿命的条件下,单根普通 V 带所能传递的功率为

$$P_0 = \left([\sigma] - \sigma_c - \sigma_{b1}\right)\left(1 - \frac{1}{e^{f_v \alpha}}\right)\frac{Av}{1\,000} \quad \text{kW} \tag{2-12}$$

表 2-3 列出了单根普通 V 带在特定条件(载荷平稳、包角 $\alpha_1 = 180°$、传动比 $i = 1$、特定带长)下所能传递的功率 $P_0$(称为基本额定功率),可供设计时选取。

表 2-3　单根普通 V 带的基本额定功率 $P_0$(摘自 GB/T 13575.1—1992)　　单位:kW

| 带型 | $d_{d1}$ /mm | 小带轮转速 $n_1$/(r/min) | | | | | | | | | | | | |
|---|---|---|---|---|---|---|---|---|---|---|---|---|---|---|
| | | 700 | 800 | 950 | 1 200 | 1 450 | 1 600 | 1 800 | 2 000 | 2 200 | 2 400 | 2 600 | 2 800 | 3 200 |
| Z | 50 | 0.09 | 0.10 | 0.12 | 0.14 | 0.16 | 0.17 | 0.19 | 0.20 | 0.21 | 0.22 | 0.24 | 0.26 | 0.28 |
| | 56 | 0.11 | 0.12 | 0.14 | 0.17 | 0.19 | 0.20 | 0.23 | 0.25 | 0.28 | 0.30 | 0.32 | 0.33 | 0.35 |
| | 63 | 0.13 | 0.15 | 0.18 | 0.22 | 0.25 | 0.27 | 0.30 | 0.32 | 0.35 | 0.37 | 0.39 | 0.41 | 0.45 |
| | 71 | 0.17 | 0.20 | 0.23 | 0.27 | 0.30 | 0.33 | 0.36 | 0.39 | 0.43 | 0.46 | 0.48 | 0.50 | 0.54 |
| | 80 | 0.20 | 0.22 | 0.26 | 0.30 | 0.35 | 0.39 | 0.42 | 0.44 | 0.47 | 0.50 | 0.53 | 0.56 | 0.61 |
| | 90 | 0.22 | 0.24 | 0.28 | 0.33 | 0.36 | 0.40 | 0.44 | 0.48 | 0.51 | 0.54 | 0.57 | 0.60 | 0.64 |
| A | 75 | 0.40 | 0.45 | 0.51 | 0.60 | 0.68 | 0.73 | 0.78 | 0.84 | 0.88 | 0.92 | 0.96 | 1.00 | 1.04 |
| | 90 | 0.61 | 0.68 | 0.77 | 0.93 | 1.07 | 1.15 | 1.24 | 1.34 | 1.42 | 1.50 | 1.57 | 1.64 | 1.75 |
| | 100 | 0.74 | 0.83 | 0.95 | 1.14 | 1.32 | 1.42 | 1.54 | 1.66 | 1.76 | 1.87 | 1.96 | 2.05 | 2.19 |
| | 112 | 0.90 | 1.00 | 1.15 | 1.39 | 1.61 | 1.74 | 1.89 | 2.04 | 2.17 | 2.30 | 2.40 | 2.51 | 2.68 |
| | 125 | 1.07 | 1.19 | 1.37 | 1.66 | 1.92 | 2.07 | 2.26 | 2.44 | 2.59 | 2.74 | 2.86 | 2.98 | 3.16 |
| | 140 | 1.26 | 1.41 | 1.62 | 1.96 | 2.28 | 2.45 | 2.66 | 2.87 | 3.04 | 3.22 | 3.36 | 3.48 | 3.65 |
| | 160 | 1.51 | 1.69 | 1.95 | 2.36 | 2.73 | 2.94 | 3.18 | 3.42 | 3.61 | 3.80 | 3.93 | 4.06 | 4.19 |
| | 180 | 1.76 | 1.97 | 2.27 | 2.74 | 3.16 | 3.40 | 3.66 | 3.93 | 4.12 | 4.32 | 4.43 | 4.54 | 4.58 |
| B | 125 | 1.30 | 1.44 | 1.64 | 1.93 | 2.19 | 2.33 | 2.50 | 2.64 | 2.76 | 2.85 | 2.90 | 2.96 | 2.94 |
| | 140 | 1.64 | 1.82 | 2.08 | 2.47 | 2.82 | 3.00 | 3.23 | 3.42 | 3.58 | 3.70 | 3.78 | 3.85 | 3.83 |
| | 160 | 2.09 | 2.32 | 2.66 | 3.17 | 3.62 | 3.86 | 4.15 | 4.40 | 4.60 | 4.75 | 4.82 | 4.89 | 4.80 |
| | 180 | 2.53 | 2.81 | 3.22 | 3.85 | 4.39 | 4.68 | 5.02 | 5.30 | 5.52 | 5.67 | 5.72 | 5.76 | 5.52 |
| | 200 | 2.96 | 3.30 | 3.77 | 4.50 | 5.13 | 5.46 | 5.83 | 6.13 | 6.35 | 6.47 | 6.45 | 6.43 | 5.95 |
| | 224 | 3.47 | 3.86 | 4.42 | 5.26 | 5.97 | 6.33 | 6.73 | 7.02 | 7.19 | 7.25 | 7.10 | 6.95 | 6.05 |
| | 250 | 4.00 | 4.46 | 5.10 | 6.04 | 6.82 | 7.20 | 7.63 | 7.87 | 7.97 | 7.89 | 7.26 | 7.14 | 5.60 |
| | 280 | 4.61 | 5.13 | 5.85 | 6.90 | 7.76 | 8.13 | 8.46 | 8.60 | 8.53 | 8.22 | 7.51 | 6.80 | 4.26 |
| C | 200 | 3.69 | 4.07 | 4.58 | 5.29 | 5.84 | 6.07 | 6.28 | 6.34 | 6.26 | 6.02 | 5.61 | 5.01 | 3.23 |
| | 224 | 4.64 | 5.12 | 5.78 | 6.71 | 7.45 | 7.75 | 8.00 | 8.06 | 7.92 | 7.57 | 6.93 | 6.08 | 3.57 |
| | 250 | 5.64 | 6.23 | 7.04 | 8.21 | 9.04 | 9.38 | 9.63 | 9.62 | 9.34 | 8.75 | 7.85 | 6.56 | 2.93 |
| | 280 | 6.76 | 7.52 | 8.49 | 9.81 | 10.72 | 11.06 | 11.22 | 11.04 | 10.48 | 9.50 | 8.08 | 6.13 | |
| | 315 | 8.09 | 8.92 | 10.05 | 11.53 | 12.46 | 12.72 | 12.67 | 12.14 | 11.08 | 9.43 | 7.11 | 4.16 | |
| | 355 | 9.50 | 10.46 | 11.73 | 13.31 | 14.12 | 14.19 | 13.73 | 12.59 | 10.70 | 7.98 | 4.32 | — | — |
| | 400 | 11.02 | 12.10 | 13.48 | 15.04 | 15.53 | 15.24 | 14.08 | 11.95 | 8.75 | 4.34 | — | — | — |
| | 450 | 12.63 | 13.80 | 15.23 | 16.59 | 16.47 | 15.57 | 13.29 | 9.64 | 4.44 | — | — | — | — |

若实际设计的普通 V 带传动不符合上述特定条件,则应对表中查得的 $P_0$ 值予以修

正。修正后的功率称为单根普通 V 带传动的许用功率,即

$$[P_0] = (P_0 + \Delta P_0)K_\alpha K_L \quad \text{kW} \tag{2-13}$$

式中：$[P_0]$ 为单根普通 V 带的许用功率(kW);

$\Delta P_0$ 为 $i \neq 1$ 时的基本额定功率增量,此时带绕过大带轮时的弯曲应力减小,受力状况改善,传动能力有所增强,其值可查表 2-4;

$K_\alpha$ 为包角系数,其值可查表 2-5,$i \neq 1$ 时小带轮包角 $\alpha_1$ 减小,使摩擦力减小,传动能力有所下降,故 $K_\alpha \leqslant 1$;

$K_L$ 为带长系数,其值可查表 2-6,考虑到带长不等于特定带长时对传动能力的影响,带越长,则带横截面内的应力循环次数越少,疲劳强度越大。

表 2-4　单根普通 V 带的基本额定功率增量 $\Delta P_0$(摘自 GB/T 13575.1—1992) 单位:kW

| 带型 | 传动比 i | | | | | | | | | | 带速 v/(m/s) |
|---|---|---|---|---|---|---|---|---|---|---|---|
| | 1.00~1.01 | 1.02~1.04 | 1.05~1.08 | 1.09~1.12 | 1.13~1.18 | 1.19~1.24 | 1.25~1.34 | 1.35~1.51 | 1.52~1.99 | ≥2.0 | |
| Z | 0.00 | 0.00 | 0.00 | 0.00 | 0.00 | 0.00 | 0.00 | 0.00 | 0.00 | 0.00 | 1 |
| | | 0.00 | 0.00 | 0.00 | 0.00 | 0.00 | 0.00 | 0.00 | 0.01 | 0.01 | 2 |
| | | 0.00 | 0.00 | 0.00 | 0.00 | 0.00 | 0.01 | 0.01 | 0.01 | 0.02 | 3 |
| | | 0.00 | 0.00 | 0.00 | 0.01 | 0.01 | 0.01 | 0.01 | 0.01 | 0.02 | 4 |
| | | 0.00 | 0.00 | 0.00 | 0.01 | 0.01 | 0.01 | 0.01 | 0.02 | 0.02 | 5 |
| | | 0.00 | 0.01 | 0.01 | 0.01 | 0.01 | 0.02 | 0.02 | 0.02 | 0.03 | 6.3 |
| | | 0.01 | 0.01 | 0.01 | 0.01 | 0.02 | 0.02 | 0.02 | 0.02 | 0.03 | 7.5 |
| | | 0.01 | 0.01 | 0.02 | 0.02 | 0.02 | 0.03 | 0.02 | 0.03 | 0.03 | 8.8 |
| | | 0.01 | 0.02 | 0.02 | 0.02 | 0.03 | 0.03 | 0.03 | 0.03 | 0.04 | 10 |
| | | 0.01 | 0.02 | 0.02 | 0.03 | 0.03 | 0.03 | 0.03 | 0.03 | 0.04 | 12.5 |
| | | 0.01 | 0.03 | 0.03 | 0.03 | 0.03 | 0.03 | 0.03 | 0.04 | 0.04 | 15 |
| | | 0.02 | 0.03 | 0.03 | 0.03 | 0.03 | 0.04 | 0.04 | 0.04 | 0.05 | 16.7 |
| | | 0.02 | 0.03 | 0.03 | 0.03 | 0.04 | 0.04 | 0.04 | 0.05 | 0.05 | 18.3 |
| | | 0.02 | 0.03 | 0.04 | 0.04 | 0.04 | 0.04 | 0.05 | 0.05 | 0.06 | 20 |
| A | 0.00 | 0.00 | 0.01 | 0.01 | 0.01 | 0.01 | 0.02 | 0.02 | 0.02 | 0.03 | 2.5 |
| | | 0.01 | 0.01 | 0.02 | 0.02 | 0.03 | 0.03 | 0.04 | 0.04 | 0.05 | 5 |
| | | 0.01 | 0.02 | 0.03 | 0.04 | 0.05 | 0.06 | 0.07 | 0.08 | 0.09 | 6.7 |
| | | 0.01 | 0.02 | 0.03 | 0.04 | 0.05 | 0.06 | 0.08 | 0.09 | 0.10 | 8.3 |
| | | 0.01 | 0.03 | 0.04 | 0.05 | 0.06 | 0.07 | 0.08 | 0.09 | 0.11 | 10 |
| | | 0.02 | 0.03 | 0.05 | 0.07 | 0.08 | 0.10 | 0.11 | 0.13 | 0.15 | 12.5 |
| | | 0.02 | 0.04 | 0.06 | 0.08 | 0.09 | 0.11 | 0.13 | 0.15 | 0.17 | 15 |
| | | 0.02 | 0.04 | 0.06 | 0.09 | 0.11 | 0.13 | 0.15 | 0.17 | 0.19 | 17.5 |
| | | 0.03 | 0.06 | 0.08 | 0.11 | 0.13 | 0.16 | 0.19 | 0.22 | 0.24 | 20 |
| | | 0.03 | 0.07 | 0.10 | 0.13 | 0.16 | 0.19 | 0.23 | 0.26 | 0.29 | 25 |
| | | 0.04 | 0.08 | 0.11 | 0.15 | 0.19 | 0.23 | 0.26 | 0.30 | 0.34 | 30 |

续表

| 带型 | 传动比 $i$ | | | | | | | | | | 带速 $v/(\mathrm{m/s})$ |
|---|---|---|---|---|---|---|---|---|---|---|---|
| | 1.00~1.01 | 1.02~1.04 | 1.05~1.08 | 1.09~1.12 | 1.13~1.18 | 1.19~1.24 | 1.25~1.34 | 1.35~1.51 | 1.52~1.99 | ≥2.0 | |
| B | 0.00 | 0.01 | 0.01 | 0.02 | 0.03 | 0.04 | 0.04 | 0.05 | 0.06 | 0.06 | 5 |
| | | 0.01 | 0.03 | 0.04 | 0.06 | 0.07 | 0.08 | 0.10 | 0.11 | 0.13 | 10 |
| | | 0.02 | 0.05 | 0.07 | 0.10 | 0.12 | 0.15 | 0.17 | 0.20 | 0.22 | 11.7 |
| | | 0.03 | 0.06 | 0.08 | 0.11 | 0.14 | 0.17 | 0.20 | 0.23 | 0.25 | 13.3 |
| | | 0.03 | 0.07 | 0.10 | 0.13 | 0.17 | 0.20 | 0.23 | 0.26 | 0.30 | 15 |
| | | 0.04 | 0.08 | 0.13 | 0.17 | 0.21 | 0.25 | 0.30 | 0.34 | 0.38 | 20 |
| | | 0.05 | 0.10 | 0.15 | 0.20 | 0.25 | 0.31 | 0.36 | 0.40 | 0.46 | 22.5 |
| | | 0.06 | 0.11 | 0.17 | 0.23 | 0.28 | 0.34 | 0.39 | 0.45 | 0.51 | 25 |
| | | 0.06 | 0.13 | 0.19 | 0.25 | 0.32 | 0.38 | 0.44 | 0.51 | 0.57 | 27.5 |
| | | 0.07 | 0.14 | 0.21 | 0.28 | 0.35 | 0.42 | 0.49 | 0.56 | 0.63 | 30 |
| | | 0.08 | 0.16 | 0.23 | 0.31 | 0.39 | 0.46 | 0.54 | 0.62 | 0.70 | 35 |
| C | 0.00 | 0.02 | 0.04 | 0.06 | 0.08 | 0.10 | 0.12 | 0.14 | 0.16 | 0.18 | 5 |
| | | 0.03 | 0.06 | 0.09 | 0.12 | 0.15 | 0.18 | 0.21 | 0.24 | 0.26 | 7.5 |
| | | 0.04 | 0.08 | 0.12 | 0.16 | 0.20 | 0.23 | 0.27 | 0.31 | 0.35 | 10 |
| | | 0.05 | 0.10 | 0.15 | 0.20 | 0.24 | 0.29 | 0.34 | 0.39 | 0.44 | 12.5 |
| | | 0.06 | 0.12 | 0.18 | 0.24 | 0.29 | 0.35 | 0.41 | 0.47 | 0.53 | 15 |
| | | 0.07 | 0.14 | 0.21 | 0.27 | 0.34 | 0.41 | 0.48 | 0.55 | 0.62 | 17.5 |
| | | 0.08 | 0.16 | 0.23 | 0.31 | 0.39 | 0.47 | 0.55 | 0.63 | 0.71 | 20 |
| | | 0.09 | 0.19 | 0.27 | 0.37 | 0.47 | 0.56 | 0.65 | 0.74 | 0.83 | 25 |
| | | 0.12 | 0.24 | 0.35 | 0.47 | 0.59 | 0.70 | 0.82 | 0.94 | 1.06 | 30 |
| | | 0.14 | 0.28 | 0.42 | 0.58 | 0.71 | 0.85 | 0.99 | 1.14 | 1.27 | 35 |
| | | 0.16 | 0.31 | 0.47 | 0.63 | 0.78 | 0.94 | 1.01 | 1.25 | 1.41 | 40 |

表 2-5　包角系数 $K_\alpha$(摘自 GB/T 13575.1—1992)

| 小轮包角 | 180° | 175° | 170° | 165° | 160° | 155° | 150° | 145° | 140° | 135° | 130° | 125° | 120° | 110° | 100° | 90° |
|---|---|---|---|---|---|---|---|---|---|---|---|---|---|---|---|---|
| $K_\alpha$ | 1 | 0.99 | 0.98 | 0.96 | 0.95 | 0.93 | 0.92 | 0.91 | 0.89 | 0.88 | 0.86 | 0.84 | 0.82 | 0.78 | 0.74 | 0.69 |

**表 2-6　长度系数 $K_L$（摘自 GB/T 13575.1—1992）**

| 基准长度 $L_d$/mm | $K_L$ | | | | | 基准长度 $L_d$/mm | $K_L$ | | | | |
|---|---|---|---|---|---|---|---|---|---|---|---|
| | Y | Z | A | B | C | | A | B | C | D | E |
| 200 | 0.81 | | | | | 2 240 | 1.06 | 1.00 | 0.91 | | |
| 224 | 0.82 | | | | | 2 500 | 1.09 | 1.03 | 0.93 | | |
| 250 | 0.84 | | | | | 2 800 | 1.11 | 1.05 | 0.95 | 0.83 | |
| 280 | 0.87 | | | | | 3 150 | 1.13 | 1.07 | 0.97 | 0.86 | |
| 315 | 0.89 | | | | | 3 550 | 1.17 | 1.10 | 0.98 | 0.89 | |
| 355 | 0.92 | | | | | 4 000 | 1.19 | 1.13 | 1.02 | 0.91 | |
| 400 | 0.96 | 0.87 | | | | 4 500 | | 1.15 | 1.04 | 0.93 | 0.90 |
| 450 | 1.00 | 0.89 | | | | 5 000 | | 1.18 | 1.07 | 0.96 | 0.92 |
| 500 | 1.02 | 0.91 | | | | 5 600 | | | 1.09 | 0.98 | 0.95 |
| 560 | | 0.94 | | | | 6 300 | | | 1.12 | 1.00 | 0.97 |
| 630 | | 0.96 | 0.81 | | | 7 100 | | | 1.15 | 1.03 | 1.00 |
| 710 | | 0.99 | 0.82 | | | 8 000 | | | 1.18 | 1.06 | 1.02 |
| 800 | | 1.00 | 0.85 | | | 9 000 | | | 1.21 | 1.08 | 1.05 |
| 900 | | 1.03 | 0.87 | 0.81 | | 10 000 | | | 1.23 | 1.11 | 1.07 |
| 1 000 | | 1.06 | 0.89 | 0.84 | | 11 200 | | | | 1.14 | 1.10 |
| 1 120 | | 1.08 | 0.91 | 0.86 | | 12 500 | | | | 1.17 | 1.12 |
| 1 250 | | 1.11 | 0.93 | 0.88 | | 14 000 | | | | 1.20 | 1.15 |
| 1 400 | | 1.14 | 0.96 | 0.90 | | 16 000 | | | | 1.22 | 1.18 |
| 1 600 | | 1.16 | 0.99 | 0.93 | 0.84 | | | | | | |
| 1 800 | | 1.18 | 1.01 | 0.95 | 0.85 | | | | | | |
| 2 000 | | | 1.03 | 0.98 | 0.88 | | | | | | |

## 2.3.2　普通 V 带传动的设计步骤和方法

　　普通 V 带传动的设计计算可按 GB/T 13575.1—1992 推荐的方法进行。设计时，一般已知传动的用途、所需传递的名义功率、带轮的转速 $n_1$ 和 $n_2$（或传动比 $i$）、工况条件、中心距范围、原动机类型等。需要设计的内容包括：确定设计功率、带的型号、带轮直径和结构尺寸、中心距、带的长度和根数、带的初拉力和压轴力、张紧装置等。

　　**1. 确定设计功率 $P_c$**

$$P_c = K_A P \quad kW$$

式中：$K_A$ 为工况系数（见表 2-7）；

　　　　$P$ 为带传动所需传递的名义功率。

　　选取工况系数时，对于反复启动、频繁正反转、工作条件恶劣的应用场合，应将表中查取的 $K_A$ 乘以 1.2。

表 2-7　工况系数 $K_A$（摘自 GB/T 13575.1—1992）

| 工　况 | | $K_A$ | | | | | |
| | | 空、轻载启动 | | | 重载启动 | | |
| | | 每天工作小时数/h | | | | | |
| | | <10 | 10～16 | >16 | <10 | 10～16 | >16 |
| 载荷变动最小 | 液体搅拌机、通风机和鼓风机（≤7.5 kW）、离心式水泵和压缩机、轻载输送机 | 1.0 | 1.1 | 1.2 | 1.1 | 1.2 | 1.3 |
| 载荷变动小 | 带式输送机（不均匀载荷）、通风机（>7.5kW）、旋转式水泵和压缩机（非离心式）、发动机、金属切削机床、印刷机、旋转筛、锯木机和木工机械 | 1.1 | 1.2 | 1.3 | 1.2 | 1.3 | 1.4 |
| 载荷变动较大 | 制砖机、斗式提升机、往复式水泵和压缩机、起重机、磨粉机、冲剪机床、橡胶机械、振动筛、纺织机械、重载输送机 | 1.2 | 1.3 | 1.4 | 1.4 | 1.5 | 1.6 |
| 载荷变动很大 | 破碎机（如旋转式、颚式等）、磨碎机（如球磨、棒磨、管磨等） | 1.3 | 1.4 | 1.5 | 1.5 | 1.6 | 1.8 |

注：① 空载、轻载启动——电动机（交流启动、三角启动、直流并励）、四缸以上内燃机、装有离心式离合器或液力联轴器的动力机；

　　② 重载启动——电动机（联机交流启动、直流复励或串励）、四缸以下内燃机；

　　③ 增速传动时应将 $K_A$ 适当增大，详见机械设计手册。

**2. 选择带的型号**

根据带传动的设计功率 $P_c$ 及小带轮转速 $n_1$，按图 2-7 初选带的型号。当选型点位于两种带型的交界处时，应选两种带型同时计算，并对设计结果进行分析比较，选择较优方案。

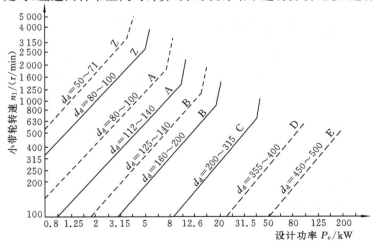

图 2-7　普通 V 带选型图

**3. 确定带轮基准直径 $d_{d1}$ 和 $d_{d2}$**

对每种普通 V 带，国家标准中规定了相应的带轮最小基准直径和基准直径系列，如表 2-2 所示。当其他条件不变时，带轮基准直径越小，带传动越紧凑，但带内的弯曲应力越大，导致带的疲劳强度下降，故选择小带轮基准直径时，应使小带轮直径 $d_{d1} \geqslant d_{d\ min}$，并取标准系列值。大带轮直径按式(2-9)计算，并圆整成标准值。

**4. 验算带速 $v$**

带速的计算公式为

$$v = \frac{\pi d_{d1} n_1}{60 \times 1\ 000}\quad \text{m/s} \tag{2-14}$$

式中：$n_1$ 为主动轮的转速(r/min)。

带速 $v$ 太高则离心力大，使带与带轮间的正压力减小，导致摩擦力减小，传动能力下降，易打滑；同时，离心力产生的拉应力大，且使带产生抖动。若带速太低，则在传递相同功率时所需的有效拉力 $F$ 增大，易使带发生疲劳破坏，并增加了带的根数。一般应使 $v$ 在 5～30 m/s 之间，实践表明，当 $v = 15$～20 m/s 时，带最为经久耐用。改变 $d_{d1}$ 可调整 $v$。

**5. 计算中心距 $a$、带长 $L_d$ 和包角 $\alpha$**

带传动的中心距 $a$、带轮基准直径 $d_d$ 和包角 $\alpha$ 的关系如图 2-1 所示。中心距 $a$ 大，则传动尺寸大，但带在单位时间内的应力循环次数少，可增加带的疲劳寿命；同时使包角 $\alpha_1$ 增大，摩擦力增大，提高了传动能力。若没有指定中心距的大小，一般可按下式初定中心距 $a_0$ 的范围：

$$0.7(d_{d1} + d_{d2}) \leqslant a_0 \leqslant 2(d_{d1} + d_{d2}) \tag{2-15}$$

根据带轮的基准直径和初选的中心距 $a_0$ 初步计算带的长度：

$$L_{d0} = 2a_0 + \frac{\pi}{2}(d_{d1} + d_{d2}) + \frac{(d_{d2} - d_{d1})^2}{4a_0}\quad \text{mm} \tag{2-16}$$

根据初算的带长 $L_{d0}$，由表 2-6 选取相近的基准长度 $L_d$。

由于安装时带的中心距通常可调整，故 $L_d$ 选定后，按下式近似计算实际中心距：

$$a \approx a_0 + (L_d - L_{d0})/2\quad \text{mm} \tag{2-17}$$

安装时所需的最小中心距：

$$a_{min} = a - 0.015L_d \tag{2-18}$$

张紧或补偿伸长所需的最大中心距：

$$a_{max} = a + 0.03L_d \tag{2-19}$$

小带轮包角 $\alpha_1$ 按下式计算：

$$\alpha_1 \approx 180° - \frac{d_{d2} - d_{d1}}{a} \times 57.3° \tag{2-20}$$

一般应使 $\alpha_1 \geqslant 120°$，若不满足，可加大中心距或增设张紧轮。

**6. 确定带的根数 $z$**

$$z \geqslant \frac{P_c}{[P_0]} = \frac{P_c}{(P_0 + \Delta P_0) K_a K_L} \qquad (2\text{-}21)$$

带的根数 $z$ 应根据计算值圆整。根数不宜过多,否则会使各根带受力不均,一般取 $z < 10$。当根数过多时,应改选带的型号或带轮基准直径,进行再设计。

**7. 计算初拉力 $F_0$**

若初拉力 $F_0$ 过小,则带与带轮之间的摩擦力小,传动能力下降,易出现打滑;若 $F_0$ 过大,则带所受的拉应力大,寿命低,且对轴及轴承的作用力大。由式(2-6),并考虑离心力对摩擦力的不利影响,可得出在保证带的传动能力和疲劳寿命的前提下,单根 V 带较合适的初拉力

$$F_0 = 500 \times \frac{(2.5 - K_a) P_c}{K_a z v} + q v^2 \quad \text{N} \qquad (2\text{-}22)$$

式中:$q$ 为带的单位长度质量(kg/m),其值可查表 2-1。

**8. 计算压轴力 $F_Q$**

为了以后设计轴和轴承的需要,应计算 V 带传动作用在轴上的力 $F_Q$。压轴力 $F_Q$ 可近似地按带两边的初拉力 $F_0$ 的合力计算(图 2-8),则有

$$F_Q = 2 z F_0 \cos \frac{\beta}{2} = 2 z F_0 \cos \left( \frac{\pi}{2} - \frac{\alpha_1}{2} \right) = 2 z F_0 \sin \frac{\alpha_1}{2} \quad \text{N} \qquad (2\text{-}23)$$

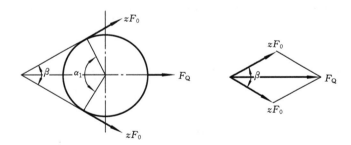

图 2-8　压轴力分析

## 2.3.3　V 带传动的张紧装置

各种材质的 V 带都不是完全的弹性体,在拉力的长久作用下会产生塑性变形,使带伸长而变得松弛,带与带轮之间的摩擦力将减小,传动能力下降。因此,应对带传动采取适当的张紧措施,以保持足够的初拉力 $F_0$。常用的张紧方法有定期张紧、自动张紧和张紧轮张紧等几种。

(1) 定期张紧装置　采用定期改变中心距的方法来调节带的初拉力,使带重新张紧。如图 2-9(a)所示,调节螺钉 2 使装有带轮的电动机沿导轨 1 移动,扩大中心距使带张紧。

(2) 自动张紧装置　如图 2-9(b)所示,将装有带轮的电动机安装在摆架 1 上,利用设

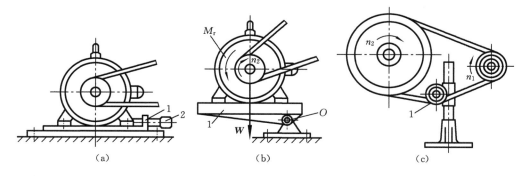

**图 2-9　V 带传动的张紧装置**

备的重力 $W$ 使带轮始终具有绕固定轴中心点 $O$ 摆动的趋势,从而自动保持一定的张紧力。

（3）张紧轮张紧装置　当中心距不可调节时,可采用张紧轮张紧的方法,如图 2-9(c)所示。通常将张紧轮安装在松边内侧,使带工作时只受单向弯曲,以防止带的疲劳寿命降低过多。同时,张紧轮还应尽量靠近大带轮,以减小对小带轮包角的不利影响。张紧轮的轮槽尺寸与带轮的相同,其直径小于小带轮的基准直径。

## 2.3.4　普通 V 带传动设计实例

［例 2-1］　设计一带式运输机中的普通 V 带传动。原动机为 Y 系列三相异步电动机,其额定功率 $P=4$ kW,主动轮转速 $n_1=1\,440$ r/min,从动轮转速 $n_2=450$ r/min,单班制工作,要求中心距 $a\leqslant550$ mm。

　　**解**　具体设计计算过程如下。

（1）确定设计功率 $P_c$。

单班制工作,即每天工作 8 h,由表 2-7 查得工况系数 $K_A=1.1$,故

$$P_c=K_AP=1.1\times4 \text{ kW}=4.4 \text{ kW}$$

（2）选择普通 V 带的型号。

根据 $P_c=4.4$ kW、$n_1=1\,440$ r/min,由图 2-7 初步选用 A 型带。

（3）选取带轮基准直径 $d_{d1}$ 和 $d_{d2}$。

由表 2-1 取 $d_{d1}=100$ mm,并取 $\varepsilon=0.02$,由式(2-9)得

$$d_{d2}=\frac{n_1}{n_2}d_{d1}(1-\varepsilon)=\frac{1\,440}{450}\times100\times(1-0.02) \text{ mm}=313.6 \text{ mm}$$

由表 2-1 取最接近的标准系列值:$d_{d2}=315$ mm。

（4）验算带速 $v$。

$$v=\frac{\pi d_{d1}n_1}{60\times1\,000}=\frac{\pi\times100\times1\,440}{60\times1\,000} \text{ m/s}=7.54 \text{ m/s}$$

因 $v$ 在 5～30 m/s 范围内,故带速合适。

(5) 确定中心距 $a$ 和带的基准长度 $L_d$。

由式(2-15),初定中心距 $a_0$ 的取值范围为

$$290.5 \text{ mm} \leqslant a_0 \leqslant 830 \text{ mm}$$

按题目要求,初选中心距 $a_0 = 450 \text{ mm}$。

由式(2-16)计算所需带长为

$$L_{d0} = 2a_0 + \frac{\pi}{2}(d_{d1} + d_{d2}) + \frac{(d_{d2} - d_{d1})^2}{4a_0}$$

$$= \left[ 2 \times 450 + \frac{3.14}{2} \times (100 + 315) + \frac{(315 - 100)^2}{4 \times 450} \right] \text{ mm} = 1\,577.6 \text{ mm}$$

查表 2-6,选取基准长度 $L_d = 1\,600 \text{ mm}$。根据式(2-17),计算实际中心距得

$$a \approx a_0 + (L_d - L_{d0})/2 = [450 + (1\,600 - 1\,577.6)/2] \text{ mm} \approx 461 \text{ mm}$$

由式(2-18),得安装时所需的最小中心距

$$a_{\min} = a - 0.015L_d = (461 - 0.015 \times 1\,600) \text{ mm} = 437 \text{ mm}$$

由式(2-19),得张紧或补偿伸长所需的最大中心距

$$a_{\max} = a + 0.03L_d = (461 + 0.03 \times 1\,600) \text{ mm} = 509 \text{ mm}$$

(6) 验算小带轮包角 $\alpha_1$。

由式(2-20)得

$$\alpha_1 = 180° - \frac{d_{d2} - d_{d1}}{a} \times 57.3° = 180° - \frac{315 - 100}{461} \times 57.3° \approx 153° > 120° \quad \text{(合适)}$$

(7) 确定带的根数。

已知 $d_{d1} = 100 \text{ mm}$,$i = \dfrac{d_{d2}}{d_{d1}(1-\varepsilon)} = \dfrac{315}{100 \times (1-0.02)} \approx 3.21$,$v = 7.54 \text{ m/s}$,查表 2-3 得 $P_0 = 1.31 \text{ kW}$,查表 2-4 得 $\Delta P_1 = 0.1 \text{ kW}$;因 $\alpha_1 = 153°$,查表 2-5 得 $K_\alpha = 0.926$(用线性插值法求得);因 $L_d = 1\,600 \text{ mm}$,查表 2-6 得 $K_L = 0.99$。由式(2-21)得

$$z \geqslant \frac{P_c}{[P_0]} = \frac{P_c}{(P_0 + \Delta P_1)K_\alpha K_L} = \frac{4.4}{(1.31 + 0.1) \times 0.926 \times 0.99} = 3.40$$

取 $z = 4$ 根。

(8) 确定初拉力 $F_0$。

查表 2-1 得 $q = 0.1 \text{ kg/m}$。

由式(2-22),得单根普通 V 带的初拉力为

$$F_0 = 500 \times \frac{(2.5 - K_\alpha)P_c}{K_\alpha zv} + qv^2 = \left[ 500 \times \frac{(2.5 - 0.926) \times 4.4}{0.926 \times 4 \times 7.54} + 0.1 \times 7.54^2 \right] \text{ N} \approx 130 \text{ N}$$

(9) 计算压轴力 $F_Q$。

由式(2-23),得压轴力为

$$F_Q = 2zF_0 \sin \frac{\alpha_1}{2} = 2 \times 4 \times 130 \times \sin \frac{153°}{2} \text{ N} \approx 1\,011 \text{ N}$$

（10）带轮的结构设计（参见 2.6 节）。

# 2.4  链传动概述

## 2.4.1  链传动的特点及类型

链传动是一种常用的机械传动形式,由挠性构件链条及主、从动链轮组成(图2-10),依靠链条与链轮轮齿的啮合来传递运动和动力,常用于平行轴之间的传动。

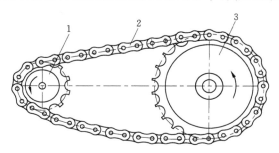

**图 2-10  链传动简图**
1—主动链轮;2—链条;3—从动链轮

与带传动相比,链传动的优点是:没有弹性滑动和打滑,能保持准确的平均传动比;传动效率较高;压轴力较小,传递功率大,过载能力强;能适应恶劣环境,如多尘、油污、腐蚀、高温等场合。链传动的缺点是:瞬时链速和瞬时速比呈周期性变化,速度高时会引起较大的振动和噪声。

链传动广泛应用于矿山机械、农用机械、石油机械、摩托车和自行车中。通常,链速 $v \leqslant 15$ m/s,传递功率 $P \leqslant 100$ kW,最大传动比 $i \leqslant 8$,常用传动比 $i = 2 \sim 3$,传动效率 $\eta = 0.95 \sim 0.98$。

链条的常用类型主要有滚子链(图 2-11)和齿形链(图 2-12)两种。齿形链比滚子链运转平稳、噪声小,承受冲击载荷能力强,但结构复杂,质量大,成本较高,常用于重载场合。滚子链传动的应用最为广泛。

根据需要,滚子链可制成单排链和多排链,多排链的承载能力与其排数成正比,当传递功率大时,可采用双排链或三排链。但排数过多会使各排链受载不均匀。滚子链由内链板 1、外链板 2、销轴 3、套筒 4 和滚子 5 组成(图 2-11)。销轴与外链板、套筒与内链板分别用过盈配合连接,而销轴与套筒、滚子与套筒之间则为间隙配合,所以,当链条与链轮轮齿啮合时,滚子与轮齿之间的摩擦是滚动摩擦。

滚子链是标准件,其主要参数是节距 $p$。节距是指链条上相邻两销轴之间的中心距。滚子链分为 A、B 两个系列,表 2-8 中列出了常用滚子链的规格,表中的链号数乘以

(25.4/16)即为节距值。本书仅介绍最常用的 A 系列滚子链传动的设计。

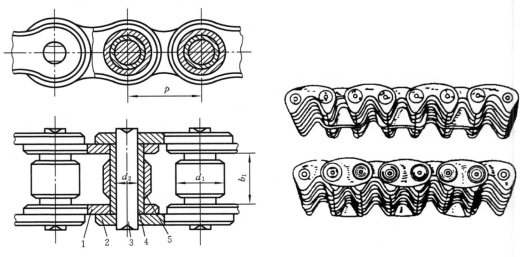

图 2-11　单排滚子链　　　　　　　　　　　图 2-12　齿形链

表 2-8　滚子链的规格及其主要参数(摘自 GB/T 1243—2006)

| 链号 | 节距 $p$/mm | 排距 $p_t$/mm | 滚子外径 $d_1$/mm | 内链节内宽 $b_1$/mm | 销轴直径 $d_2$/mm | 内链板高度 $h_2$/mm | 极限拉伸载荷(单排)$Q$/N | 每米质量(单排)$q$/(kg/m) |
|---|---|---|---|---|---|---|---|---|
| 06B | 9.525 | 10.24 | 6.35 | 5.72 | 3.28 | 8.26 | 8 900 | 0.40 |
| 08B | 12.70 | 13.92 | 8.51 | 7.75 | 4.45 | 11.81 | 17 800 | 0.70 |
| 08A | 12.70 | 14.38 | 7.92 | 7.85 | 3.98 | 12.07 | 13 800 | 0.65 |
| 10A | 15.875 | 18.11 | 10.16 | 9.40 | 5.09 | 15.09 | 21 800 | 1.00 |
| 12A | 19.05 | 22.78 | 11.91 | 12.57 | 5.96 | 18.08 | 31 100 | 1.50 |
| 16A | 25.40 | 29.29 | 15.88 | 15.75 | 7.94 | 24.13 | 55 600 | 2.60 |
| 20A | 31.75 | 35.76 | 19.05 | 18.90 | 9.54 | 30.18 | 86 700 | 3.80 |
| 24A | 38.10 | 45.44 | 22.23 | 25.22 | 11.11 | 36.20 | 124 600 | 5.60 |
| 28A | 44.45 | 48.87 | 25.40 | 25.22 | 12.71 | 42.24 | 169 000 | 7.50 |
| 32A | 50.80 | 58.55 | 28.58 | 31.55 | 14.29 | 48.26 | 222 400 | 10.10 |
| 40A | 63.50 | 71.55 | 39.68 | 37.85 | 19.85 | 60.33 | 347 000 | 16.10 |
| 48A | 76.20 | 87.83 | 47.63 | 47.35 | 23.81 | 72.39 | 500 400 | 22.60 |

注:过渡链节的极限拉伸载荷按 0.8$Q$ 计算。

　　链的长度用链节数 $L_p$ 表示。为了使链条连接成环形时,接头处正好是外链板与内链板相连,所以链节数最好取为偶数。若链节数为奇数,则需采用形状弯曲的过渡链节。但过渡链节受拉时要承受附加弯曲载荷,影响链条的强度,通常应避免使用。

　　滚子链的标记方法为：链号-排数-链节数　标准编号。例如：16A-1-80 GB/T 1243—2006，即为按 GB/T 1243—2006 制造的 A 系列、节距 $p=25.4$ mm、单排链、链节数 $L_p=80$ 节的滚子链。

## 2.4.2　链传动的运动特性

### 1. 链传动的运动不均匀性

　　当链条绕在链轮上，其链节与相应的轮齿啮合后，这一段链条将形成正多边形的一部分（图 2-13）。因此，可将链轮看成一个正多边形。该正多边形的边长为链条的节距 $p$，边数等于链轮齿数 $z$。链轮每转一圈，随之转过的链长为 $zp$，故链的平均速度为

$$v = \frac{n_1 z_1 p}{60 \times 1\,000} = \frac{n_2 z_2 p}{60 \times 1\,000} \quad \text{m/s} \qquad (2\text{-}24)$$

式中：$z_1$、$z_2$ 分别为主动链轮、从动链轮的齿数；

　　　　$n_1$、$n_2$ 分别为主动轮、从动轮的转速（r/min）；

　　　　$p$ 为链的节距（mm）。

　　由式（2-24），可得链传动的平均传动比为

$$i = \frac{n_1}{n_2} = \frac{z_2}{z_1} \qquad (2\text{-}25)$$

　　链传动的平均传动比是恒定的，但由于多边形效应，瞬时链速和瞬时速比都是变化的。如图 2-13 所示，链轮转动时，绕在其上的链条的销轴中心 $A$ 沿链轮分度圆（直径为 $d$、半径为 $R$）的切线方向运动。设主动轮以角速度 $\omega_1$ 匀速转动，则销轴中心 $A$ 作等速圆周运动，其圆周速度 $v_1 = R_1 \omega_1$。为了便于分析，设链在运动时主动边（即紧边）始终处于水平位置。$v_1$ 可分解为水平分速度 $v$（即链速）和垂直分速度 $v_1'$，其值分别为

$$\left. \begin{array}{l} v = v_1 \cos\beta = R_1 \omega_1 \cos\beta \\ v_1' = v_1 \sin\beta = R_1 \omega_1 \sin\beta \end{array} \right\} \qquad (2\text{-}26)$$

式中：$\beta$ 为 $v_1$ 与水平方向的夹角。

　　由图 2-13 可知，链条的每一链节在主动轮上对应的中心角为 $\varphi_1 = 360°/z_1$，则 $\beta$ 角的变化范围为 $-\varphi_1/2 \sim +\varphi_1/2$。显然：当 $\beta = \pm\varphi_1/2$ 时，链速 $v$ 最小，即 $v_{\min} = R_1 \omega_1 \cos(\varphi_1/2)$；当 $\beta = 0$ 时，链速最大，$v_{\max} = R_1 \omega_1$。所以，主动轮作等速回转时，链条前进的瞬时速度 $v$ 是周期性变化的，每转过一个链节就变化一次。

　　与此同时，$v_1'$ 的大小也在周期性变化，使链节减速上升，然后加速下降，导致链条产生抖动。

　　设从动轮角速度为 $\omega_2$，圆周速度为 $v_2$，$v_2$ 与水平方向的夹角为 $\gamma$，由图 2-13 可知

$$v_2 = \frac{v}{\cos\gamma} = \frac{v_1 \cos\beta}{\cos\gamma} = \frac{R_1 \omega_1 \cos\beta}{\cos\gamma} = R_2 \omega_2$$

所以瞬时传动比为

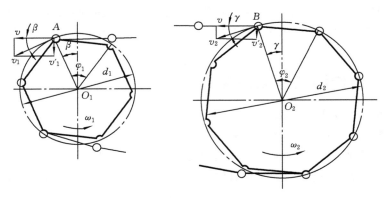

图 2-13　链传动的速度分析

$$i_t \approx \frac{\omega_1}{\omega_2} = \frac{R_2\cos\gamma}{R_1\cos\beta} \tag{2-27}$$

由此可见,随着 $\beta$ 角和 $\gamma$ 角的不断变化,链传动的瞬时传动比也是不断变化的。当主动链轮以等角速度回转时,从动链轮的角速度将周期性地变化。这种运动的不均匀性是由于围绕在链轮上的链条形成了正多边形这一特点所造成的,故称之为链传动的多边形效应。

**2. 链传动的动载荷**

链传动中的动载荷主要由以下因素引起。

(1) 链速 $v$ 的周期性变化产生的加速度 $a$,有

$$a = \frac{\mathrm{d}v}{\mathrm{d}t} = \frac{\mathrm{d}(R_1\omega_1\cos\beta)}{\mathrm{d}t} = -R_1\omega_1^2\sin\beta$$

当 $\beta = \pm\varphi_1/2$ 时,链的加速度达到最大值,即

$$a_{\max} = \pm R_1\omega_1^2\sin\frac{\varphi_1}{2} = \pm R_1\omega_1^2\sin\frac{180°}{z_1} = \pm\frac{\omega_1^2 p}{2}$$

式中: $R_1 = \dfrac{p}{2\sin(180°/z_1)}$。

由此可知,链轮的转速越高,节距越大,齿数越少(链轮直径一定),则链的加速度就越大,引起的动载荷亦越大,故在多级减速传动系统中,常将链传动置于低速级,以减小振动、冲击。

(2) 链条的垂直分速度 $v_1'$ 周期性变化会导致链条的横向振动。

(3) 当链条的铰链啮入链轮齿间时,由于链条铰链作直线运动而链轮轮齿作圆周运动,两者之间的相对速度将造成啮合冲击和动载荷。

另外,由于链条和链轮的制造误差、安装误差,以及由于链条的松弛,在启动、制动、反转、突然超载或卸载情况下出现的惯性冲击等,也将增大链传动的动载荷。

# 2.5 滚子链传动的设计计算

## 2.5.1 链传动的主要失效形式

（1）铰链磨损 链节在进入和退出啮合时,销轴与套筒之间存在相对滑动,在不能保证充分润滑的条件下,将引起铰链元件的磨损。磨损导致链条的实际节距增长,使链与链轮的啮合点外移,最终将产生跳齿或脱链现象,并使传动更不平稳。链轮的齿数越多、直径越大,则在节距增长量相同的前提下,啮合点的外移量越大,越容易产生跳齿和脱链。铰链磨损是开式链传动的主要失效形式。

（2）链的疲劳破坏 由于链在运动过程中所受的载荷不断变化,因而链在变应力状态下工作。经过一定的应力循环次数后,链板会产生疲劳断裂或滚子表面会出现疲劳点蚀和疲劳裂纹。在润滑良好和设计安装正确的情况下,疲劳强度是决定链传动工作能力的主要因素。

（3）多次冲击疲劳断裂 工作中链条反复启动、制动、反转,或受重复冲击载荷、承受较大的动载荷,经过多次冲击,滚子、套筒和销轴会产生冲击疲劳断裂。

（4）胶合 润滑不良或链速过高时,可能使销轴和套筒的工作表面在很高的温度和压力下直接接触,从而导致胶合破坏。为防止胶合,要限定链传动的极限转速。

（5）过载拉断 在低速（$v < 0.6$ m/s）、重载的传动中或受到巨大的尖峰载荷作用时,链条被突然拉断。

## 2.5.2 滚子链传动的额定功率曲线

链传动的工作条件不同,失效形式也不同。图 2-14 所示为单排链在一定寿命下,小链轮在不同转速时由各种失效形式所限定的额定功率曲线。它是在特定条件下,根据实验结果经修正后得到的。所谓特定条件是:$z_1 = 19$、传动比 $i = 3$、$L_p = 100$ 节、单排链、载荷平稳、按照推荐的润滑方式润滑（图 2-15）、工作寿命为 15 000 h 等。设计时,可根据小链轮转速 $n_1$、所需的单排链额定功率 $P_0$,按图 2-14 确定出符合要求的链条型号。

当不能按图 2-15 中推荐的方式润滑而使链传动润滑不良时,要根据链条的磨损失效所限定的额定功率选择链条,设计时应将额定功率 $P_0$ 适当降低:当链速 $v \leqslant 1.5$ m/s 时,取图示值的 $30\% \sim 60\%$,无润滑时,取图示值的 $15\%$（寿命不能保证 15 000 h）;$1.5$ m/s $< v \leqslant 7$ m/s时,取图示值的 $15\% \sim 30\%$;$v > 7$ m/s 而又润滑不当,则该传动不可靠,不宜采用。

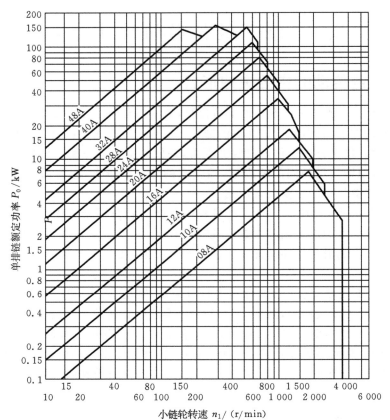

**图 2-14　单排滚子链的额定功率曲线**

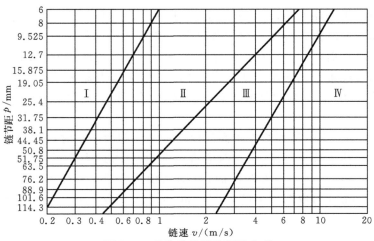

**图 2-15　链传动推荐的润滑方式**

Ⅰ—人工定期润滑；Ⅱ—滴油润滑；Ⅲ—油浴或飞溅润滑；Ⅳ—压力喷油润滑

## 2.5.3　所需额定功率的计算及主要参数选择

当链传动的实际工作条件不符合上述特定条件时,应引进一些系数对额定功率 $P_0$ 进行修正。为保证链传动具有足够的承载能力,防止各种失效,在一定的载荷作用下,单排链传动的额定功率 $P_0$ 应满足

$$P_0 \geqslant \frac{K_A P}{K_t K_z K_L} \quad \text{kW} \tag{2-28}$$

式中: $P$ 为链传动所要传递的名义功率(kW);

　　　$K_A$ 为工况系数(见表 2-9);

　　　$K_t$ 为多排链系数(见表 2-10),采用多排链时折算出单排链所需的额定功率;

　　　$K_z$ 为小链轮齿数系数, $K_z = (z_1/19)^n$ ;

　　　$K_L$ 为链长系数, $K_L = (L_p/100)^m$ 。

按图 2-14 确定链条型号时,若选型点落在功率曲线顶点的左侧(此时主要失效形式是链板疲劳断裂), $n = 1.08$ 、 $m = 0.26$ ;若选型点落在功率曲线顶点的右侧(此时主要失效形式是滚子、套筒的冲击疲劳破坏), $n = 1.5$ 、 $m = 0.5$ 。

表 2-9　链传动的工况系数 $K_A$(摘自 GB/T 18150—2000)

| 工作机械<br>载荷情况 | 原动机种类 | | |
|---|---|---|---|
| | 电动机或汽轮机 | 不少于 6 缸的内燃机、<br>经常启动的电动机 | 少于 6 缸的内燃机 |
| 平稳或较小冲击 | 1.0 | 1.1 | 1.3 |
| 中等冲击 | 1.4 | 1.5 | 1.7 |
| 严重冲击 | 1.8 | 1.9 | 2.1 |

表 2-10　多排链系数 $K_t$

| 排　数 | 1 | 2 | 3 | 4 | 5 | 6 |
|---|---|---|---|---|---|---|
| $K_t$ | 1.0 | 1.7 | 2.5 | 3.3 | 4.0 | 4.6 |

按式(2-28)计算出所需的额定功率 $P_0$ 后,再根据 $n_1$ 、 $P_0$ 查图 2-14 选择链的型号。若 $n_1$ 、 $P_0$ 的交点(选型点)落在某条最近的功率曲线所包容的区域内,则该功率曲线所代表的链号即为合适的选择。

设计滚子链传动时,合理选择参数非常重要。参数选择的一般原则如下。

**1)　链轮齿数 $z_1$ 、 $z_2$ 的选择**

为增强链传动的平稳性,小链轮齿数不宜过少。当链速很低时,小链轮最少齿数可取 $z_{\min} = 9$ ;一般情况下,小链轮齿数 $z_1$ 可根据传动比按表 2-11 选取。

表 2-11　小链轮齿数 $z_1$

| 传动比 $i$ | $1\sim2$ | $3\sim4$ | $5\sim6$ | $>6$ |
|---|---|---|---|---|
| $z_1$ | $31\sim27$ | $25\sim23$ | $21\sim17$ | $17$ |

当然,小链轮齿数也不宜过多。若 $z_1$ 太多,则大链轮齿数 $z_2 = iz_1$ 将更多,除了增大传动尺寸和重量外,也会因链条铰链元件磨损后节距变长而导致跳齿和脱链现象发生,所以大链轮齿数 $z_2$ 通常不超过 120 个。

如前所述,通常将链条节数取为偶数,故链轮齿数最好取为与链节数互质的奇数,这样可使磨损均匀些。

**2) 链节距 $p$ 和排数的选择**

链节距的大小直接决定了链的尺寸、重量和承载能力,而且也影响链传动的运动不均匀性。节距 $p$ 越大,承载能力越强,但运动的不均匀性越明显,冲击、振动和噪声越大,且结构尺寸也大。为了既保证链传动有足够的承载能力,又使冲击、振动和噪声小一些,设计时应尽量选用较小的链节距。基本原则是:在高速、重载时,宜选用小节距的多排链;低速、重载时,可选用大节距的单排链。

**3) 中心距 $a$ 和链节数 $L_\mathrm{p}$**

中心距 $a$ 的大小对链传动的工作性能有较大的影响。中心距小时,链节数少,链速一定时,单位时间内每一链节的应力变化次数和屈伸次数增多,链更易产生疲劳破坏和磨损;中心距大时,链节数增多,吸振能力强,使用寿命长。但中心距太大,则使松边的垂度过大,传动时,松边会发生颤动现象,使运动的平稳性降低。设计时如无结构上的特殊要求,一般可初定中心距 $a = (30\sim50)p$。最大中心距 $a_{\max} \approx 80p$。

链的长度用链节数 $L_\mathrm{p}$ 表示。利用带传动中计算带长的公式(2-16),并将其除以节距 $p$,可导出链节数的计算公式:

$$L_\mathrm{p} = 2\,\frac{a_0}{p} + \frac{z_1 + z_2}{2} + \left(\frac{z_2 - z_1}{2\pi}\right)^2 \frac{p}{a_0} \quad \text{节} \tag{2-29}$$

$L_\mathrm{p}$ 的计算值应圆整成整数,且最好为偶数。

由式(2-29)可得中心距 $a$ 的计算公式:

$$a = \frac{p}{4}\left[\left(L_\mathrm{p} - \frac{z_1 + z_2}{2}\right) + \sqrt{\left(L_\mathrm{p} - \frac{z_1 + z_2}{2}\right)^2 - 8\left(\frac{z_2 - z_1}{2\pi}\right)^2}\right] \quad \text{mm} \tag{2-30}$$

为了便于安装和调节链的张紧程度,且使链条的松边有一定的垂度,实际安装中心距 $a'$ 应比计算中心距 $a$ 小 $0.2\%\sim0.4\%$。事实上,链传动的中心距一般设计成可调节的,其调整范围应不小于 $2p$,即 $\Delta a \geqslant 2p$。这时的实际安装中心距为

$$a' = a - \Delta a \quad \text{mm} \tag{2-31}$$

当中心距不可调节而又没有张紧装置时,中心距的计算应准确。

## 2.5.4　压轴力 $F_Q$ 的计算

由于链传动是啮合传动,不需很大的张紧力,故作用在轴上的压力 $F_Q$ 比带传动的小,可按下式近似计算:

$$F_Q \approx (1.2 \sim 1.3)F \quad \text{N} \tag{2-32}$$

式中: $F$ 为链传动的工作拉力, $F = 1\,000P/v$ ( $P$ 为传递的功率(kW); $v$ 为链的平均速度(m/s))。

## 2.5.5　低速链传动的静强度计算

对于链速 $v < 0.6$ m/s 的低速链传动,由于应力循环次数少,一般不会发生疲劳破坏,但可能由于载荷过大而使链条发生静力拉断,故对低速链传动应进行静强度校核。静强度条件以安全系数的形式表达,即

$$S = \frac{nQ}{K_A F} \geqslant 4 \sim 8 \tag{2-33}$$

式中: $S$ 为链的静强度计算安全系数;

　　　$n$ 为链的排数;

　　　$Q$ 为单排链的极限拉伸载荷(N),可查表 2-8;

　　　$K_A$ 为工况系数;

　　　$F$ 为工作拉力(N)。

## 2.5.6　滚子链传动的设计实例

[例 2-2]　试设计一电动机驱动的液体搅拌器中的滚子链传动。已知:传递的功率 $P = 7.5$ kW,小链轮转速 $n_1 = 970$ r/min,大链轮转速 $n_2 = 300$ r/min,载荷平稳,链传动中心距可调整且不应大于 700 mm。

**解**　具体设计计算过程如下。

(1) 选择链轮齿数。

传动比 $i = n_1/n_2 = 970/300 = 3.23$。根据链轮齿数取奇数的原则,并由表 2-11 选小链轮齿数 $z_1 = 25$。大链轮齿数 $z_2 = iz_1 = 3.23 \times 25 = 80.75$,取 $z_2 = 81 < 120$,合适。

(2) 初定中心距 $a_0$,确定链节数 $L_p$。

由 $a = (30 \sim 50)p$,初定中心距 $a_0 = 40p$。根据式(2-29),则链节数为

$$L_p = \frac{2a_0}{p} + \frac{z_1 + z_2}{2} + \left(\frac{z_2 - z_1}{2\pi}\right)^2 \frac{p}{a_0}$$

$$= \left[\frac{2 \times 40p}{p} + \frac{25 + 81}{2} + \left(\frac{81 - 25}{2\pi}\right)^2 \times \frac{p}{40p}\right] \text{节} = 134.99 \text{ 节}$$

圆整成偶数,则取 $L_p = 136$ 节。

(3) 计算所需的额定功率、确定链的型号和节距。

根据式(2-28),已知链传动工作平稳,电动机驱动,由表 2-9 选 $K_A = 1.0$;初选单排链,由表 2-10 查得多排链系数 $K_t = 1.0$;先假设选型点位于功率曲线顶点的左侧,则

齿数系数　　　　　　　$K_z = (z_1/19)^n = (25/19)^{1.08} = 1.345$

链长系数　　　　　　　$K_L = (L_p/100)^m = (136/100)^{0.26} = 1.083$

因此,得单排链所需的额定功率为

$$P_0 \geqslant \frac{K_A P}{K_t K_z K_L} = \frac{1.0 \times 7.5}{1.0 \times 1.345 \times 1.083} \text{ kW} = 5.15 \text{ kW}$$

根据 $n_1$、$P_0$,查图 2-14,选择滚子链型号为 10A,由表 2-8 知,其节距 $p = 15.875$ mm。选型点落在功率曲线顶点的左侧,与假设相符。

(4) 计算链长 $L$ 和中心距 $a$。

计算链长得

$$L = p L_p/1\,000 = 136 \times 15.875/1\,000 \text{ m} = 2.159 \text{ m}$$

根据式(2-30),中心距

$$a = \frac{p}{4}\left[\left(L_p - \frac{z_1 + z_2}{2}\right) + \sqrt{\left(L_p - \frac{z_1 + z_2}{2}\right)^2 - 8\left(\frac{z_2 - z_1}{2\pi}\right)^2}\right]$$

$$= \frac{15.875}{4} \times \left[\left(136 - \frac{25 + 81}{2}\right) + \sqrt{\left(136 - \frac{25 + 81}{2}\right)^2 - 8\left(\frac{81 - 25}{2 \times 3.14}\right)^2}\right] \text{ mm}$$

$$= 643.3 \text{ mm}$$

由于中心距是可调整的,其调整量一般为

$$\Delta a \geqslant 2p = 2 \times 15.875 \text{ mm} = 31.75 \text{ mm}$$

则由式(2-31)得实际安装中心距

$$a' = a - \Delta a = (643.3 - 31.75) \text{ mm} \approx 612 \text{ mm}$$

因 $a' < 700$ mm,故符合设计要求。

(5) 计算平均链速 $v$ 和压轴力 $F_Q$。

由式(2-24)计算平均链速得

$$v = \frac{n_1 z_1 p}{60 \times 1\,000} = \frac{970 \times 25 \times 15.875}{60\,000} \text{ m/s} = 6.416 \text{ m/s}$$

根据式(2-32),压轴力 $F_Q \approx (1.2 \sim 1.3) F$,取 $F_Q = 1.3 F$,则

$$F_Q = 1.3 F = \frac{1.3 \times 1\,000 P}{v} = \frac{1.3 \times 1\,000 \times 7.5}{6.416} \text{N} = 1\,520 \text{ N}$$

(6) 选择润滑方式。

根据链速 $v = 6.416$ m/s,链节距 $p = 15.875$,根据图 2-15,链传动选择油浴或飞溅润滑方式。

(7) 链轮几何尺寸计算及零件图设计(参见 2.6 节)。

设计结果:滚子链型号为 10A-1-136 GB/T 1243—2006,节距 $p = 15.875$ mm,单排

链,链节数 $L_p$＝136,链轮齿数 $z_1$＝25,$z_2$＝81,实际安装中心距 $a'$＝612 mm。

# 2.6　带轮及链轮的结构设计

## 2.6.1　普通 V 带轮的结构设计

　　带轮结构设计的基本要求是:重量轻、结构工艺性好、质量分布均匀;轮槽尺寸要达到足够的精度,以使各根带受载均匀;要保证轮槽工作面的表面质量,以减少带的磨损。

　　带轮常用灰铸铁(如 HT150、HT200 等)铸造。转速很高时,宜采用铸钢材料(或用钢板冲压后焊接而成),以减轻带轮重量。轻载时,带轮也可用铸造铝合金或非金属材料制造。

　　带轮的结构形式常用实心式、辐板式和轮辐式等几种。设计时,主要根据带轮基准直径的大小来选择合适的结构形式。当带轮基准直径 $d_d$≤(2.5～3)$d$($d$ 为安装带轮处的轴径(mm))时,常采用实心式结构(图 2-16(a));当 $d_d$≤300 mm 时,可采用辐板式结构(图 2-16(b)),以减轻重量;当 $d_d$＞300 mm 时,可采用轮辐式结构(图 2-16(c))。普通 V 带轮轮槽的尺寸(见表 2-12)根据 V 带的型号确定,带轮的其他结构尺寸参照图 2-16 中所列的经验公式计算。

　　普通 V 带两侧面的夹角等于 40°。但是,当带绕过带轮发生弯曲时,由于截面变形将使其夹角变小。为了使带的工作面与轮槽的工作面紧密贴合,故将轮槽楔角规定为 32°、34°、36°和 38°等几种。

表 2-12　普通 V 带轮的轮槽尺寸(摘自 GB/T 10412—2002)　　　　单位:mm

| 槽型剖面尺寸 | | 带　　　型 | | | | | | |
|---|---|---|---|---|---|---|---|---|
| | | Y | Z | A | B | C | D | E |
| | $h_c$ | 6.3 | 9.0 | 11.45 | 14.3 | 19.1 | 28 | 33 |
| | $h_a$ | 1.6 | 2.0 | 2.75 | 3.5 | 4.8 | 8.1 | 9.6 |
| | $e$ | 8 | 12 | 15 | 19 | 25.5 | 37 | 44.5 |
| | $f$ | 6 | 7 | 9 | 11.5 | 16 | 23 | 28 |
| | $b_p$ | 5.3 | 8.5 | 11 | 14 | 19 | 28 | 32 |
| | $\delta$ | 5 | 5.5 | 6 | 7.5 | 10 | 12 | 15 |
| | $B$ | $B=(z-1)e+2f$,$z$ 为带的根数 | | | | | | |
| $\varphi$ | 32° | ≤60 | — | — | — | — | — | — |
| | 34° | — | ≤80 | ≤118 | ≤190 | ≤315 | — | — |
| | 36° | ＞60 | — | — | — | — | ≤475 | ≤600 |
| | 38° | — | ＞80 | ＞118 | ＞190 | ＞315 | ＞475 | ＞600 |

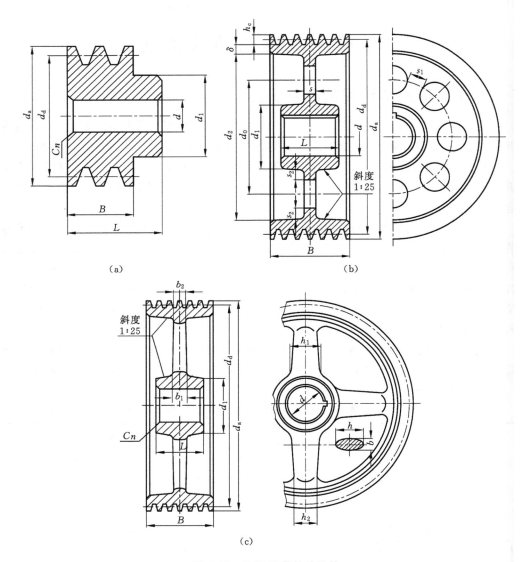

**图 2-16　普通 V 带轮的结构**

(a) 实心式；(b) 辐板式；(c) 轮辐式

$d_a = d_d + 2h_a$,　$d_1 = (1.8 \sim 2)d$,　$d_0 = (d_1 + d_2)/2$,　$L = (1.5 \sim 2)d$,　$h_1 = 290 \sqrt[3]{\dfrac{P}{nm}}$,　$h_2 = 0.8h_1$,

$b_1 = 0.4h_1$,　$d_2 = d_a - 2(h_c + \delta)$,　$h_a$、$h_c$、$\delta$ 见表 2-12,　$P$ 为功率(kW),　$m$ 为轮辐数,　$b_2 = 0.8b_1$.

$s = (0.2 \sim 0.3)B$,　$s_1 \geqslant 1.5s$,　$s_2 \geqslant 0.5s$,　$n$ 为带轮转速(r/min).

## 2.6.2 滚子链链轮的结构

如图 2-17 所示,常用的链轮结构有整体式、孔板式和组合式等几种,分别用于小直径、中等直径和较大直径的链轮。组合式的齿圈与轮芯可用不同材料制成,连接方式可以是焊接或螺栓连接。

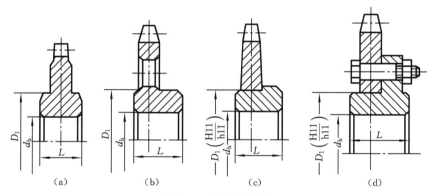

图 2-17 链轮的结构

(a) 整体式;(b) 孔板式;(c) 组合式(焊接);(d) 组合式(螺栓连接)

$L=(1.5\sim2)d_h, D_1=(1.2\sim2)d_h, d_h$ 为轴孔直径

链轮轮齿的齿形已标准化,有双圆弧齿形和"三圆弧一直线"齿形两种(图 2-18)。后一种齿形最常用,由三段圆弧($aa$、$ab$、$cd$)和一段直线($bc$)组成,虽然该齿形较复杂,但可用标准刀具切制,设计时不用精确绘制其端面齿形,只需在零件工作图上注明链传动的主要参数即可,如齿数 $z$、节距 $p$、滚子外径 $d_1$ 及链轮各直径等。

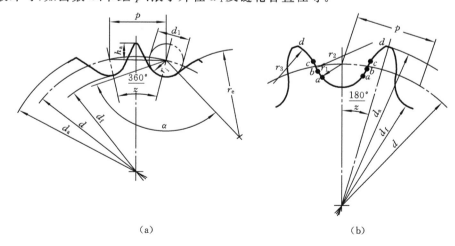

图 2-18 滚子链链轮的端面齿形

(a) 双圆弧齿形;(b) "三圆弧一直线"齿形

链轮上被链轮节距等分的圆称为分度圆。链轮的各直径按下列公式计算:

分度圆直径　$d = \dfrac{p}{\sin(180°/z)}$

齿顶圆直径　$d_a = p\left(0.54 + \cot\dfrac{180°}{z}\right)$　("三圆弧—直线"齿形)

齿根圆直径　$d_f = d - d_1$　($d_1$ 为滚子外径)

# 习　　题

**2-1**　为什么说带传动的弹性滑动是不可避免的,而打滑应当避免? 带打滑一定有害吗?

**2-2**　带传动的主要参数 $d_{d1}$、$\alpha_1$、$i$、$a$ 等对传动有何影响? 设计时应如何选择?

**2-3**　在多级传动系统中,带传动一般布置在高速级还是低速级? 为什么? 而链传动应如何布置?

**2-4**　何谓链传动的"多边形效应"? 它对链传动的性能有何影响?

**2-5**　设计时应如何选择滚子链传动的主要参数($z_1$、$z_2$、$p$、$L_p$、$a$ 及排数)?

**2-6**　设单根 V 带所能传递的最大功率 $P = 5$ kW,已知主动轮直径 $d_{d1} = 140$ mm,转速 $n_1 = 1\,460$ r/min,包角 $\alpha_1 = 140°$,带与带轮间的当量摩擦因数 $f_v = 0.5$,求最大有效拉力 $F$ 和紧边拉力 $F_1$。

**2-7**　一破碎机用普通 V 带传动。已知电动机额定功率 $P = 5.5$ kW,转速 $n_1 = 1\,400$ r/min,传动比 $i = 2$,两班制工作,希望中心距不超过 600 mm。试设计此 V 带传动。

**2-8**　一滚子链传动装置,已知:主动轮齿数 $z_1 = 23$,转速 $n_1 = 960$ r/min,传动比 $i = 3.75$,链节距 $p = 12.7$ mm。试求:

(1) 链的平均速度 $v$;

(2) 两链轮的分度圆直径;

(3) 链瞬时速度的最大值和最小值。

**2-9**　试设计某往复式压气机上的滚子链传动。已知电动机转速 $n_1 = 960$ r/min,传递的功率 $P = 5.5$ kW,压气机的转速 $n_2 = 330$ r/min,载荷较平稳。

# 第3章 齿轮传动设计

齿轮传动是机械传动中应用最为广泛的一种传动形式。其主要特点是：传动效率高，结构紧凑，工作可靠，寿命长，传动比准确。但是，齿轮的制造及安装精度要求高，制造费用较大，不宜用于轴间距离较远的场合。

齿轮传动按工作条件可分为开式齿轮传动和闭式齿轮传动。开式齿轮传动中，其齿轮完全外露，易落入灰尘和杂物，不能保证良好的润滑，轮齿易磨损，多用于低速、不重要的场合。闭式齿轮传动中，其齿轮和轴承完全封闭在箱体内，能保证良好的润滑和较好的啮合精度，应用广泛。

齿轮传动按齿面硬度不同可分为软齿面齿轮传动和硬齿面齿轮传动。当配对的两齿轮或其中有一齿轮的齿面硬度不超过 350 HBS 时，称为软齿面齿轮传动；若两轮的齿面硬度均大于 350 HBS 时，称为硬齿面齿轮传动。前者热处理工艺简单，加工容易，但承载能力较弱；后者热处理工艺复杂，需磨齿，承载能力较强。

## 3.1 齿轮传动的失效形式和设计准则

### 3.1.1 齿轮传动的失效形式

齿轮传动的失效一般都发生在轮齿部分，常见的失效形式有轮齿折断和齿面损伤。齿面损伤又分为齿面点蚀、磨损、胶合和塑性变形等。

**1. 轮齿折断**

当轮齿单侧工作时，其根部弯曲应力一侧为拉应力，另一侧为压应力，轮齿脱离啮合时则弯曲应力为零，故对轮齿根部的任一侧来说，其弯曲应力均按脉动循环变化。若轮齿双侧工作，则弯曲应力按对称循环变化。因此，轮齿工作时，其根部受变应力作用，在齿根过渡圆角处，应力大且有较大的应力集中。当此处的变应力超过了材料的疲劳极限时，其拉伸侧将产生疲劳裂纹(图 3-1(a))。裂纹不断扩展，最终造成轮齿的弯曲疲劳折断。齿宽较小的直齿圆柱齿轮，裂纹往往沿齿宽方向扩展，导致全齿折断；齿宽较大的直齿圆柱齿轮(因制造误差使载荷集中作用在齿的一端)、斜齿圆柱齿轮和人字齿轮(接触线倾斜)，其齿根裂纹往往沿倾斜方向扩展，发生轮齿的局部折断(图 3-1(b))。当齿轮受到短时过载或冲击载荷时，易引起轮齿过载折断。

**2. 齿面点蚀**

轮齿工作时，其工作表面上任一点的接触应力由零(该点未进入啮合时)逐渐增加到

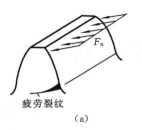
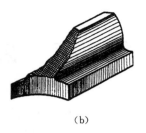

疲劳裂纹

（a）　　　　　　　　　　　（b）

**图 3-1　轮齿折断**

（a）疲劳裂纹；（b）局部折断

最大值（该点啮合时），然后又逐渐减小到零，即齿面接触应力是按脉动循环变化的。

轮齿在变化的接触应力的反复作用下，当齿面接触应力超出材料的接触疲劳极限时，其表面或次表层出现不规则的细线状疲劳裂纹，疲劳裂纹扩展的结果是齿面金属片状脱落而形成麻点状凹坑，这种现象称为齿面疲劳点蚀，简称为点蚀（图 3-2）。齿轮在啮合过程中，因在节点附近同时啮合的齿对数少，接触应力大，且在节点处齿廓相对滑动速度小，油膜不易形成，摩擦力大，故点蚀首先出现在节线附近偏向齿根的表面上，然后再向其他部位扩展。点蚀的发展，往往会造成振动和噪声，导致齿轮失效。

对于软齿面齿轮（硬度≤350 HBS），在工作初期，由于相啮合的齿面接触不良造成局部应力过高而出现点蚀，齿面经一段时间跑合后，接触应力趋于均匀，点蚀不再扩展，甚至消失，这种点蚀称为早期点蚀（图 3-2(a)）。随着工作时间增加，齿面点蚀面积不断扩展，麻点数量不断增多，点蚀坑大而深，就会发展成破坏性点蚀（图 3-2(b)）。对于硬齿面齿轮（硬度>350 HBS），其齿面接触疲劳强度高，一般不易出现点蚀，但由于齿面硬而脆，一旦出现点蚀，它会不断扩大，形成破坏性点蚀。

点蚀是润滑良好的闭式齿轮传动中最常见的失效形式。而在开式齿轮传动中，一般不会出现点蚀。这是因为开式齿轮磨损快，齿面一旦出现点蚀就被磨去。

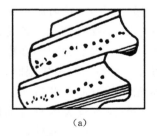
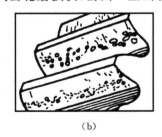

（a）　　　　　　　　　　（b）

**图 3-2　齿面点蚀**　　　　　　　　　　　**图 3-3　齿面磨损**

（a）早期点蚀；（b）破坏性点蚀

### 3. 齿面磨损

在齿轮传动中，当齿面间落入砂粒、铁屑、非金属物等磨料性物质时，会引起齿面磨损,这种磨损称为磨料磨损(图 3-3)。齿面磨损后,齿廓形状被破坏,引起冲击、振动和噪声,且由于齿厚变薄而可能发生轮齿折断。磨料磨损是开式齿轮传动的主要失效形式。

**4. 齿面胶合**

相互啮合的轮齿齿面,在一定的温度和(或)压力作用下,发生黏结,随着齿面的相对运动,黏结金属被撕脱,使齿面形成条状沟痕,这就是齿面胶合(图 3-4)。在高速重载齿轮传动中,由于啮合处产生很大的摩擦热,局部温度过高,使齿面油膜破裂,导致两接触齿面金属熔焊而黏着,这种胶合称为热胶合。在低速重载齿轮传动中,由于局部齿面啮合处压力很大,且速度低,不易形成油膜,使接触表面油膜被刺破而黏着,这种胶合称为冷胶合。齿面胶合会引起振动和噪声,导致齿轮传动失效。

图 3-4　齿面胶合

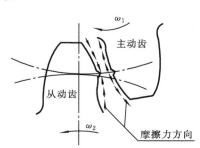

图 3-5　齿面塑性变形

**5. 齿面塑性变形**

当轮齿材料较软,载荷及摩擦力又很大时,齿面表层的材料就会沿着摩擦力的方向产生流动,称为齿面塑性变形。轮齿在啮合过程中,主动轮齿面上的摩擦力是背离节线分别朝向齿顶及齿根作用的,故产生塑性变形后,齿面沿节线处形成凹沟;而从动轮齿面上的摩擦力方向则相反,塑性变形后,齿面沿节线处形成凸棱(图 3-5)。塑性变形常在低速、重载及频繁启动或经常过载的齿轮传动中出现。

## 3.1.2　齿轮传动的设计准则

实践经验表明,对于一般用途的齿轮传动,轮齿的主要失效形式是齿面疲劳点蚀和齿根弯曲疲劳折断,因此,目前通常只按保证齿面接触疲劳强度及保证齿根弯曲疲劳强度两项准则进行设计计算。

闭式软齿面齿轮传动(至少有一个轮齿的齿面硬度≤350 HBS)的主要失效形式是齿面疲劳点蚀,其次是齿根疲劳折断;而闭式硬齿面齿轮传动(齿面硬度>350 HBS)的主要失效形式是齿根疲劳折断,其次是齿面疲劳点蚀。开式齿轮传动一般不会出现齿面疲劳点蚀,其主要失效形式是齿面磨损和轮齿折断,因磨损尚无成熟的计算方法,一般仍按齿根弯曲疲劳强度准则设计,并通过适当增大模数的方法来考虑磨损的影响。

对于高速重载齿轮传动,除齿面点蚀和轮齿折断外,胶合也可能是其主要失效形式之一,故其设计准则除上述两项之外,还应增加抗胶合计算。

# 3.2　齿轮的常用材料和许用应力

## 3.2.1　齿轮材料及热处理

制造齿轮的材料主要是锻钢,其次是铸钢、球墨铸铁、灰铸铁和非金属材料。

**1. 锻钢**

按热处理方式和齿面硬度不同齿轮可分为两类。

(1) **软齿面齿轮**　这类齿轮用经正火或调质处理后的锻钢切齿而成,其齿面硬度不超过 350 HBS。常用的材料为 45 钢、50 钢等并进行正火处理或 45 钢、40Cr 钢、35SiMn 钢、38SiMnMo 钢等并进行调质处理。由于工作时小齿轮的啮合次数比大齿轮的多,齿根弯曲应力较大齿轮的大,为了使大、小齿轮的寿命接近相等,推荐小齿轮的齿面硬度比大齿轮的高 30～50 HBS。软齿面齿轮常用于对齿轮尺寸和精度要求不高的传动中。

(2) **硬齿面齿轮**　这类齿轮一般在切齿后进行热处理(如表面淬火、渗碳淬火、渗氮等),齿面硬度为 40～62 HRC。因热处理变形大,一般都要经过磨齿等精加工工序,以保证齿轮所需的精度。渗氮齿轮变形小,在精度低于 7 级时,一般不需磨齿。常用的材料为:表面淬火用 45 钢、40Cr 钢、40CrNi 钢等中碳钢;渗碳淬火用 20 钢、20Cr 钢、20CrMnTi 钢等低碳钢;渗氮钢有 38CrMoAlA 钢等。这类齿轮由于齿面硬度高,故承载能力高、耐磨性好,适用于高速、重载、要求结构紧凑、精密的传动中。

**2. 铸钢**

铸钢的耐磨性及强度均较好,其承载能力稍低于锻钢的承载能力,用于尺寸较大($d>400～600$ mm)、不宜锻造的场合,一般要进行正火处理。

**3. 铸铁**

灰铸铁的抗弯及耐冲击性能较差,主要用于低速、工作平稳、传递功率不大和对尺寸与重量无严格要求的开式齿轮传动。球墨铸铁的耐冲击等力学性能比灰铸铁的高很多,在齿轮传动中得到了越来越广泛的应用。

**4. 非金属材料**

非金属材料(如夹布胶木、塑料等)的弹性模量小,在承受同样的载荷作用下其接触应力小。但它的硬度、接触强度和弯曲强度低。因此,常用于高速、小功率、精度不高或要求噪声低的齿轮传动中。

常用的齿轮材料及其力学性能如表 3-1 所示。

表 3-1  齿轮常用材料及其力学性能

| 材料牌号 | 热处理方法 | 抗拉强度 | 屈服强度 | 硬 度 | |
|---|---|---|---|---|---|
| | | $\sigma_b$/MPa | $\sigma_s$/MPa | HBS | HRC（齿面） |
| 45 | 正火 | 588 | 294 | 169～217 | — |
| | 调质 | 647 | 373 | 217～255 | — |
| | 表面淬火 | — | — | — | 40～50 |
| 35SiMn | 调质 | 785 | 510 | 217～269 | — |
| 42SiMn | 表面淬火 | — | — | — | 45～55 |
| 40MnB | 调质 | 735 | 490 | 241～286 | — |
| 38SiMnMo | 调质 | 735 | 588 | 217～269 | — |
| | 表面淬火 | — | — | — | 45～55 |
| 40Cr | 调质 | 735 | 539 | 241～286 | — |
| | 表面淬火 | — | — | — | 48～55 |
| 38CrMoAlA | 调质 | 890 | 834 | 229～286 | — |
| | 渗氮 | — | — | — | ＞850HV |
| 20Cr | 渗碳淬火 | 637 | 392 | — | 56～62 |
| 20CrMnTi | 渗碳淬火 | 1079 | 834 | — | 56～62 |
| ZG310～570 | 正火 | 570 | 310 | 162～197 | — |
| ZG340～640 | 正火 | 640 | 340 | 179～207 | — |
| | 调质 | 700 | 380 | 241～269 | — |
| HT300 | — | 250 | | 169～255 | |
| HT350 | — | 290 | | 182～273 | |
| QT500-5 | 正火 | 500 | 320 | 170～230 | |
| QT600-2 | 正火 | 600 | 370 | 190～270 | |
| 夹布胶木 | — | 100 | — | 25～35 | |

## 3.2.2  许用应力

齿轮的许用应力是根据试验齿轮的接触疲劳极限和弯曲疲劳极限确定的。由于试验齿轮的疲劳极限是在一定试验条件下获得的，当设计齿轮的工作条件与试验条件不同时，需加以修正。

**1. 许用接触应力 $\sigma_{HP}$**

齿轮的许用接触应力为

$$\sigma_{HP} = \frac{\sigma_{H\,lim}}{S_{H\,min}}Z_N \tag{3-1}$$

式中：$\sigma_{H\,lim}$ 为试验齿轮的接触疲劳极限（MPa），查图 3-6；

$Z_N$ 为接触疲劳强度计算的寿命系数，查图 3-7；

$S_{H\,min}$ 为接触疲劳强度的最小安全系数，查表 3-2。

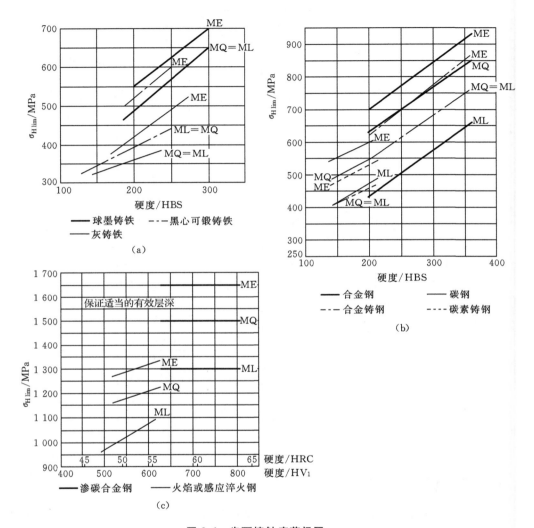

**图 3-6　齿面接触疲劳极限** $\sigma_{H\,lim}$

(a)铸铁;(b)钢和铸钢调质或正火;(c)表面硬化钢

**表 3-2　最小安全系数值** $S_{H\,min}$ **及** $S_{F\,min}$

| 安全系数 | 软齿面(≤350 HBS) | 硬齿面(>350 HBS) | 重要的传动、渗碳淬火<br>齿轮或铸造齿轮 |
|---|---|---|---|
| $S_{H\,min}$ | 1.0~1.1 | 1.1~1.2 | 1.3 |
| $S_{F\,min}$ | 1.3~1.4 | 1.4~1.6 | 1.6~2.2 |

图 3-6 中给出了 $\sigma_{H\,lim}$ 的变动范围,当齿轮材质及热处理质量达到很高要求时, $\sigma_{H\,lim}$ 可

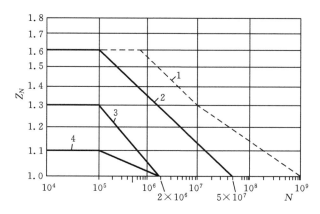

**图 3-7　接触强度计算的寿命系数 $Z_N$**

1—碳钢正火或调质、球墨铸铁、表面硬化钢，允许出现少量点蚀；

2—碳钢正火或调质、球墨铸铁、表面硬化钢，不允许出现点蚀；

3—碳钢调质后气体渗氮、渗氮钢气体渗氮、灰铸铁；

4—碳钢调质后液体渗氮

取上限（ME），达到中等要求时取中限（MQ），达到最低要求时取下限（ML）。通常按 MQ 线查取。

由图 3-7 查取 $Z_N$ 时，齿轮的应力循环次数 $N$ 按下式计算：

$$N = 60ant$$

式中：$a$ 为齿轮每转一周时轮齿同一侧齿面啮合的次数；

　　　$n$ 为齿轮的转速（r/min）；

　　　$t$ 为齿轮总工作时间（h）。

**2. 许用弯曲应力 $\sigma_{FP}$**

齿轮的许用弯曲应力按下式计算：

$$\sigma_{FP} = \frac{\sigma_{F\,lim} Y_{ST}}{S_{F\,min}} Y_N \tag{3-2}$$

式中：$\sigma_{F\,lim}$ 为试验齿轮的弯曲疲劳极限（MPa），查图 3-8；

　　　$Y_N$ 为弯曲疲劳强度计算的寿命系数，查图 3-9；

　　　$Y_{ST}$ 为试验齿轮的应力修正系数，按国家标准取 $Y_{ST}=2.0$；

　　　$S_{F\,min}$ 为弯曲疲劳强度的最小安全系数，查表 3-2。

图 3-8 中，$\sigma_{F\,lim}$ 值是在轮齿单侧受载，即受脉动循环变应力下得到的疲劳极限。对于双侧受载的齿轮（如行星齿轮、中间惰轮等），轮齿受对称循环变应力作用，弯曲疲劳强度会降低，所以，此时应将图中查得的弯曲疲劳极限减小 30%，即乘以 0.7。

对于开式齿轮传动，考虑磨损对弯曲疲劳强度的影响，应将许用弯曲应力降低 20% 左右。

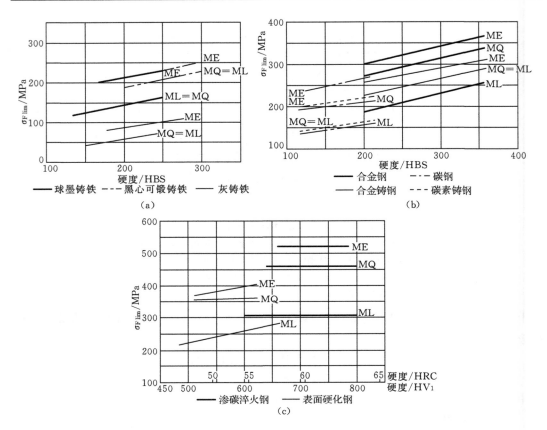

**图 3-8    齿根弯曲疲劳极限** $\sigma_{F\,lim}$

(a) 铸铁;(b) 钢和铸钢调质或正火;(c) 表面硬化钢

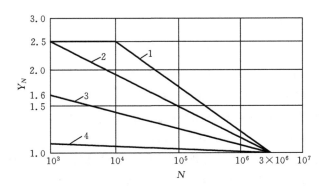

**图 3-9    弯曲强度计算的寿命系数** $Y_N$

1—碳钢正火、调质,球墨铸铁;2—碳钢表面淬火、渗碳;

3—渗氮钢气体渗氮,灰铸铁;4—碳钢调质后液体渗氮

# 3.3　齿轮传动的精度

齿轮传动的工作性能、承载能力及使用寿命都与齿轮的制造精度有关,精度过低将影响齿轮传动的质量和寿命,而精度过高又会增加制造成本。因此,在设计齿轮传动时,应根据具体工作情况合理选择齿轮的精度等级。

## 3.3.1　齿轮传动的精度等级及其选择

国家标准《渐开线圆柱齿轮精度》(GB/T 10095—2008)和《锥齿轮和准双曲面齿轮精度》(GB/T 11365—1989)中规定,将影响齿轮传动的各项精度指标分为Ⅰ、Ⅱ、Ⅲ三个公差组。各公差组对传动性能的影响如下。

(1)第Ⅰ公差组精度等级　用于限制齿轮在一转内其回转角误差不得超过某一限度,以保证运动传递的准确性。

(2)第Ⅱ公差组精度等级　用于限制传动时瞬时传动比的变化不得超过某一限度,以减小冲击、振动和噪声,使运动传递平稳。

(3)第Ⅲ公差组精度等级　用于保证相啮合的两齿面接触良好,使载荷分布均匀。

标准中还规定齿轮精度分为 13 个等级,第 0 级最高,第 12 级最低。一般机械中常用的精度等级为 6~9 级。

齿轮的精度等级应根据传动的用途、使用条件、传递的功率、圆周速度及其他技术要求决定。选择时,先根据齿轮的圆周速度确定第Ⅱ公差组的精度等级(见表 3-3),第Ⅰ公差组精度等级可比第Ⅱ公差组精度等级低一级或同级,第Ⅲ公差组精度等级不能低于第Ⅱ公差组精度等级。

表 3-3　齿轮第Ⅱ公差组精度等级的选择及应用

| 精度等级 | 圆周速度 $v$/(m/s) | | | 应　　用 |
|---|---|---|---|---|
| | 直齿圆柱齿轮 | 斜齿圆柱齿轮 | 直齿锥齿轮 | |
| 6 级 | ≤15 | ≤25 | ≤9 | 高速重载的齿轮传动,如飞机、汽车和机床中的重要齿轮,分度机构中的齿轮传动 |
| 7 级 | ≤10 | ≤17 | ≤6 | 高速中载或中速中载的齿轮传动,如标准系列减速器中的齿轮,汽车和机床中的齿轮传动 |
| 8 级 | ≤5 | ≤10 | ≤3 | 机械制造中对精度无特殊要求的齿轮传动 |
| 9 级 | ≤3 | ≤3.5 | ≤2.5 | 低速及对精度要求低的齿轮传动 |

### 3.3.2　齿轮副的侧隙

齿轮工作时,其非啮合一侧有一定的间隙,称为侧隙或齿侧间隙。这个间隙对于储存润滑油、补偿轮齿的制造误差、受力变形和受热膨胀均是非常必要的,否则齿轮在传动中就有可能卡死或烧伤。

侧隙量的大小按齿轮工作条件决定,设计中所选定的最小极限侧隙应能足以补偿齿轮工作时热变形和贮油的需要。国家标准规定了 14 种齿厚极限偏差及中心距极限偏差。标准中规定,在固定中心距极限偏差的情况下,通过改变齿厚偏差的大小而得到不同的最小侧隙。

# 3.4　直齿圆柱齿轮传动的受力分析及强度计算

## 3.4.1　受力分析

图 3-10(a)所示为一对标准直齿圆柱齿轮在标准中心距安装条件下的受力情况。在分析齿轮传动受力时,用齿宽中点的集中力代替沿齿宽的分布力,并忽略摩擦力。当转矩 $T_1$ 由主动齿轮 1 传递给从动齿轮 2 时,轮齿间的作用力是沿着啮合线 $N_1-N_2$ 作用在齿面上的,此力的方向即为齿面在该点的法线方向,故称为法向力 $F_n$。为了便于分析,在节点 $C$ 处将 $F_n$ 分解为两个互相垂直的分力,图 3-10(b)所示为作用于齿轮 1 上的法向力 $F_n$ 的分解情况:与分度圆相切的圆周力 $F_t$ 和沿径向作用的径向力 $F_r$。

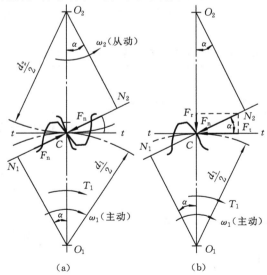

(a)　　　　　　　　　(b)

**图 3-10　直齿圆柱齿轮传动的作用力**

圆周力 $\qquad F_t = \dfrac{2T_1}{d_1}$ N

径向力 $\qquad F_r = F_t\tan\alpha$ N $\qquad\qquad\qquad$ (3-3)

法向力 $\qquad F_n = \dfrac{F_t}{\cos\alpha}$ N

式中：$T_1$ 为主动齿轮传递的名义转矩，即 $T_1 = 9.55\times10^6\dfrac{P_1}{n_1}(\mathrm{N\cdot mm})$，其中，$P_1$ 为主动齿

轮传递的功率（kW），$n_1$ 为主动齿轮的转速（r/min）；

$d_1$ 为主动齿轮分度圆直径（mm）；

$\alpha$ 为分度圆压力角，标准齿轮 $\alpha = 20°$。

作用在主动轮和从动轮上的各对力等值反向。各分力的方向为：①主动轮上的圆周力 $F_{t1}$ 是阻力，它与主动轮的回转方向相反；从动轮上的圆周力 $F_{t2}$ 是驱动力，它与从动轮的回转方向相同；②两齿轮的径向力 $F_{r1}$、$F_{r2}$ 分别指向各自轮心（外啮合齿轮传动）。

### 3.4.2 计算载荷

按式（3-3）计算的 $F_t$、$F_r$ 和 $F_n$ 均是作用在轮齿上的名义载荷。在实际工作中，还应考虑下列因素的影响：①由于原动机和工作机的工作特性不同，其振动和冲击也不同，因而对轮齿受载产生不同的影响；②由于齿轮的制造误差，两个啮合齿轮的基节不会完全相等，使得瞬时速比变化而产生冲击和动载荷，齿轮精度低且速度高时，这种由制造误差引起的动载荷将会很大；③一对齿轮啮合过程中，存在单对齿啮合区 $BD$ 和双对齿啮合区 $AB$、$DE$（图3-11），由于弹性变形及制造、安装等误差，在双对齿啮合区参与啮合的各对齿间，载荷分配并不均匀；④由于齿轮制造和安装的误差，或轴因受弯矩产生弯曲变形、受转矩产生扭转变形等原因，使得载荷沿齿宽方向分布不均（图3-12），当齿轮相对轴承不对称布置，或齿轮靠近转矩输入端的一侧（轴的扭转变形大）时，偏载现象严重，综合考虑轴弯曲和扭转变形的影响，当齿轮相对于轴承非对称布置时，应将齿轮远离转矩输入端布置，这样会使载荷分布不均匀现象得以缓解。

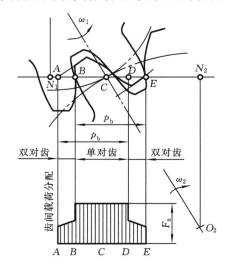

图 3-11 齿间载荷分配

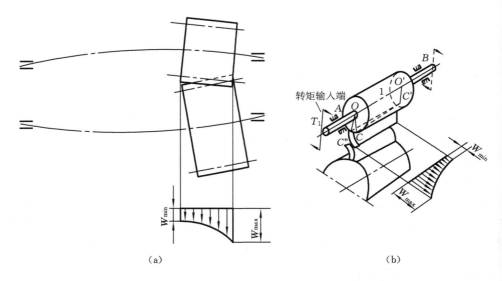

**图 3-12　轮齿载荷沿齿宽分布的不均匀性**

(a) 轴弯曲变形引起的偏载；(b) 轴扭转变形引起的偏载

考虑以上因素,应将名义载荷乘以载荷系数,修正为计算载荷。进行齿轮的强度计算时,按计算载荷进行设计。与法向力对应的计算载荷为

$$F_{nca} = KF_n \tag{3-4}$$

式中:$K$ 为载荷系数,按表 3-4 选取。

**表 3-4　载荷系数 $K$**

| 原 动 机 | 工作机械的载荷特性 | | |
|---|---|---|---|
| | 均　　匀 | 中 等 冲 击 | 较 大 冲 击 |
| 电动机 | 1.0~1.2 | 1.2~1.6 | 1.6~1.8 |
| 多缸内燃机 | 1.2~1.6 | 1.6~1.8 | 1.9~2.1 |
| 单缸内燃机 | 1.6~1.8 | 1.8~2.0 | 2.2~2.4 |

注:斜齿、圆周速度低、精度高、齿宽系数小时取小值;齿轮在两支承之间对称布置时取小值;反之取大值。对增速传动,取表中值的 1.1 倍。

### 3.4.3　齿面接触疲劳强度计算

齿轮强度计算是根据齿轮可能出现的失效形式来进行的。齿面接触疲劳强度计算的目的是防止齿面发生疲劳点蚀失效。疲劳点蚀的发生与齿面接触应力的大小密切相关。

如图 3-13 所示,两圆柱体在承受载荷 $F_n$ 时,由于局部的弹性变形,接触区将由线接触转变成面接触,而接触面积很小,导致表面的局部应力很大,这种应力称为接触应力。

最大接触应力 $\sigma_H$ 发生在接触区的中线上,根据弹性力学的赫兹公式,其最大接触应力为

$$\sigma_H = \sqrt{\dfrac{\dfrac{1}{\rho_1} \pm \dfrac{1}{\rho_2}}{\pi\left(\dfrac{1-\mu_1^2}{E_1} + \dfrac{1-\mu_2^2}{E_2}\right)} \cdot \dfrac{F_n}{L}} \qquad (3\text{-}5)$$

式中:$F_n$ 为作用于两圆柱体上的法向合力(N);

　　 $L$ 为两圆柱体接触长度(mm);

　　 $\rho_1$、$\rho_2$ 分别为两圆柱体的曲率半径(mm),其中,"+"号用于外接触,"－"号用于内接触;

　　 $E_1$、$E_2$ 分别为两圆柱体材料的弹性模量(MPa);

　　 $\mu_1$、$\mu_2$ 分别为两圆柱体材料的泊松比。

　令　　　　　 $Z_E = \sqrt{\dfrac{1}{\pi\left(\dfrac{1-\mu_1^2}{E_1} + \dfrac{1-\mu_2^2}{E_2}\right)}}$

式中:$Z_E$ 称为弹性系数($\sqrt{\text{MPa}}$),其值取决于两圆柱体的材料,由表 3-5 确定。

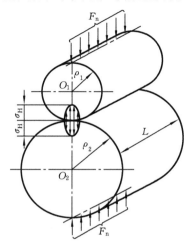

图 3-13　接触应力计算简图

表 3-5　弹性系数 $Z_E$　　　　　　　　　　　　单位:$\sqrt{\text{MPa}}$

| 小齿轮材料 | 大齿轮材料 | | | | |
|---|---|---|---|---|---|
| | 锻钢 | 铸钢 | 球墨铸铁 | 灰铸铁 | 夹布胶木 |
| 锻　钢 | 189.8 | 188.9 | 181.4 | 162.0 | 56.4 |
| 铸　钢 | — | 188.0 | 180.5 | 161.4 | — |
| 球墨铸铁 | — | — | 173.9 | 156.6 | — |
| 灰铸铁 | — | — | — | 143.7 | — |

　　两轮齿啮合时,可以认为是以两齿廓在啮合点处的曲率半径为半径的两圆柱体相互接触(图 3-14)。啮合点的位置不同,则啮合点齿廓的曲率半径也不同。但考虑到疲劳点蚀通常首先发生在节线附近,故接触疲劳强度计算通常以节点 $C$ 为计算点。图 3-14 所示为两标准齿轮按标准中心距安装,此时两轮齿廓在节点 $C$ 处的曲率半径分别为

$$\rho_1 = \overline{N_1 C} = \frac{d_1}{2}\sin\alpha, \qquad \rho_2 = \overline{N_2 C} = \frac{d_2}{2}\sin\alpha$$

而

$$\frac{1}{\rho_1} \pm \frac{1}{\rho_2} = \frac{\rho_2 \pm \rho_1}{\rho_2 \rho_1} = \frac{2}{d_1\sin\alpha} \cdot \frac{u \pm 1}{u}$$

　　设齿数比 $u = z_2/z_1 = d_2/d_1$,接触线长度 $L = b$(齿宽),再由式(3-3)和式(3-4),用 $F_{nca} = KF_n = 2KT_1/(d_1\cos\alpha)$ 代替 $F_n$,将以上各式代入赫兹公式(3-5),可得计算齿面接触应力的基本公式

$$\sigma_H = Z_E Z_H \sqrt{\frac{2KT_1}{bd_1^2} \cdot \frac{u \pm 1}{u}} \quad \text{MPa}$$

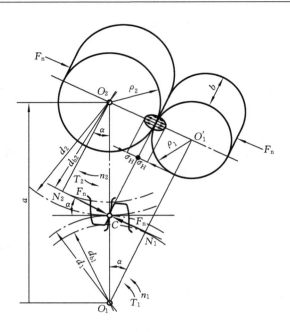

**图 3-14　齿面接触应力计算简图**

式中：$Z_H = \sqrt{\dfrac{2}{\sin\alpha\cos\alpha}}$，称为节点区域系数，考虑节点齿廓形状对接触应力的影响，其值可查图 3-15。于是，直齿圆柱齿轮的齿面接触疲劳强度的校核式为

$$\sigma_H = Z_E Z_H \sqrt{\dfrac{2KT_1}{bd_1^2} \cdot \dfrac{u \pm 1}{u}} \leqslant \sigma_{HP} \quad \text{MPa} \tag{3-6}$$

引入齿宽系数 $\psi_d = b/d_1$，并将 $b = \psi_d d_1$ 代入式(3-6)，得齿面接触疲劳强度的设计式

$$d_1 \geqslant \sqrt[3]{\left(\dfrac{Z_E Z_H}{\sigma_{HP}}\right)^2 \cdot \dfrac{2KT_1}{\psi_d} \cdot \dfrac{u \pm 1}{u}} \quad \text{mm} \tag{3-7}$$

式中："＋"号用于外啮合齿轮传动，"－"号用于内啮合齿轮传动；

　　$K$ 为载荷系数，查表 3-4 可得；

　　$T_1$ 为小齿轮传递的转矩(N·mm)；

　　$b$ 为齿宽(mm)；

　　$d_1$ 为小齿轮分度圆直径(mm)；

　　$\sigma_{HP}$ 为许用接触应力(MPa)；

　　$Z_E$ 为弹性系数($\sqrt{\text{MPa}}$)；

　　$Z_H$ 为节点区域系数。

　　由式(3-5)可知，当 $F_n$、$L$ 一定时，接触应力的大小取决于两接触体的材料和曲率半径，因此，两圆柱体接触处的接触应力是相等的。同理，一对相啮合的齿轮，在啮合点处，

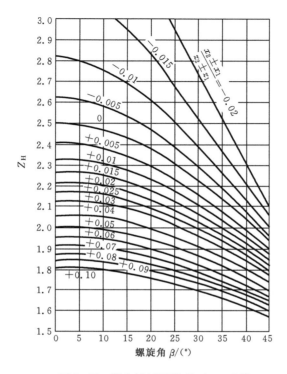

**图 3-15　节点区域系数 $Z_H (\alpha_n = 20°)$**

其齿面接触应力也是相等的,即 $\sigma_{H1} = \sigma_{H2}$。而两齿轮的许用接触应力 $\sigma_{HP1}$ 和 $\sigma_{HP2}$ 与齿轮的材料、热处理方法及应力循环次数有关,一般不相等。所以,在式(3-6)和式(3-7)中,应代入 $\sigma_{HP1}$、$\sigma_{HP2}$ 两者中的较小值进行设计计算。

由式(3-6)可知,载荷和材料一定时,影响齿面接触疲劳强度的几何参数主要有:直径 $d$(或中心距 $a$),齿宽 $b$ 和齿数比 $u$,其中影响最大的是 $d$(或 $a$),即齿面接触疲劳强度主要取决于齿轮的大小,而不取决于轮齿的大小或模数的大小。$d$(或 $a$)越大,则 $\sigma_H$ 越小,接触强度就越高。另外,由图 3-15 可知,采用正角度变位齿轮($x_1 \pm x_2 > 0$)可使 $Z_H$ 减小,即 $\sigma_H$ 减小。

因此,提高齿轮接触疲劳强度的主要措施是:加大齿轮直径 $d$ 或中心距 $a$、适当增大齿宽 $b$(或齿宽系数 $\psi_d$)、采用正角度变位齿轮传动和提高齿轮精度等级,以减小接触应力;改善齿轮材料和热处理方法(提高齿面硬度),以提高许用接触应力 $\sigma_{HP}$ 值。

## 3.4.4　齿根弯曲疲劳强度计算

轮齿齿根处的弯曲疲劳强度最弱。由于齿轮的轮体刚度较大,可以将轮齿简化为宽度为齿宽 $b$ 的悬臂梁,从而求出齿根最大弯曲应力(图 3-16)。根据悬臂梁理论分析可

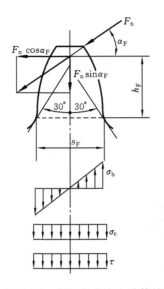

**图 3-16　齿根弯曲应力计算简图**

知,在齿根危险截面存在三种应力:弯曲应力 $\sigma_b$、压应力 $\sigma_c$ 及切应力 $\tau$。与 $\sigma_b$ 相比,$\sigma_c$ 和 $\tau$ 对齿根弯曲疲劳强度影响较小,为简化计算,压应力及切应力对弯曲疲劳强度的影响以后用修正系数考虑。齿根危险截面的位置可用 30°切线法确定,即作与轮齿对称线成 30°夹角并与齿根圆角相切的两条直线,则两切点连线即为危险截面位置。一般情况下,因重合度大于1,故当一个轮齿在齿顶受力时,至少还有另一对齿处于啮合状态,即法向力 $F_n$ 由两对齿分担。但考虑到齿轮制造及安装误差的影响,对于一般精度的齿轮,为安全起见,可近似地认为法向力 $F_n$ 全部作用于一个轮齿的齿顶。

如图 3-16 所示,略去齿面间摩擦力,将 $F_n$ 沿作用线移至轮齿的对称线上,并分解成切向分力 $F_n\cos\alpha_F$ 和径向分力 $F_n\sin\alpha_F$($\alpha_F$ 为齿顶载荷作用角)。设危险截面处齿厚为 $S_F$,弯曲力臂为 $h_F$,则齿根弯曲应力为

$$\sigma_F = \frac{M}{W} = \frac{KF_n\cos\alpha_F h_F}{bS_F^2/6} \quad \text{MPa}$$

式中:$M$ 为弯矩(N·mm);

$W$ 为抗弯截面模量(mm³)。

因 $S_F$、$h_F$ 与模数成正比,故取 $h_F = \lambda m$,$S_F = \gamma m$,而 $F_n = \dfrac{2T_1}{d_1\cos\alpha}$,代入上式得

$$\sigma_F = \frac{2KT_1}{bd_1 m} \cdot \frac{6\lambda\cos\alpha_F}{\gamma^2\cos\alpha} \quad \text{MPa} \tag{3-8}$$

令

$$Y_{Fa} = \frac{6\lambda\cos\alpha_F}{\gamma^2\cos\alpha} \tag{3-9}$$

其中,$Y_{Fa}$ 为载荷作用于齿顶时的齿形系数,它表示轮齿的几何形状对于抗弯能力的影响。因 $\lambda$、$\gamma$ 为与齿形有关的比例系数,由式(3-9)可知,$Y_{Fa}$ 与模数 $m$ 无关,只与由 $\lambda$、$\gamma$、$\alpha_F$ 和 $\alpha$ 所决定的齿形有关。对于 $\alpha = 20°$ 的标准齿制齿轮(其齿顶高系数为标准值),当齿廓的基本参数已定时,齿形主要取决于齿数 $z$ 和变位系数 $x$(图 3-17),故 $Y_{Fa}$ 主要与 $z$、$x$ 有关。模数一定时,齿数少,齿根厚度薄,则 $Y_{Fa}$ 大,$\sigma_F$ 大,弯曲强度低;正变位齿轮($x>0$)的齿根厚度大,使 $Y_{Fa}$ 减小,可提高齿根弯曲强度。$Y_{Fa}$ 值可根据 $z$ 和 $x$ 由图 3-18 查得。

考虑到齿根应力集中和危险截面上的压应力、切应力的影响,在式(3-8)中引入应力修正系数 $Y_{Sa}$。该系数同样主要与 $z$、$x$ 有关,由图 3-19 查得。引入齿宽系数 $\psi_d = b/d_1$,且 $d_1 = mz_1$,最后得直齿圆柱齿轮齿根弯曲疲劳强度的校核式

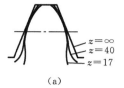 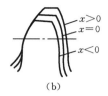

**图 3-17　齿数和变位系数对齿形的影响**

(a) 齿数的影响；(b) 变位系数的影响

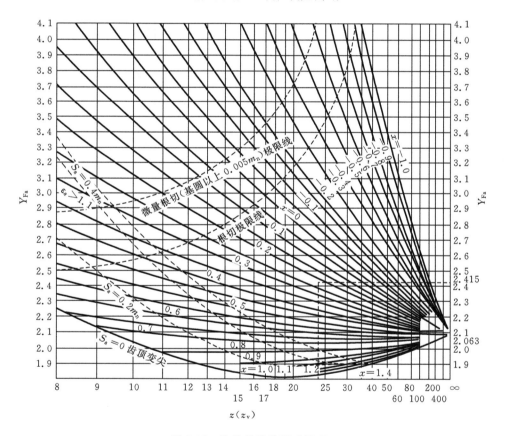

**图 3-18　外齿轮的齿形系数 $Y_{Fa}$**

($\alpha_n = 20°, h_a^* = 1, h_{a0}^* = 1.25, \rho_{a0} = 0.38 m_n$)

$$\sigma_F = \frac{2KT_1}{bd_1 m} Y_{Fa} Y_{Sa} = \frac{2KT_1}{\psi_d m^3 z_1^2} Y_{Fa} Y_{Sa} \leqslant \sigma_{FP} \quad \text{MPa} \qquad (3-10)$$

而齿根弯曲疲劳强度的设计式为

$$m \geqslant \sqrt[3]{\frac{2KT_1}{\psi_d z_1^2} \cdot \frac{Y_{Fa} Y_{Sa}}{\sigma_{FP}}} \quad \text{mm} \qquad (3-11)$$

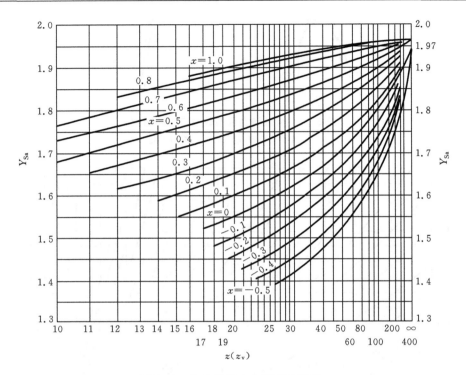

**图 3-19　外齿轮的应力修正系数 $Y_{Sa}$**

$(\alpha_n = 20°, h_a^* = 1, h_{a0}^* = 1.25, \rho_{a0} = 0.38 m_n)$

式中:$m$ 为齿轮模数(mm);

　　　$z_1$ 为小齿轮齿数;

　　　$\sigma_{FP}$ 为许用弯曲应力(MPa);

　　　$Y_{Fa}$ 为齿形系数;

　　　$Y_{Sa}$ 为应力修正系数;

　　　其余参数意义同前。

　　大、小齿轮的 $Y_{Fa}$、$Y_{Sa}$ 不相等,故它们的弯曲应力是不相等的,即 $\sigma_{F1} \neq \sigma_{F2}$。当材料或热处理方式不同时,其许用弯曲应力 $\sigma_{FP}$ 也不相等。所以,应分别对大、小齿轮进行齿根弯曲疲劳强度计算。亦可以比较 $Y_{Fa1} Y_{Sa1}/\sigma_{FP1}$ 与 $Y_{Fa2} Y_{Sa2}/\sigma_{FP2}$ 的大小,其比值大的齿根弯曲疲劳强度较弱,即应用式(3-11)设计模数 $m$ 时,应代入比值大者。求得 $m$ 后,应圆整为标准模数。

　　影响齿根弯曲疲劳强度的几何参数主要有:齿数 $z$、模数 $m$、齿宽 $b$ 和变位系数 $x$。$z$、$m$、$b$ 和 $x$ 增大,$\sigma_F$ 减小。直径 $d$(或中心距 $a$)和宽度 $b$ 确定后,$\sigma_F$ 的大小主要取决于 $m$ 和 $z$,增加齿数,虽可能因 $Y_{Fa}$ 的减小而使 $\sigma_F$ 有所降低,但由于 $m$ 对 $\sigma_F$ 的影响比 $z$ 大,所以,在 $d$ 一定的条件下,增大 $m$ 并相应减小 $z$,可提高轮齿的弯曲疲劳强度。

因此,提高轮齿弯曲疲劳强度的主要措施为:增大模数、适当增大齿宽、采用正变位齿轮、提高齿轮精度等,以减小齿根弯曲应力;改善齿轮材料和热处理方法,以提高其许用弯曲应力。

[**例 3-1**]　已知起重机械用的一对闭式标准直齿圆柱齿轮传动,输入转速 $n_1 = 750$ r/min,输入功率 $P_1 = 30$ kW,每天工作 16 小时,使用寿命为 5 年,齿轮为非对称布置,轴的刚性较大,原动机为电动机,工作机载荷有中等冲击。$z_1 = 29, z_2 = 129, m = 2.5$ mm, $b_1 = 48$ mm, $b_2 = 42$ mm。大、小齿轮皆采用 20CrMnTi 钢并渗碳淬火,齿面硬度为 58～62 HRC,齿轮精度为 7 级,试验算其齿轮强度。

**解**　具体设计计算如下。

(1) 确定许用应力。

查图 3-6,$\sigma_{H\,lim1} = \sigma_{H\,lim2} = 1\,500$ MPa(按 MQ 线查取);查图 3-8,$\sigma_{F\,lim1} = \sigma_{F\,lim2} = 460$ MPa。查表 3-2,取 $S_{H\,min} = 1.1, S_{F\,min} = 1.5$。$u = z_2/z_1 \approx 4.45$。每年按工作 300 天计算。

应力循环次数

$$N_1 = 60an_1t = 60 \times 1 \times 750 \times (5 \times 300 \times 16) = 1.08 \times 10^9$$

$$N_2 = N_1/u = 1.08 \times 10^9/4.45 = 2.43 \times 10^8$$

查图 3-7,得 $Z_{N1} = Z_{N2} = 1$;查图 3-9,得 $Y_{N1} = Y_{N2} = 1$,则由式(3-1)、式(3-2)得

$$\sigma_{HP1} = \sigma_{HP2} = \frac{\sigma_{H\,lim}Z_N}{S_{H\,min}} = \frac{1500 \times 1}{1.1}\ \text{MPa} = 1\,363.6\ \text{MPa}$$

$$\sigma_{FP1} = \sigma_{FP2} = \frac{\sigma_{F\,lim}Y_{ST}Y_N}{S_{F\,min}} = \frac{460 \times 2 \times 1}{1.5}\ \text{MPa} = 613\ \text{MPa}$$

(2) 验算齿面接触疲劳强度。

① 计算工作转矩。

$$T_1 = 9.55 \times 10^6 \frac{P_1}{n_1} = 9.55 \times 10^6 \times \frac{30}{750}\ \text{N} \cdot \text{mm} = 382\,000\ \text{N} \cdot \text{mm}$$

② 确定载荷系数 $K$。

因工作机为起重机,有中等冲击,齿轮精度较高,$d_1 = mz_1 = 2.5 \times 29$ mm $= 72.5$ mm,$\psi_d = b/d_1 = 42/72.5 = 0.58$,齿宽系数较小,齿轮非对称布置,查表 3-4,取 $K = 1.5$。

查图 3-15,得 $Z_H = 2.5$;查表 3-5,得 $Z_E = 189.8\ \sqrt{\text{MPa}}$。

③ 计算齿面接触应力。

$$\sigma_H = Z_H Z_E \sqrt{\frac{2KT_1(u+1)}{bd_1^2 u}}$$

$$= 2.5 \times 189.8 \sqrt{\frac{2 \times 1.5 \times 382\,000 \times (4.45+1)}{42 \times 72.5^2 \times 4.45}}\ \text{MPa}$$

$$= 1\,196\ \text{MPa} < \sigma_{HP}$$

齿面接触疲劳强度满足要求。

(3) 验算齿根弯曲疲劳强度。

由图 3-18 查得，$Y_{Fa1} = 2.57$，$Y_{Fa2} = 2.2(x=0)$；由图 3-19 查得，$Y_{Sa1} = 1.62$，$Y_{Sa2} = 1.81$。

$$\sigma_{F1} = \frac{2KT_1}{bd_1 m} Y_{Fa1} Y_{Sa1} = \frac{2 \times 1.5 \times 382\,000}{42 \times 72.5 \times 2.5} \times 2.57 \times 1.62 \text{ MPa} = 627 \text{ MPa} > \sigma_{FP1}$$

$$\sigma_{F2} = \sigma_{F1} \frac{Y_{Fa2} Y_{Sa2}}{Y_{Fa1} Y_{Sa1}} = 627 \times \frac{2.2 \times 1.81}{2.57 \times 1.62} \text{ MPa} = 600 \text{ MPa} < \sigma_{FP2}$$

小齿轮的弯曲疲劳强度不满足要求，大齿轮的满足要求。

(4) 结果分析。

本题齿根弯曲疲劳强度不够的原因是：齿数偏多，模数偏小。一般来说，对于硬齿面齿轮，其主要失效形式是轮齿折断，为了提高轮齿的弯曲疲劳强度，在 $d_1$ 一定的条件下，应增大模数，减小齿数。若取 $m = 3.5$ mm，$z_1 = 21$，$d_1 = 3.5 \times 21$ mm $= 73.5$ mm，$z_2 = 92$，其余参数不变，查得 $Y_{Fa1} = 2.8$，$Y_{Fa2} = 2.22$，$Y_{Sa1} = 1.56$，$Y_{Sa2} = 1.775$。

因为

$$\frac{Y_{Fa1} Y_{Sa1}}{\sigma_{FP1}} = \frac{2.8 \times 1.56}{613} = 0.007\,1 > \frac{Y_{Fa2} Y_{Sa2}}{\sigma_{FP2}} = \frac{2.22 \times 1.775}{613} = 0.006\,4$$

故小齿轮的齿根弯曲疲劳强度较差，只需验算小齿轮弯曲疲劳强度

$$\sigma_{F1} = \frac{2KT_1}{bd_1 m} Y_{Fa1} Y_{Sa1} = \frac{2 \times 1.5 \times 382\,000}{42 \times 73.5 \times 3.5} \times 2.8 \times 1.56 \text{ MPa} = 463 \text{ MPa} < \sigma_{FP1}$$

这样，两齿轮的齿根弯曲疲劳强度均可满足要求。

# 3.5　斜齿圆柱齿轮传动的受力分析及强度计算

对于斜齿圆柱齿轮传动，因其接触线倾斜，同时啮合的齿数多、重合度大，故传动平稳、噪声小、承载能力强，常在速度较高的传动系统中使用。

## 3.5.1　受力分析

与直齿轮类似，在分析斜齿圆柱齿轮受力时，可忽略摩擦力，用齿宽中点的集中力代替沿齿宽的分布力。该集中力即法向力 $F_n$，垂直于齿面。图 3-20 所示为斜齿轮轮齿受力情况。从图中可以看出：在过节点 $C$ 的法面内，法向力 $F_n$ 分解为径向力 $F_{r1}$ 和分力 $F_1$；在与分度圆柱相切的切平面内，分力 $F_1$ 又分解为圆周力 $F_{t1}$ 和轴向力 $F_{a1}$。各力的计算公式为

$$\left.\begin{array}{ll} \text{圆周力} & F_{t1} = \dfrac{2T_1}{d_1} \\[3mm] \text{径向力} & F_{r1} = \dfrac{F_{t1} \tan\alpha_n}{\cos\beta} \\[3mm] \text{轴向力} & F_{a1} = F_{t1} \tan\beta \\[3mm] \text{法向力} & F_n = \dfrac{F_{t1}}{\cos\alpha_n \cos\beta} \end{array}\right\} \qquad (3\text{-}12)$$

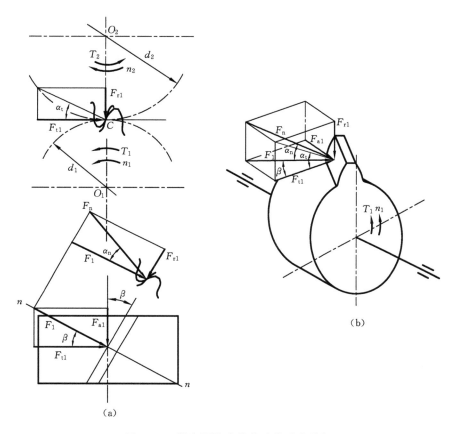

**图 3-20　斜齿圆柱齿轮传动的受力分析**

式中：$\alpha_n$ 为分度圆法面压力角，标准齿轮 $\alpha_n = 20°$；

$\quad\quad$ $\beta$ 为分度圆螺旋角。

在图 3-20 中，$\alpha_t$ 为分度圆端面压力角，作用在主动轮 1 和从动轮 2 上的各力均对应等值、反向。各分力的方向判定方法如下。

（1）圆周力 $F_t$　　$F_{t1}$ 与主动轮的回转方向相反，$F_{t2}$ 与从动轮的回转方向相同。

（2）径向力 $F_r$　　$F_{r1}$、$F_{r2}$ 分别指向各自的轮心。

（3）轴向力 $F_a$　　其方向取决于齿轮的回转方向和轮齿的螺旋线方向，可以用"主动轮左、右手定则"来判断：主动轮轮齿为右旋时，以右手握住主动轮的轴线，拇指沿轴线方向，其余四指弯曲顺着齿轮的转动方向，则拇指指示的方向即为主动轮所受轴向力 $F_{a1}$ 的方向，而 $F_{a2}$ 的方向与之相反；主动轮轮齿为左旋时，用左手，方法同上。

## 3.5.2　齿面接触疲劳强度计算

由"机械原理"课程的内容可知，斜齿圆柱齿轮的法面齿形可近似地用其当量直齿圆柱齿轮的齿形来代替。因此,斜齿圆柱齿轮的强度计算也可近似地用当量直齿圆柱齿轮的强度计算代替。即斜齿圆柱齿轮传动的接触应力,可参照直齿圆柱齿轮传动接触应力的计算公式,按当量齿轮参数计算。但斜齿圆柱齿轮啮合时的重合度较大,同时啮合的齿数多,轮齿的接触线是倾斜的,有利于提高接触强度,且当量齿轮的分度圆直径大,因此,在相同条件下,斜齿圆柱齿轮传动的强度高于直齿圆柱齿轮传动的强度。考虑上述特点,并利用直齿轮传动接触应力公式(3-6),可导出斜齿圆柱齿轮传动齿面接触疲劳强度的校核式

$$\sigma_H = Z_H Z_E Z_\epsilon Z_\beta \sqrt{\frac{2KT_1}{bd_1^2} \cdot \frac{u \pm 1}{u}} \leqslant \sigma_{HP} \quad \text{MPa} \tag{3-13}$$

取 $b = \psi_d d_1$,代入式(3-13),可得齿面接触疲劳强度设计式

$$d_1 \geqslant \sqrt[3]{\frac{2KT_1}{\psi_d} \cdot \frac{u \pm 1}{u} \cdot \left(\frac{Z_H Z_E Z_\epsilon Z_\beta}{\sigma_{HP}}\right)^2} \quad \text{mm} \tag{3-14}$$

式中:$Z_H$ 为节点区域系数,$Z_H = \sqrt{\frac{2\cos\beta_b}{\sin\alpha_t \cos\alpha_t}}$,其值可根据螺旋角 $\beta$ 查图 3-15;

$Z_\epsilon$ 为重合度系数,取 $Z_\epsilon = 0.75 \sim 0.88$,齿数多、重合度大时取小值,反之取大值;

$Z_\beta = \sqrt{\cos\beta}$,称为螺旋角系数;

其余各参数意义与直齿轮的相同。

比较式(3-6)和式(3-13)后可知,由于斜齿圆柱齿轮的 $Z_H$、$K$ 值比直齿圆柱齿轮的小,且 $Z_\epsilon < 1$、$Z_\beta < 1$,故在同样条件下,斜齿圆柱齿轮传动的齿面接触应力较直齿圆柱齿轮的小,其接触疲劳强度比直齿圆柱齿轮传动的高。

### 3.5.3　齿根弯曲疲劳强度条件

由于斜齿圆柱齿轮的接触线是倾斜的,所以轮齿往往发生局部折断(图 3-1(b)),而且,啮合过程中,其接触线和危险截面的位置都在不断变化,齿根应力很难精确计算,只能按其当量直齿圆柱齿轮利用式(3-10)近似计算。考虑到斜齿圆柱齿轮倾斜的接触线对提高弯曲疲劳强度有利,引入螺旋角系数 $Y_\beta$ 对齿根应力进行修正,并以法面模数 $m_n$ 代替 $m$,可得斜齿圆柱齿轮传动的弯曲疲劳强度校核式

$$\sigma_F = \frac{2KT_1}{bd_1 m_n} Y_{Fa} Y_{Sa} Y_\epsilon Y_\beta \leqslant \sigma_{FP} \quad \text{MPa} \tag{3-15}$$

将 $b = \psi_d d_1$,$d_1 = m_n z_1 / \cos\beta$ 代入式(3-15),得斜齿圆柱齿轮弯曲疲劳强度设计式

$$m_n \geqslant \sqrt[3]{\frac{2KT_1 \cos^2\beta Y_\epsilon Y_\beta}{\psi_d z_1^2} \cdot \frac{Y_{Fa} Y_{Sa}}{\sigma_{FP}}} \quad \text{mm} \tag{3-16}$$

式中:$Y_\epsilon$ 为重合度系数,$Y_\epsilon = 0.65 \sim 0.85$,齿数多、重合度大时取小值,反之取大值;

$Y_\beta$ 为螺旋角系数,$Y_\beta = 0.85 \sim 0.92$,$\beta$ 角大时取小值,反之取大值;

$Y_{Fa}$ 和 $Y_{Sa}$ 按当量齿数 $z_v = z/\cos^3\beta$,由图 3-18 和图 3-19 查取;

其余各参数的意义与直齿轮的相同。

与直齿轮一样,大、小齿轮的 $\sigma_F$ 和 $\sigma_{FP}$ 均可能不相同,应分别进行弯曲疲劳强度验算。应用式(3-16)进行设计计算时,应取 $Y_{Fa1}Y_{Sa1}/\sigma_{FP1}$ 与 $Y_{Fa2}Y_{Sa2}/\sigma_{FP2}$ 两者中的大值代入。

因 $z_v > z$,故斜齿圆柱齿轮的 $Y_{Fa}$ 比直齿圆柱齿轮的小,载荷系数 $K$ 也小,且 $Y_\varepsilon$、$Y_\beta$ 均小于 1,比较式(3-10)与式(3-15)可知,在相同条件下,斜齿圆柱齿轮传动的齿根弯曲应力比直齿圆柱齿轮的小,则其弯曲疲劳强度比直齿圆柱齿轮的高。

# 3.6　直齿锥齿轮传动的受力分析及强度计算

锥齿轮传动用于传递两相交轴之间的运动和动力,分为直齿锥齿轮、斜齿锥齿轮和曲线齿锥齿轮,斜齿锥齿轮较少采用。在实际加工中,直齿锥齿轮不易获得高的精度,因而传动的振动和噪声较大,一般用于线速度较低($v \leqslant 5 \text{ m/s}$)的场合。本节仅介绍常用的轴交角 $\Sigma = \delta_1 + \delta_2 = 90°$ 的直齿锥齿轮传动的强度计算。

## 3.6.1　直齿锥齿轮传动的受力分析

直齿锥齿轮的轮齿从大端到小端逐渐收缩,沿齿宽方向轮齿截面大小不等,受载后各截面的弹性变形各异,使得载荷分布不均匀。为工程计算方便,假定载荷沿齿宽均匀分布,其集中力作用于齿宽中点节线处的法向平面内,即法向力 $F_n$,如图 3-21 所示。忽略摩擦力的影响,将法向力 $F_n$ 分解为相互垂直的三个分力,各分力的计算公式及对应关系为

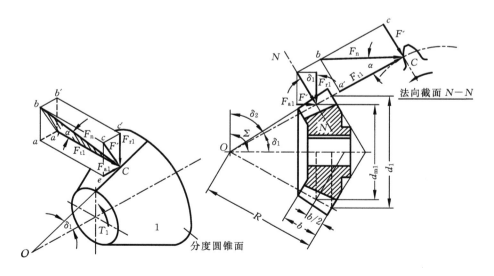

**图 3-21　直齿锥齿轮传动的受力分析**

$$
\left.
\begin{aligned}
\text{圆周力}\quad & F_{t1} = \frac{2T_1}{d_{m1}} = \frac{2T_1}{(1-0.5\psi_R)d_1} = F_{t2} \quad \text{N} \\
\text{径向力}\quad & F_{r1} = F'\cos\delta_1 = F_{t1}\tan\alpha\cos\delta_1 = F_{a2} \quad \text{N} \\
\text{轴向力}\quad & F_{a1} = F'\sin\delta_1 = F_{t1}\tan\alpha\sin\delta_1 = F_{r2} \quad \text{N} \\
\text{法向力}\quad & F_n = \frac{F_{t1}}{\cos\alpha} \quad \text{N}
\end{aligned}
\right\}
\tag{3-17}
$$

式中:$T_1$ 为主动轮传递的转矩(N·mm);

$\quad d_{m1}$ 为主动轮齿宽中点处的分度圆直径(mm);

$\quad d_1$ 为主动轮大端分度圆直径(mm),$d_1 = mz_1$($m$ 为大端模数即标准模数,$z_1$ 为主动轮齿数);

$\quad \psi_R$ 为齿宽系数,$\psi_R = b/R$($b$ 为齿宽,$R$ 为锥距);

$\quad \delta_1$ 为主动轮分度圆锥角;

$\quad \alpha$ 为法面压力角,对标准锥齿轮有 $\alpha = 20°$。

各分力的方向可用如下的方法判断。

(1)圆周力 $F_t$　在主动轮上是阻力,与回转方向相反;在从动轮上是驱动力,与回转方向相同。

(2)径向力 $F_r$　指向各自的轮心。

(3)轴向力 $F_a$　由各自齿轮的小端指向大端。

### 3.6.2　齿面接触疲劳强度计算

直齿锥齿轮的齿面接触疲劳强度计算,通常简化成按其齿宽中点处的当量直齿圆柱齿轮进行计算。借助直齿圆柱齿轮传动接触应力的计算公式(3-6),将当量齿轮参数代入,并取有效齿宽为 $0.85b$,即可导出直齿锥齿轮传动的接触疲劳强度校核式

$$
\sigma_H = Z_H Z_E \sqrt{\frac{4KT_1}{0.85\psi_R(1-0.5\psi_R)^2 d_1^3 u}} \leqslant \sigma_{HP} \quad \text{MPa}
\tag{3-18}
$$

而齿面接触疲劳强度的设计式为

$$
d_1 \geqslant \sqrt[3]{\frac{4KT_1}{0.85\psi_R(1-0.5\psi_R)^2 u}\left(\frac{Z_H Z_E}{\sigma_{HP}}\right)^2} \quad \text{mm}
\tag{3-19}
$$

式中:$Z_H$、$Z_E$、$\sigma_{HP}$、$K$ 的意义及取值方法与直齿圆柱齿轮传动的相同,载荷系数 $K$ 也可参考直齿圆柱齿轮传动选取。

### 3.6.3　齿根弯曲疲劳强度计算

与齿面接触强度计算的处理方法相同,将当量齿轮的参量代入式(3-10),得直齿锥齿轮传动的弯曲疲劳强度校核式

$$
\sigma_F = \frac{4KT_1 Y_{Fa} Y_{Sa}}{\psi_R(1-0.5\psi_R)^2 m^3 z_1^2 \sqrt{1+u^2}} \leqslant \sigma_{FP} \quad \text{MPa}
\tag{3-20}
$$

直齿锥齿轮传动弯曲疲劳强度的设计式为

$$m \geqslant \sqrt[3]{\frac{4KT_1}{\psi_R(1-0.5\psi_R)^2 z_1^2 \sqrt{1+u^2}} \cdot \frac{Y_{Fa}Y_{Sa}}{\sigma_{FP}}} \quad \text{mm} \qquad (3-21)$$

式中：$m$ 为锥齿轮大端模数，应圆整为标准值；

$Y_{Fa}$、$Y_{Sa}$ 按当量齿数 $z_v = z/\cos\delta$ 分别查图 3-18 和图 3-19 取值；

$\sigma_{FP}$ 与直齿圆柱齿轮传动相同。

按式(3-21)设计 $m$ 时，同样应取 $Y_{Fa1}Y_{Sa1}/\sigma_{FP1}$ 与 $Y_{Fa2}Y_{Sa2}/\sigma_{FP2}$ 两者中的大值代入。

# 3.7 齿轮传动的参数选择及设计方法

## 3.7.1 主要参数选择

### 1. 齿数 $z_1$ 及齿数比 $u$

对于闭式软齿面齿轮传动，在保持分度圆直径 $d$ 不变和满足弯曲疲劳强度的条件下，小齿轮齿数应选得多些，以提高传动的平稳性，减小噪声；齿数增多，模数减小，可减少金属的切削量，节省制造费用；模数减小，将降低齿高，减小滑动系数，减少磨损，提高抗胶合能力。一般可取 $z_1 = 20 \sim 40$。对于高速齿轮或对减噪要求高的齿轮传动，建议取 $z_1 \geqslant 25$。对于闭式硬齿面齿轮、开式齿轮和铸铁齿轮传动，其齿根弯曲疲劳强度往往是薄弱环节，应取较少齿数和较大的模数，以提高轮齿的弯曲强度，此时，可取 $z_1 = 17 \sim 25$。

对于承受变载荷的齿轮传动及开式齿轮传动，为了保证齿面磨损均匀，宜使配对的大、小齿轮的齿数互为质数，至少不要成整数倍。

齿数比 $u = z_2/z_1$，为大轮齿数与小轮齿数之比。减速传动时，齿数比 $u$ 等于传动比 $i(i = n_1/n_2 = z_2/z_1)$。对于闭式传动，一般取 $u \leqslant 5 \sim 8$。

### 2. 齿宽系数 $\psi_d$、$\psi_R$ 及齿宽 $b$

载荷一定时，齿宽系数大，可减小齿轮的直径或中心距，能在一定程度上减轻整个传动的重量，但却会增大轴向尺寸，增加载荷沿齿宽分布的不均匀性，设计时，必须合理选择。通常圆柱齿轮的齿宽系数可参考表 3-6 选用。其中：闭式传动、支承刚性好，$\psi_d$ 可取大值；开式传动齿轮一般悬臂布置，刚性较差，取 $\psi_d = 0.3 \sim 0.5$。

表 3-6 圆柱齿轮的齿宽系数 $\psi_d$

| 齿轮相对于轴承的位置 | 大轮或两轮齿面硬度≤350HBS | 两轮齿面硬度＞350HBS |
|---|---|---|
| 对称布置 | 0.8～1.4 | 0.4～0.9 |
| 非对称布置 | 0.6～1.2 | 0.3～0.6 |
| 悬臂布置 | 0.3～0.4 | 0.2～0.25 |

注：① 载荷稳定时 $\psi_d$ 取大值，轴与轴承的刚度较大时 $\psi_d$ 取大值，斜齿轮与人字齿轮 $\psi_d$ 取大值；

② 对于金属切削机床的齿轮传动，$\psi_d$ 取小值，传递功率不大时，$\psi_d$ 可小到 0.2。

对于圆柱齿轮传动,为了降低装配时的精度要求,允许少量的轴向装配误差,通常使小齿轮的齿宽大于大齿轮齿宽,取大齿轮齿宽 $b_2 = \psi_d d_1$,而小齿轮齿宽 $b_1 = b_2 + (5 \sim 10)$ mm。

对于直齿锥齿轮传动,因轮齿由大端向小端缩小,载荷沿齿宽分布不均,$\psi_R$ 不宜太大,常取 $\psi_R = 0.25 \sim 0.33$。为了公差测量及锥齿轮安装的需要,一般取相啮合的大、小锥齿轮的齿宽相等,即 $b_1 = b_2 = R\psi_R$。

**3. 模数**

根据齿轮弯曲强度条件计算出的模数,应按表 3-7 向上圆整为标准值。在动力传动中,圆柱齿轮的模数应不小于 1.5 mm;直齿锥齿轮传动模数应不小于 2 mm。优先选用第一系列,尽量不要采用"( )"中的模数。

表 3-7　标准模数(摘自 GB/T 1357—2006)　　　　　　　　　　单位:mm

| 第一系列 | 1, 1.25, 1.5, 2, 2.5, 3, 4, 5, 6, 8, 10, 12, 16, 20, 25, 32, 40, 50 |
|---|---|
| 第二系列 | 1.375, 1.75, 2.25, 2.75, 3.5, 4.5, 5.5, (6.5), 7, 9, 11, 14, 18, 22, 28, 36, 45 |

**4. 分度圆螺旋角 $\beta$**

增大螺旋角 $\beta$ 可提高传动的平稳性和承载能力,但 $\beta$ 过大,会导致轴向力增加,使轴承及传动装置的尺寸也相应增大;同时,传动效率也将因 $\beta$ 的增大而降低。一般取 $\beta = 10° \sim 25°$。但从减小齿轮传动的振动和噪声的角度来考虑,目前有采用大螺旋角的趋势。对于人字齿轮传动,因其轴向力可相互抵消,$\beta$ 可取大些,一般可取到 $\beta = 25° \sim 40°$,常用 30°以下。

**5. 精度等级**

提高齿轮加工精度,可以有效地减小振动及噪声并在一定程度上提高齿轮的强度,但制造成本将提高。一般按工作机的要求和齿轮的圆周速度确定精度等级(见表 3-3)。

## 3.7.2　设计实例

[例 3-2]　设计螺旋输送机的双级圆柱齿轮减速器中的高速级圆柱齿轮传动(图 3-22)。已知:高速级主动轮输入功率 $P_1 = 15$ kW,转速 $n_1 = 970$ r/min,齿数比 $u = 3.8$,单向运转,中等冲击载荷,每天工作 16 小时,预期寿命 5 年(每年按工作 300 天计算),可靠性要求一般,轴的刚性较小,采用电动机驱动。

**解**　具体设计计算过程如下。

**1) 选择齿轮材料、热处理方式及计算许用应力**

(1) 选择齿轮材料、热处理方式。

按使用条件,该传动属中速、中载,重要性和可

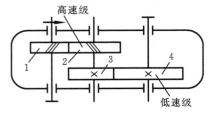

图 3-22　双级圆柱齿轮减速器简图

靠性一般的齿轮传动。可选用软齿面齿轮,也可选用硬齿面齿轮。本例选用软齿面齿轮,且小齿轮硬度比大齿轮大 30~50 HBS。由表 3-1 具体选用如下。

小齿轮:45 钢,调质处理,硬度为 217~255 HBS;大齿轮:45 钢,正火处理,硬度为 169~217 HBS。取小齿轮齿面硬度为 230 HBS,大齿轮为 200 HBS。

其他方案(包括采用硬齿面齿轮),请读者自行完成,并与本例题的计算结果进行对比。

(2) 确定许用应力。

① 确定极限应力 $\sigma_{H\,lim}$ 和 $\sigma_{F\,lim}$。

按齿面硬度及碳钢材料查图 3-6(b)得,$\sigma_{H\,lim1}$ = 580 MPa(将 MQ 线适当延伸),$\sigma_{H\,lim2}$ = 550 MPa;查图 3-7(b)得,$\sigma_{F\,lim1}$ = 220 MPa,$\sigma_{F\,lim2}$ = 210 MPa。

② 计算应力循环次数 $N$,确定寿命系数 $Z_N$、$Y_N$。

$$N_1 = 60an_1t = 60 \times 1 \times 970 \times (5 \times 300 \times 16) = 13.96 \times 10^8$$

$$N_2 = \frac{N_1}{u} = \frac{13.96 \times 10^8}{3.8} = 3.67 \times 10^8$$

查图 3-7 得,$Z_{N1} = Z_{N2} = 1$(不允许出现点蚀);查图 3-9 得,$Y_{N1} = Y_{N2} = 1$。

③ 计算许用应力。

由表 3-2 取 $S_{H\,min} = 1$,$S_{F\,min} = 1.4$。

由式(3-1)得

$$\sigma_{HP1} = \frac{\sigma_{H\,lim1}Z_{N1}}{S_{H\,min}} = \frac{580 \times 1}{1} \text{ MPa} = 580 \text{ MPa}$$

$$\sigma_{HP2} = \frac{\sigma_{H\,lim2}Z_{N2}}{S_{H\,min}} = \frac{550 \times 1}{1} \text{ MPa} = 550 \text{ MPa}$$

由式(3-2)得

$$\sigma_{FP1} = \frac{\sigma_{F\,lim1}Y_{ST}Y_{N1}}{S_{F\,min}} = \frac{220 \times 2 \times 1}{1.4} \text{ MPa} = 314 \text{ MPa}$$

$$\sigma_{FP2} = \frac{\sigma_{F\,lim2}Y_{ST}Y_{N2}}{S_{F\,min}} = \frac{210 \times 2 \times 1}{1.4} \text{ MPa} = 300 \text{ MPa}$$

**2) 分析失效形式,确定设计准则**

由于设计的是闭式软齿面齿轮传动,其主要失效是齿面疲劳点蚀,若模数过小,也可能发生齿根弯曲疲劳折断。因此,该齿轮传动应按齿面接触疲劳强度进行设计,确定主要参数,然后再校核齿根弯曲疲劳强度。

**3) 初步确定齿轮的基本参数和主要尺寸**

(1) 计算小齿轮的名义转矩。

$$T_1 = 9.55 \times 10^6 \times \frac{P_1}{n_1} = 9.55 \times 10^6 \times \frac{15}{970} \text{ N · mm} = 147680 \text{ N · mm}$$

(2) 选择齿轮类型。

初估齿轮圆周速度 $v \leqslant 4$ m/s。根据齿轮传动的工作条件(中速、中载,$v \leqslant 4$ m/s 等),可选用直齿圆柱齿轮传动,也可选用斜齿圆柱齿轮传动。本例选用斜齿圆柱齿轮传动。建议读者按直齿圆柱齿轮传动的方案设计,得出结果后再与本例所得的方案进行比较。

(3) 选择齿轮传动的精度等级。

按估计的圆周速度,由表 3-3 初步选用 8 级精度。

(4) 初选参数。

初选:$\beta = 12°$,$z_1 = 25$,$z_2 = z_1 u = 25 \times 3.8 = 95$,$x_1 = x_2 = 0$,由表 3-6 取 $\psi_d = 1$。

(5) 初步计算齿轮的主要尺寸。

用式(3-14)设计计算 $d_1$ 时,需首先确定系数 $K$、$Z_H$、$Z_E$、$Z_\varepsilon$、$Z_\beta$。

因采用电动机驱动,承受中等冲击载荷,齿轮速度不高,非对称布置,轴的刚性较小,查表 3-4 取 $K = 1.5$。由图 3-15 查得 $Z_H = 2.45$;查表 3-5 得 $Z_E = 189.8 \sqrt{\text{MPa}}$;根据 3.5.2 小节,取 $Z_\varepsilon = 0.8$,$Z_\beta = \sqrt{\cos\beta} = \sqrt{\cos 12°} = 0.989$;因 $\sigma_{HP2} < \sigma_{HP1}$,故取 $\sigma_{HP} = \sigma_{HP2} = 550$ MPa。

① 由式(3-14),可初步计算出齿轮的分度圆直径 $d_1$、模数 $m_n$、中心距 $a$ 等主要参数和几何尺寸:

$$d_1 \geqslant \sqrt[3]{\left(\frac{Z_H Z_E Z_\varepsilon Z_\beta}{\sigma_{HP}}\right)^2 \cdot \frac{2KT_1}{\psi_d} \cdot \frac{u \pm 1}{u}}$$

$$= \sqrt[3]{\left(\frac{2.45 \times 189.8 \times 0.8 \times 0.989}{550}\right)^2 \cdot \frac{2 \times 1.5 \times 147680}{1} \cdot \frac{3.8 + 1}{3.8}} \text{ mm}$$

$$= 63.03 \text{ mm}$$

$$m_n = \frac{d_1 \cos\beta}{z_1} = \frac{63.03 \times \cos 12°}{25} \text{ mm} = 2.466 \text{ mm}$$

按表 3-7,取标准模数 $m_n = 2.5$mm,则中心距

$$a = \frac{m_n}{2\cos\beta}(z_1 + z_2) = \frac{2.5}{2 \times \cos 12°}(25 + 95) \text{ mm} = 153.35 \text{ mm}$$

圆整后取 $a = 155$ mm。

② 调整螺旋角:

$$\beta = \arccos\frac{m_n(z_1 + z_2)}{2a} = \arccos\frac{2.5 \times (25 + 95)}{2 \times 155} = 14.592\,55° = 14°35'33''$$

③ 计算分度圆直径:

$$d_1 = \frac{m_n z_1}{\cos\beta} = \frac{2.5 \times 25}{\cos 14.592\,55°} \text{ mm} = 64.583 \text{ mm}$$

$$d_2 = \frac{m_n z_2}{\cos\beta} = \frac{2.5 \times 95}{\cos 14.592\,55°} \text{ mm} = 245.417 \text{ mm}$$

注意:螺旋角 $\beta$ 应精确到"″";分度圆直径至少要精确到小数点后两位,且两齿轮分度圆半径之和应等于圆整后的中心距,即 $(d_1 + d_2)/2 = a = 155$ mm。

④ 计算圆周速度：

$$v = \frac{n_1 \pi d_1}{60\,000} = \frac{970 \times 3.14 \times 64.583}{60\,000}\ \text{m/s} = 3.28\ \text{m/s}$$

与估计值相近。

⑤ 计算齿宽：

大齿轮　　　　　　$b_2 = b = \psi_d d_1 = 1 \times 64.583\ \text{mm} \approx 65\ \text{mm}$

小齿轮　　　　　　$b_1 = b_2 + (5\sim 10)\ \text{mm} = (65+5)\ \text{mm} = 70\ \text{mm}$

**4）校核齿根弯曲疲劳强度**

按式(3-15)校核齿根弯曲疲劳强度。

（1）计算当量齿数：

$$z_{v1} = \frac{z_1}{\cos^3 \beta} = \frac{25}{\cos^3 14.592\,55°} = 27.6$$

$$z_{v2} = \frac{z_2}{\cos^3 \beta} = \frac{95}{\cos^3 14.592\,55°} = 104.8$$

（2）查取各系数：

查图 3-18 得，$Y_{Fa1} = 2.60, Y_{Fa2} = 2.21$；查图 3-19 得，$Y_{Sa1} = 1.62, Y_{Sa2} = 1.79$；根据 3.5.3 小节，取 $Y_\varepsilon = 0.7, Y_\beta = 0.9$。

（3）计算弯曲应力。

$$\sigma_{F1} = \frac{2KT_1}{bd_1 m_n} Y_{Fa1} Y_{Sa1} Y_\varepsilon Y_\beta$$

$$= \frac{2 \times 1.5 \times 147\,680}{65 \times 64.583 \times 2.5} \times 2.60 \times 1.62 \times 0.7 \times 0.9\ \text{MPa} = 112\ \text{MPa} < \sigma_{FP1}$$

$$\sigma_{F2} = \sigma_{F1} \frac{Y_{Fa2} Y_{Sa2}}{Y_{Fa1} Y_{Sa1}} = 112 \times \frac{2.21 \times 1.79}{2.60 \times 1.62}\ \text{MPa} = 105\ \text{MPa} < \sigma_{FP2}$$

　　通过上面计算所得到的一组基本参数和尺寸能满足功能要求和强度要求，是一个可行方案，但不是唯一的方案，也不一定是最好的方案。适当改变参数（如改变 $z$、$\beta$ 等）或材料、热处理方式，经同样计算，还可得到多个可行的方案。根据预定的设计目标（例如，体积最小或重量最轻或传动最平稳或传动效率最高或其中某几项的综合等），对多个可行方案进行综合评价或凭设计者的经验确定出一种较好的方案。

**5）结构设计并绘制齿轮零件工作图（参见 3.8 节）**

# 3.8　齿轮的结构设计及齿轮传动的润滑

## 3.8.1　齿轮结构设计

齿轮的主参数，如齿数、模数、齿宽、齿高、螺旋角、分度圆直径等，是通过强度计算确定的。然而,齿轮的轮辐、轮毂等结构及尺寸,通常取决于齿轮的大小、材料、制造方法、生产批量等因素,设计时一般是先根据齿轮直径确定合适的结构形式,然后再考虑其他因素对结构进行完善。齿轮结构可分成四种基本形式。

**1. 齿轮轴**

对于直径较小的齿轮,如果从键槽底面到齿根的距离 $x$ 过小(见图 3-24,圆柱齿轮 $x \leqslant 2.5m_n$,锥齿轮 $x \leqslant 1.6m$,$m_n$、$m$ 为模数),则此处的强度可能不足,易发生断裂,此时应将齿轮与轴做成一体,称为齿轮轴(图 3-23),齿轮与轴的材料相同。值得注意的是,齿轮轴虽简化了装配,但整体长度大,给轮齿加工带来不便,而且齿轮损坏后,轴也随之报废,不利于回收利用。故当 $x > 2.5m_n$(圆柱齿轮)或 $x > 1.6m$(锥齿轮)时,就应将齿轮和轴分开来制造。

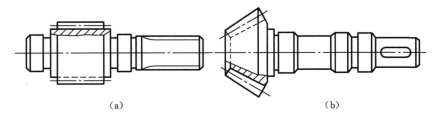

(a)　　　　　　　　　　　　　　(b)

**图 3-23　齿轮轴**

(a)圆柱齿轮轴;(b)锥齿轮轴

**2. 实心式齿轮**

当顶圆直径 $d_a \leqslant 200$ mm 时,做成实心式结构(图 3-24),常采用锻造方法制造齿轮毛坯。这种齿轮结构简单、制造方便。

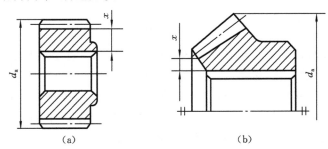

(a)　　　　　　　　　　　　(b)

**图 3-24　实心式齿轮**

(a)实心式圆柱齿轮;(b)实心式锥齿轮

**3. 辐板式齿轮**

当齿顶圆直径 $d_a > 200 \sim 500$ mm 时,可做成辐板式结构(图 3-25、图 3-27(a)),以节省材料、减轻重量。考虑到加工时夹紧及搬运的需要,辐板上常对称地开出 4~6 个孔。直径较小时,辐板式齿轮的毛坯常用可锻材料通过锻造方法得到,批量小时采用自由锻

（图 3-25(a)），批量大时采用模锻（图 3-25(b)）。直径较大或结构复杂时，毛坯通常用铸铁、铸钢等材料铸造而成。对于模锻和铸造齿轮毛坯，为便于起模，应设计必要的拔模斜度和较大的过渡圆角。

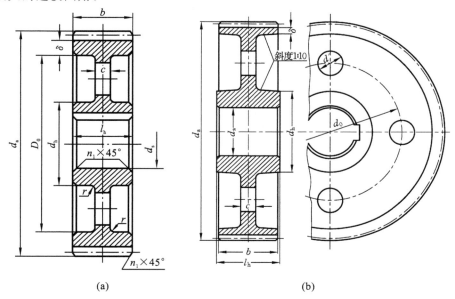

(a)　　　　　　　　　　　　　　　(b)

**图 3-25　辐板式齿轮**

(a) 自由锻齿轮；(b) 模锻齿轮

$d_h \approx 1.6 d_s$；$l_h = (1.2 \sim 1.5) d_s$，并使 $l_h \geqslant b$；　$c \approx 0.3b$；$\delta = (2.5 \sim 4) m_n$，但不小于 8 mm；

$d_0$ 和 $d'$ 按结构取定，当 $d'$ 较小时可不开孔

**4. 轮辐式齿轮**

当齿顶圆直径 $d_a > 400 \sim 1\,000$ mm 时，为减轻重量，可做成轮辐式铸造齿轮（图 3-26、图 3-27(b)），轮辐剖面常为十字形、椭圆形或工字形。

## 3.8.2　齿轮传动的润滑及效率

为了提高传动效率、减少磨损，延长齿轮寿命和具有良好的散热条件，对齿轮传动应进行必要的润滑，设计时，应合理地选择润滑方式和润滑剂。

开式齿轮传动通常采用人工定期加油润滑，可用润滑油或润滑脂。一般闭式齿轮传动的润滑方式主要取决于齿轮的圆周速度 $v$。当 $v \leqslant 12$ m/s 时，多采用油池浸油润滑（图 3-28(a)），大齿轮浸入油池一定的深度，齿轮运转时将油带到啮合区，同时也甩到箱壁上，借以散热。在多级传动中，当几个大齿轮直径相差太大时，可利用带油轮将油带到未浸油的齿轮上（图 3-28(b)）。当 $v > 12$ m/s 时，为避免搅油损失过大，常采用喷油润滑（图 3-28(c)），用油泵将油直接喷到啮合区。

齿轮传动常用的润滑剂为润滑油和润滑脂。润滑油的选择可根据齿轮材料及圆周速

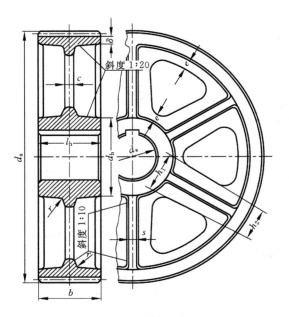

**图 3-26　轮辐式齿轮(铸造毛坯)**

$d_h \approx 1.6d_s$(铸钢);$d_h \approx 1.8d_s$(铸铁);　　$l_h = (1.2 \sim 1.5)d_s$,并使 $l_h \geqslant b$;

$c \approx 0.2b$,但不小于 10 mm;　　　　　　　$\delta = (2.5 \sim 4)m_n$,但不小于 8 mm;

$h_1 \approx 0.8d_s$;$h_2 \approx 0.8h_1$;　　　　　　　　$s \approx 0.15h_1$,但不小于 10 mm;$e \approx 0.8\delta$

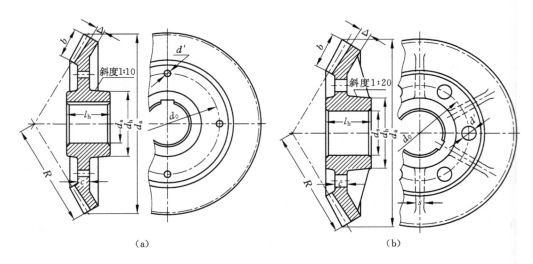

　　　　(a)　　　　　　　　　　　　　　　　　　(b)

**图 3-27　辐板式及轮辐式锥齿轮结构**

$d_h \approx 1.6d_s$;　　$l_h = (1.2 \sim 1.5)d_s$;　　$c = (0.2 \sim 0.3)b$;

$s \approx 0.8c$;　　$\Delta = (2.5 \sim 4)m_e$,但不小于 10 mm;　　$d_0$ 和 $d'$ 按结构取定

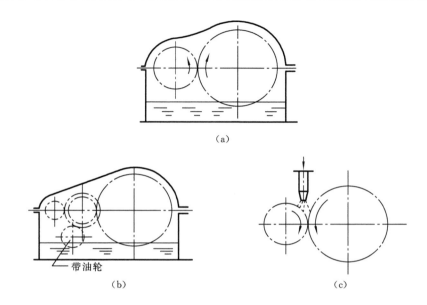

（a）

带油轮

（b）　　　　　　　　　　　　　　（c）

**图 3-28　齿轮传动的润滑方式**
（a）油池浸油润滑；（b）采用带油轮的油池润滑；（c）喷油润滑

度选取其黏度,再查出相应的润滑油牌号。齿轮润滑剂的选择可参考有关机械设计手册。

　　闭式齿轮传动工作时,齿面摩擦会引起功率损失,其啮合效率用 $\eta_1$ 表示;轴承摩擦引起的功率损耗效率用 $\eta_2$ 表示;浸入油中的齿轮搅动润滑油也会引起功率损失,其效率用 $\eta_3$ 表示,则齿轮传动的总效率 $\eta$ 为

$$\eta = \eta_1 \eta_2 \eta_3$$

各项效率的概略值可参考有关机械设计手册。

# 习　　题

　　**3-1**　有一直齿圆柱齿轮传动,允许传递功率为 $P_1$,若通过热处理方法提高材料的力学性能,使大、小齿轮的许用接触应力 $\sigma_{HP2}$、$\sigma_{HP1}$ 各提高 $30\%$,试问:此传动在不改变工作条件及其他设计参数的情况下,抗疲劳点蚀允许传递的功率可提高百分之几?

　　**3-2**　斜齿圆柱齿轮的齿数 $z$ 与其当量齿数 $z_v$ 有什么关系? 在下列几种情况下应分别采用哪一种齿数?

　　（1）计算斜齿圆柱齿轮的角速比;

　　（2）用成形法切制斜齿轮时选盘形铣刀;

　　（3）计算斜齿轮的分度圆直径;

　　（4）弯曲强度计算时查取齿形系数。

**3-3**　设斜齿圆柱齿轮传动的转动方向及螺旋线方向如题 3-3 图所示,试分别画出轮 1 为主动时和轮 2 为主动时轴向力 $F_{a1}$ 和 $F_{a2}$ 的方向。

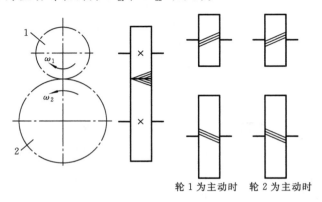

轮 1 为主动时　　轮 2 为主动时

题 3-3 图

**3-4**　设两级斜齿圆柱齿轮减速器的已知条件如题 3-4 图所示,试问:

(1) 低速级斜齿轮的螺旋线方向应如何选择才能使中间轴上两齿轮的轴向力方向相反;

(2) 低速级斜齿轮螺旋角 $\beta$ 应取多大才能使中间轴上两个齿轮的轴向力互相抵消。

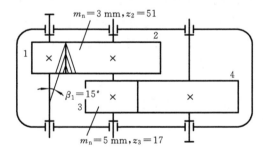

题 3-4 图

**3-5**　有一台单级直齿圆柱齿轮减速器。已知: $z_1=32$ , $z_2=108$ ,中心距 $a=210$ mm,齿宽 $b=72$ mm,大、小齿轮材料均为 45 钢,小齿轮调质,大齿轮正火,齿轮精度为 8 级,输入转速 $n_1=1\,460$ r/min。电动机驱动,载荷平稳,齿轮工作寿命为 10 000 h。试求该齿轮传动所允许传递的最大功率。

**3-6**　试设计提升机构上用的闭式直齿圆柱齿轮传动。已知:齿数比 $u=4.6$ ,转速 $n_1=730$ r/min,传递功率 $P_1=10$ kW;双向传动,预期寿命 5 年,每天工作 16 小时;对称布置,原动机为电动机,载荷为中等冲击; $z_1=25$ ,大、小齿轮材料均为 45 钢;齿轮精度等级为 8 级,可靠性要求一般。

**3-7**　已知单级闭式斜齿圆柱齿轮传动的 $P_1=10$ kW, $n_1=1\,210$ r/min, $u=i=4.3$ ,

电动机驱动,双向运转,中等冲击载荷,设计寿命为 8 年,每天工作 12 小时,设小齿轮用 40MnB 钢调质,大齿轮用 45 钢调质,$z_1 = 21$,试设计此单级斜齿圆柱齿轮传动。

**3-8** 试设计闭式双级圆柱齿轮减速器(图 3-22)中高速级斜齿圆柱齿轮传动。已知:传递功率 $P_1 = 20$ kW,转速 $n_1 = 1\ 430$ r/min,齿数比 $u = 4.3$,单向传动,齿轮不对称布置,轴的刚性较小,载荷有轻微冲击。大、小齿轮材料均用 40Cr 钢,表面淬火,齿轮精度为 7 级,两班制工作,预期寿命为 5 年,可靠性一般。

**3-9** 已知直齿锥齿轮-斜齿圆柱齿轮减速器布置和转向如题 3-9 图所示。锥齿轮的 $m = 5$ mm,齿宽 $b = 50$ mm,$z_1 = 25$,$z_2 = 60$;斜齿轮的 $m_n = 6$ mm,$z_3 = 21$,$z_4 = 84$。欲使轴 Ⅱ 上两齿轮的轴向力完全抵消,求斜齿轮 3、4 螺旋角 $\beta$ 的大小和螺旋线方向。(提示:锥齿轮的力作用在齿宽中点)

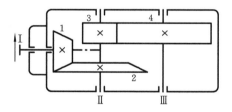

题 3-9 图

**3-10** 试设计一闭式单级直齿锥齿轮传动。已知:输入转矩 $T_1 = 90.5$ N·m,输入转速 $n_1 = 970$ r/min,齿数比 $u = 2.5$。载荷平稳,长期运转,可靠性一般。

**3-11** 校核一对直齿锥齿轮传动所能传递的功率 $P_1$。已知:$z_1 = 18$,$z_2 = 36$,$m = 2$ mm,$b = 13$ mm,$n_1 = 930$ r/min。由电动机驱动,单向转动,载荷轻微冲击,工作寿命为 24 000 h。齿轮材料为 45 钢,小齿轮调质,硬度为 230～250 HBS;大齿轮正火,硬度为 190～210 HBS。齿轮精度为 8 级,小齿轮悬臂布置,设备可靠性要求较高。

# 第 4 章　蜗杆传动设计

蜗杆传动用于传递空间两交错轴之间的运动和动力,通常两轴线的交错角为90°。

## 4.1　蜗杆传动的类型及特点

### 4.1.1　蜗杆传动的类型

按蜗杆的形状分为圆柱蜗杆传动(图 4-1(a))、环面蜗杆传动(图 4-1(b))和锥蜗杆传动(图 4-1(c))等三类。其中,圆柱蜗杆传动又分为普通圆柱蜗杆传动和圆弧圆柱蜗杆传动。

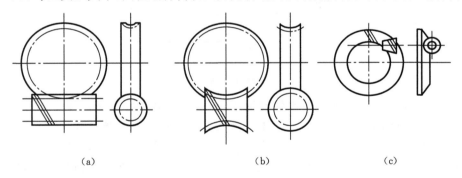

(a)　　　　　　　　　　　(b)　　　　　　　　　(c)

**图 4-1　蜗杆传动的类型**

(a) 圆柱蜗杆传动;(b) 环面蜗杆传动;(c) 锥蜗杆传动

**1. 普通圆柱蜗杆传动**

普通圆柱蜗杆传动多用直母线刀刃加工,由于刀具加工位置的不同,普通圆柱蜗杆传动可分为如图 4-2 所示的四种形式。

**1) 阿基米德蜗杆(ZA 蜗杆)**

加工时,车刀切削刃的顶面通过蜗杆轴线(图 4-2(a)),当导程角 $\gamma \leqslant 3°$ 时用单刀,否则用双刀,与加工普通梯形螺纹时相同。故这种蜗杆与普通螺杆一样,在垂直于其轴线的剖面上,齿廓与剖切平面的交线为阿基米德螺旋线,其齿面为阿基米德螺旋面;在轴向剖面Ⅰ—Ⅰ上具有直线齿廓,犹如直齿齿条的齿廓。至于蜗轮,在中间平面(通过蜗杆轴线并垂直于蜗轮轴线的平面)上,其齿廓为渐开线。在此剖面上,蜗杆与蜗轮的啮合关系可以看成直齿齿条与齿轮的啮合关系。当蜗杆导程角较大时,加工不便,且难以磨削,不易保证加工精度。该蜗杆一般用于低速、轻载或不太重要的传动。

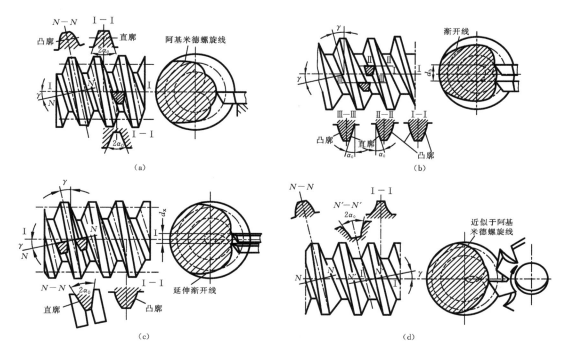

**图 4-2　普通圆柱蜗杆的类型**

(a) 阿基米德蜗杆;(b) 渐开线蜗杆;(c) 法向直廓蜗杆;(d) 锥面包络蜗杆

**2) 渐开线蜗杆(ZI 蜗杆)**

加工时,车刀刀刃顶面与基圆相切(图 4-2(b)),形成的蜗杆齿面为渐开螺旋面,端面齿廓为渐开线。可以磨削,易保证加工精度。该蜗杆一般用于蜗杆头数较多、转速较高和较精密的传动。

**3) 法向直廓蜗杆(ZN 蜗杆)**

加工时,车刀刀刃顶面置于螺旋线的法面上(图 4-2(c)),形成的蜗杆端面齿廓为延伸渐开线,法面($N$—$N$)齿廓为直线。加工简单,可用砂轮磨削。该蜗杆常用于多头精密蜗杆传动。

**4) 锥面包络蜗杆(ZK 蜗杆)**

加工时,将盘状铣刀或砂轮放置在蜗杆齿槽的法面内,由刀具锥面包络而成(图 4-2(d))。蜗杆齿面是圆锥面族的包络曲面,在各个剖面上的齿廓都为曲线。切削和磨削容易,易获得高精度。目前这种蜗杆应用广泛。

**2. 圆弧圆柱蜗杆传动(ZC 型)**

圆弧圆柱蜗杆传动和普通蜗杆传动相似,只是齿廓形状有所区别。在这种蜗杆传动的中间平面上(图 4-3(a)),蜗杆的齿廓为凹弧形,而与之相配的蜗轮齿廓则为凸弧形,是一种凹、凸弧齿廓相啮合的传动,也是一种线接触的啮合传动。由于接触点处的综合曲率半径大,故承载能力较普通圆柱蜗杆的高;又由于瞬时接触线与滑动速度交角大(图 4-3 (b)),有利于啮合面间的油膜形成,故摩擦力小,传动效率高,一般可达 90% 以上;能磨削,精度高。所以,圆弧圆柱蜗杆传动广泛应用于冶金、矿山、化工、起重运输等机械中。

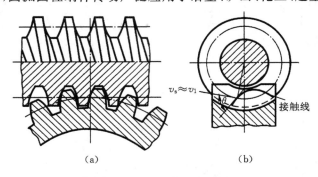

图 4-3　圆弧圆柱蜗杆传动

### 3. 环面蜗杆传动

环面蜗杆的分度圆是以蜗杆轴线为旋转中心、凹圆弧为母线的旋转体(图 4-1(b))。环面蜗杆传动蜗轮的节圆与蜗杆的节圆弧重合,同时啮合的齿对数多,综合曲率半径大,轮齿接触线形状有利于润滑油膜的形成,故其承载能力大、效率高。一般环面蜗杆传动的承载能力是普通圆柱蜗杆传动的 2～4 倍,效率达 85%～90%。但环面蜗杆传动的制造工艺复杂,对安装误差较为敏感。

### 4. 锥蜗杆传动

如图 4-1(c)所示,蜗杆为一等导程的锥形螺旋,蜗轮则与曲线锥齿轮相似,是由与锥蜗杆相同参数的滚刀切制而成的。锥蜗杆传动的特点是:同时接触齿对数多(约为蜗轮齿数的10%),重合度大;传动比范围大(单级 $i=10～360$);承载能力和效率高;制造与安装简便。但由于结构的原因,传动具有不对称性,正、反转受力情况不同,承载能力和效率也有差异。

本章主要介绍普通圆柱蜗杆传动的设计方法。

## 4.1.2　蜗杆传动的精度等级

国家标准中规定普通圆柱蜗杆传动分为 12 个精度等级,1 级最高,12 级最低。对于动力传动,常用 6～9 级。一般按工作机的要求和蜗轮的圆周速度确定精度等级,蜗杆和配对蜗轮一般取相同的精度等级。

## 4.1.3　蜗杆传动的特点及应用

蜗杆传动的主要特点是:①单级传动比大,在动力传动中,一般传动比 $i=10～80$,在分度机构中,$i$ 可达 1 000;②传动平稳、噪声低;③可实现自锁。其主要缺点是:①传动效率低,故不适用于大功率(大于 50 kW)和长期连续工作的传动;②蜗杆传动齿面间相对滑动速度高、摩擦发热大,故对散热要求高;③为减小摩擦,蜗轮常用青铜材料制造,故成本较高。

蜗杆传动通常用于减速传动,并以蜗杆为主动件。蜗杆传动广泛应用于机床、汽车、仪器、冶金、矿山及起重运输机械设备的传动系统中。随着新型蜗杆传动如圆弧圆柱蜗杆传动的普遍应用,蜗杆传动效率低的问题得以改进,传递的功率可达 750 kW。

# 4.2　普通圆柱蜗杆传动的主要参数及几何尺寸

由于阿基米德蜗杆具有加工简单、应用广泛的优点,在此仅以它作为普通圆柱蜗杆传动的代表予以讨论。如前所述,阿基米德蜗杆传动在中间平面内相当于齿条与齿轮的啮合传动,设计时通常将此平面内的参数和尺寸作为计算基准(图 4-4),并沿用齿轮传动的有关计算公式。

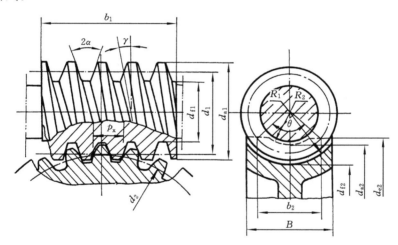

图 4-4　普通圆柱蜗杆传动的几何尺寸

## 4.2.1　普通圆柱蜗杆传动的主要参数

### 1. 普通圆柱蜗杆传动正确啮合条件

蜗杆和蜗轮啮合时,在中间平面上,蜗杆的轴向模数 $m_{x1}$、轴向齿形角 $\alpha_{x1}$ 分别与蜗轮的端面模数 $m_{t2}$、端面齿形角 $\alpha_{t2}$ 相等,即普通圆柱蜗杆传动的正确啮合条件为

$$m_{x1} = m_{t2} = m$$

$$\alpha_{x1} = \alpha_{t1} = \alpha$$

式中:$m$、$\alpha$ 分别为标准模数和标准压力角。

由于蜗杆与蜗轮两轴线空间交错成 90°,故蜗杆与蜗轮的螺旋线方向相同,且蜗杆分

度圆柱导程角 $\gamma$ 与蜗轮分度圆螺旋角 $\beta$ 大小相等,即

$$\gamma = \beta$$

**2. 主要参数**

**1) 模数 $m$ 和压力角 $\alpha$**

模数 $m$ 取标准值,按表 4-1 选用。ZA 蜗杆的轴向压力角为标准值,$\alpha_x = 20°$。

**2) 蜗杆分度圆柱导程角 $\gamma$**

将蜗杆分度圆柱螺旋线展开成为如图 4-5 所示的直角三角形的斜边。图中,$p_z$ 为导程,对于多头蜗杆,$p_z = z_1 p_x$;$p_x = \pi m$,为蜗杆的轴向齿距。蜗杆分度圆柱导程角为

$$\tan\gamma = \frac{p_z}{\pi d_1} = \frac{z_1 p_x}{\pi d_1} = \frac{z_1 m}{d_1} \tag{4-1}$$

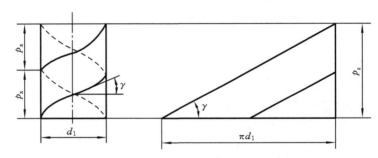

**图 4-5　导程角与导程的关系**

国家标准规定,除特殊要求外,均应采用右旋蜗杆。

**3) 蜗杆分度圆直径 $d_1$ 和直径系数 $q$**

为保证蜗杆与配对蜗轮的正确啮合,常用与蜗杆具有同样参数和直径的蜗轮滚刀来加工蜗轮。由式(4-1)可知,$d_1$ 不仅与 $m$ 有关,而且还随 $z_1/\tan\gamma$ 值的不同而变化,这样同一模数就需要配备很多蜗轮滚刀。为了减少蜗轮滚刀的数目,便于刀具的标准化,特对蜗杆分度圆直径 $d_1$ 制定了标准系列值,并对每一标准模数 $m$ 规定了一定数量的蜗杆分度圆直径 $d_1$ 与之对应。$d_1$ 与 $m$ 的比值则称为直径系数 $q$,即

$$q = \frac{d_1}{m} \tag{4-2}$$

蜗杆分度圆直径 $d_1$ 与模数 $m$ 及其对应关系、直径系数 $q$ 等参数如表 4-1 所示。

**4) 蜗杆头数 $z_1$、蜗轮齿数 $z_2$ 及传动比 $i$**

蜗杆头数(即螺旋线根数)为 $z_1$,蜗轮齿数为 $z_2$,它们的选取原则参见 4.6 节。

通常蜗杆传动是以蜗杆为主动的减速装置,故其传动比 $i$ 为

$$i = \frac{n_1}{n_2} = \frac{z_2}{z_1} \tag{4-3}$$

式中:$n_1$、$n_2$ 分别为蜗杆和蜗轮的转速(r/min)。

表 4-1　普通圆柱蜗杆传动的参数匹配(摘自 GB 10085—1988)

| 模数 $m$/mm | 分度圆直径 $d_1$/mm | 蜗杆头数 $z_1$ | 直径系数 $q$ | $m^2 d_1$ | 模数 $m$/mm | 分度圆直径 $d_1$/mm | 蜗杆头数 $z_1$ | 直径系数 $q$ | $m^2 d_1$ |
|---|---|---|---|---|---|---|---|---|---|
| 1.25 | 20 | 1 | 16 | 31.25 | 6.3 | (80) | 1, 2, 4 | 12.698 | 3 175.2 |
|  | 22.4* | 1 | 17.92 | 35 |  | 112* | 1 | 17.778 | 4 445.28 |
| 1.6 | 20 | 1, 2, 4 | 12.5 | 51.2 | 8 | (63) | 1, 2, 4 | 7.875 | 4 032 |
|  | 28* | 1 | 17.5 | 71.68 |  | 80 | 1, 2, 4, 6 | 10 | 5 120 |
| 2 | (18) | 1, 2, 4 | 9 | 72 |  | (100) | 1, 2, 4 | 12.5 | 6 400 |
|  | 22.4 | 1, 2, 4, 6 | 11.2 | 89.6 |  | 140* | 1 | 17.5 | 8 960 |
|  | (28) | 1, 2, 4 | 14 | 112 | 10 | (71) | 1, 2, 4 | 7.1 | 7 100 |
|  | 35.5* | 1 | 17.75 | 142 |  | 90 | 1, 2, 4, 6 | 9 | 9 000 |
| 2.5 | (22.4) | 1, 2, 4 | 8.96 | 140 |  | (112) | 1, 2, 4 | 11.2 | 11 200 |
|  | 28 | 1, 2, 4, 6 | 11.2 | 175 |  | 160 | 1 | 16 | 16 000 |
|  | (35.5) | 1, 2, 4 | 14.2 | 221.9 | 12.5 | (90) | 1, 2, 4 | 7.2 | 14 062.5 |
|  | 45* | 1 | 18 | 281.25 |  | 112 | 1, 2, 4 | 8.96 | 17 500 |
| 3.15 | (28) | 1, 2, 4 | 8.889 | 277.8 |  | (140) | 1, 2, 4 | 11.2 | 21 875 |
|  | 35.5 | 1, 2, 4, 6 | 11.27 | 352.25 |  | 200 | 1 | 16 | 31 250 |
|  | (45) | 1, 2, 4 | 14.286 | 446.51 | 16 | (112) | 1, 2, 4 | 7 | 28 672 |
|  | 56* | 1 | 17.778 | 555.66 |  | 140 | 1, 2, 4 | 8.75 | 35 840 |
| 4 | (31.5) | 1, 2, 4 | 7.875 | 504 |  | (180) | 1, 2, 4 | 11.25 | 46 080 |
|  | 40 | 1, 2, 4, 6 | 10 | 640 |  | 250 | 1 | 15.625 | 64 000 |
|  | (50) | 1, 2, 4 | 12.5 | 800 | 20 | (140) | 1, 2, 4 | 7 | 56 000 |
|  | 71* | 1 | 17.75 | 1 136 |  | 160 | 1, 2, 4 | 8 | 64 000 |
| 5 | (40) | 1, 2, 4 | 8 | 1 000 |  | (224) | 1, 2, 4 | 11.2 | 89 600 |
|  | 50 | 1, 2, 4, 6 | 10 | 1 250 |  | 315 | 1 | 15.75 | 126 000 |
|  | (63) | 1, 2, 4 | 12.6 | 1 575 | 25 | (180) | 1, 2, 4 | 7.2 | 112 500 |
|  | 90* | 1 | 18 | 2 250 |  | 200 | 1, 2, 4 | 8 | 125 000 |
| 6.3 | (50) | 1, 2, 4 | 7.936 | 1 984.5 |  | (280) | 1, 2, 4 | 11.2 | 175 000 |
|  | 63 | 1, 2, 4, 6 | 10 | 2 500.47 |  | 400 | 1 | 16 | 250 000 |

注:① 括号内的数字尽量不采用;

　　② 带"*"的是导程角 $\gamma < 3°30'$ 的圆柱蜗杆,具有自锁性。

**5) 蜗轮变位系数 $x_2$**

普通圆柱蜗杆传动变位的主要目的是凑配中心距和凑传动比,使之符合标准或推荐值。蜗杆传动中只对蜗轮进行变位,蜗杆的尺寸保持不变。其变位方法与齿轮传动相同,即切削时将刀具相对于蜗轮移位。

圆柱蜗杆传动装置的中心距 $a$ 一般应按 GB 10085—1988 推荐的数值选取,如表 4-2 所示,自行设计的蜗杆传动,中心距 $a$ 也可取其他整数值。

**表 4-2　蜗杆传动中心距的标准系列值**　　　　　　　　　　单位:mm

| 40,50,63,80,100,125,160,(180),200,(225),250,(280),315,(355),400,(450),500 |
| --- |

注:括号内的数字不优先采用。

蜗杆传动减速装置的传动比 $i$ 公称值推荐为:5,7.5,10,12.5,15,20,25,30,40,50,60,70,80。其中,10,20,40,80 为基本传动比,应优先选用。

未变位蜗杆传动的中心距

$$a = \frac{d_1 + d_2}{2} = \frac{mq + mz_2}{2}$$

凑中心距时,变位蜗杆传动的中心距由 $a$ 变为 $a'$,即

$$a' = a + mx_2$$

由此,可求得凑中心距时蜗轮的变位系数

$$x_2 = \frac{a' - a}{m} \tag{4-4}$$

凑传动比时,变位前后的中心距保持不变,即 $a = a'$,用改变蜗轮齿数 $z_2$ 来达到传动比略作调整的目的。变位后蜗轮齿数 $z_2'$ 与变位系数 $x_2$ 的计算关系为

$$a' = \frac{d_1 + mz_2'}{2} + mx_2 = \frac{d_1 + mz_2}{2} = a$$

故凑传动比时蜗轮的变位系数

$$x_2 = \frac{z_2 - z_2'}{2} \tag{4-5}$$

**6) 蜗杆、蜗轮及蜗杆传动的标记**

蜗杆标记内容:蜗杆的类型(ZI、ZA、ZN、ZK),模数 $m$,分度圆直径 $d_1$,螺旋方向(R—右旋、L—左旋),头数 $z_1$。

蜗轮标记内容:相配蜗杆的类型(ZI、ZA、ZN、ZK),模数 $m$,齿数 $z_2$。

蜗杆传动标记的方法用分式来表示,分子为蜗杆的代号,分母为蜗轮齿数。

标记示例:阿基米德蜗杆,模数为 10 mm,分度圆直径为 90 mm,头数为 2 的右旋圆柱蜗杆,齿数为 80 的蜗轮,以及用它们组成的蜗杆传动,分别标记如下

蜗杆 ZA10×90R2

蜗轮 ZA10×80

蜗杆传动 $\dfrac{ZA10×90R2}{80}$　或　蜗杆传动 ZA10×90R2/80

对 ZK 型蜗杆,还应注明刀具直径。

## 4.2.2　普通圆柱蜗杆传动的几何尺寸计算

普通圆柱蜗杆传动的几何尺寸计算公式如表 4-3 和表 4-4 所示(图 4-4)。

**表 4-3　普通圆柱蜗杆传动主要几何尺寸的计算公式**(摘自 GB 10085—1988)

| 名　称 | 符号 | 蜗　杆 | 蜗　轮 |
|---|---|---|---|
| 分度圆直径 | $d$ | $d_1 = mq$ | $d_2 = mz_2$ |
| 节圆直径 | $d'$ | $d_1' = d_1 + 2x_2 m = m(q + 2x_2)$ | $d_2' = d_2$ |
| 顶隙 | $c$ | $c = c^* m, c^* = 0.2$ | |
| 齿顶高 | $h_a$ | $h_{a1} = h_a^* m, h_a^* = 1,短齿 h_a^* = 0.8$ | $h_{a2} = m(h_a^* + x_2)$ |
| 齿根高 | $h_f$ | $h_{f1} = h_a^* m + c$ | $h_{f2} = m(h_a^* - x_2 + c^*)$ |
| 蜗杆齿顶圆/蜗轮喉圆直径 | $d_a$ | $d_{a1} = d_1 + 2h_{a1}$ | $d_{a2} = d_2 + 2h_{a2}$ |
| 齿根圆直径 | $d_f$ | $d_{f1} = d_1 - 2h_{f1}$ | $d_{f2} = d_2 - 2h_{f2}$ |
| 中心距 | $a$ | $a = m(q + z_2 + 2x_2)/2$ | |
| 压力角 | $\alpha$ | $\alpha_x = 20°$ | |
| 蜗杆分度圆柱导程角 | $\gamma$ | $\gamma = \arctan(z_1/q)$ | — |
| 蜗杆节圆柱导程角 | $\gamma'$ | $\gamma' = \arctan[z_1/(q + 2x_2)]$ | — |
| 蜗杆轴向齿距 | $p_x$ | $p_x = \pi m$ | |
| 蜗杆导程 | $p_z$ | $p_z = z_1 p_x = z_1 \pi m$ | |
| 蜗轮齿根圆弧半径 | $R_1$ | — | $R_1 = 0.5d_{a1} + c$ |
| 蜗轮齿顶圆弧半径 | $R_2$ | — | $R_2 = 0.5d_{f1} + c$ |

**表 4-4　普通圆柱蜗杆传动的蜗轮宽度 $B$、顶圆直径 $d_{e2}$ 及蜗杆螺纹部分长度 $b_1$ 的计算公式**

| $z_1$ | $B$ | $d_{e2}$ | $x_2$ | $b_1$ | |
|---|---|---|---|---|---|
| 1 | $\leqslant 0.75d_{a1}$ | $\leqslant d_{a2} + 2m$ | 0 | $\geqslant (11 + 0.06z_2)m$ | 当变位系数 $x_2$ 为中间值时,$b_1$ 取 $x_2$ 邻近两公式所求值的较大者。经磨削的蜗杆,按左边公式所求的长度应再增加下列值: |
| 2 | | $\leqslant d_{a2} + 1.5m$ | −0.5 | $\geqslant (8 + 0.06z_2)m$ | |
| | | | −0.1 | $\geqslant (10.5 + z_1)m$ | |
| | | | 0.5 | $\geqslant (11 + 0.1z_2)m$ | |
| | | | 1.0 | $\geqslant (12 + 0.1z_2)m$ | |
| 3 | $\leqslant 0.67d_{a1}$ | $\leqslant d_{a2} + m$ | 0 | $\geqslant (12.5 + 0.09z_2)m$ | 当 $m < 10$ mm 时,增加 25 mm; |
| | | | −0.5 | $\geqslant (9.5 + 0.09z_2)m$ | 当 $m = 10 \sim 16$ mm 时,增加 $35 \sim 40$ mm; |
| 4 | | | −0.1 | $\geqslant (10.5 + z_1)m$ | 当 $m > 16$ mm 时,增加 50 mm |
| | | | 0.5 | $\geqslant (12.5 + 0.1z_2)m$ | |
| | | | 0.1 | $\geqslant (13 + 0.1z_2)m$ | |

# 4.3 蜗杆传动的失效形式、材料及其结构

## 4.3.1 蜗杆传动的失效形式及设计准则

**1. 失效形式**

蜗杆传动在节点 $C$ 处啮合时(图 4-6),蜗杆的圆周速度为 $v_1$,蜗轮的圆周速度为 $v_2$,则在节点处齿面间的相对滑动速度 $v_s$ 为

$$v_s = \frac{v_1}{\cos\gamma} = \frac{\pi d_1 n_1}{60\,000\cos\gamma} \text{ m/s} \qquad (4\text{-}6)$$

由式(4-6)可知,$v_s$ 大于蜗杆的圆周速度。在蜗杆传动时,蜗杆、蜗轮的齿面间有很大的相对滑动,这将产生较大的摩擦、磨损和发热,导致传动效率降低。

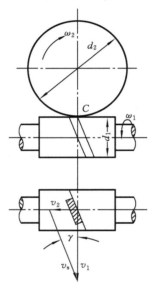

图 4-6 蜗杆传动的滑动速度

在一般闭式传动中,由于蜗杆、蜗轮齿面间的相对滑动速度大,摩擦发热大,使润滑油的黏度因温度升高而下降,润滑条件变坏,容易发生胶合或疲劳点蚀,有时($z_2 >$ 80)会出现轮齿的弯曲折断。开式传动主要是轮齿的磨损和弯曲折断。通常情况下,蜗杆材料的机械强度高于蜗轮的,故失效多发生在强度较低的蜗轮轮齿上。

**2. 设计准则**

根据蜗杆传动的失效形式和工作特点,设计时应考虑以下几项准则。

(1) 闭式传动 其设计准则是防止蜗轮齿面发生点蚀和胶合失效,按齿面接触疲劳强度条件设计,接触应力不超过许用值。当 $z_2 > 80$ 时,还需防止轮齿折断,按齿根弯曲疲劳强度条件计算,齿根弯曲应力不超过许用值。

(2) 连续工作的闭式蜗杆传动 在这种工作条件下,因摩擦发热大,效率低,温升高,若散热不好,将可能因润滑条件恶化而产生胶合。因此,其设计准则除上述两项外,还应控制温升,即达到热平衡时,润滑油的温度不超过许用值。

(3) 开式传动 其设计准则主要是防止因磨损而引起的蜗轮轮齿折断,按轮齿弯曲疲劳强度条件计算,轮齿弯曲应力不超过许用值。

对蜗杆来说,主要是控制蜗杆轴的弹性变形不超过许用值。

## 4.3.2 材料的选择

**1. 材料**

根据蜗杆传动的主要失效形式,要求蜗杆、蜗轮的材料组合具有良好的减摩、耐磨和

抗胶合性能,并具有足够的强度。

蜗杆材料一般选用碳素钢或合金钢,根据工作条件选用合适的热处理方法。对于高速重载的蜗杆传动,蜗杆材料常用 20Cr 钢、20CrMnTi 钢、12CrNi3A 钢(渗碳淬火到58~63HRC),或 40 钢、45 钢和 40Cr 钢、40CrNi 钢、42SiMn 钢(表面淬火到 45~55 HRC),淬火后需磨削。不太重要的低速中载蜗杆,可采用 40 钢、45 钢调质处理(硬度<270 HBS)。

对高速或重要的蜗杆传动,蜗轮材料常用铸锡磷青铜 ZCuSn10P1。它的特点是减摩和耐磨性好,抗胶合能力强,但其强度较低,价格较贵,允许的滑动速度 $v_s \leqslant 25$ m/s。速度较低的传动,可用铝铁青铜 ZCuAl10Fe3,它的抗胶合能力比锡青铜的差,但强度较高,价格便宜,其允许的滑动速度 $v_s \leqslant 10$ m/s。在低速轻载或不重要的传动中,蜗轮可用灰铸铁(HT200 或 HT250)制造,其允许的滑动速度 $v_s \leqslant 2$ m/s。

**2. 许用应力**

**1)当蜗轮材料为抗拉强度 $\sigma_b \leqslant 300$ MPa 的锡青铜、蜗杆材料为钢时的许用接触应力**

此时,传动的承载能力通常取决于蜗轮的接触疲劳强度。表 4-5 中列出了循环次数 $N = 10^7$ 时,材料的基本许用接触应力 $\sigma'_{HP}$。

**表 4-5　蜗轮材料的基本许用接触应力 $\sigma'_{HP}$ 及基本许用弯曲应力 $\sigma'_{FP}$**

| 蜗轮材料 | 铸造方法 | 适用的滑动速度 /(m/s) | 力学性能 | | $\sigma'_{HP}$/MPa | | $\sigma'_{FP}$/MPa | | 应用范围 |
|---|---|---|---|---|---|---|---|---|---|
| | | | | | 蜗杆齿面硬度 | | | | |
| | | | $\sigma_{0.2}$ | $\sigma_b$ | ≤350HBS | >45HRC | 单侧受载 | 双侧受载 | |
| ZCuSn10P1 | 砂　模 | ≤12 | 130 | 220 | 180 | 200 | 51 | 32 | 重载长期连续工作 |
| | 金属模 | ≤25 | 170 | 310 | 200 | 220 | 70 | 40 | |
| ZCuSn5Pb5Zn5 | 砂　模 | ≤10 | 90 | 200 | 110 | 125 | 33 | 24 | |
| | 金属模 | ≤12 | 100 | 250 | 135 | 150 | 40 | 29 | |
| ZCuAl10Fe3 | 砂　模 | ≤10 | 180 | 496 | 见表 4-6 | | 82 | 64 | 速度较低时 |
| | 金属模 | | 200 | 540 | | | 90 | 80 | |
| ZCuAl10Fe3Mn2 | 砂　模 | ≤10 | | 490 | | | — | — | |
| | 金属模 | | | 540 | | | 100 | 90 | |
| HT150 | 砂　模 | ≤2 | — | 150 | | | 40 | 25 | 载荷小、直径大的蜗轮 |
| HT200 | 砂　模 | ≤2~2.5 | — | 200 | | | 48 | 30 | |
| HT250 | 砂　模 | ≤2~5 | — | 250 | | | 56 | 35 | |

当应力循环次数 $N \neq 10^7$ 时,表中的 $\sigma'_{HP}$ 应乘以寿命系数 $Z_N$,即 $\sigma_{HP} = Z_N \sigma'_{HP}$。$Z_N$ 的求法与齿轮传动类似,若 $t_h$ 为工作时间(h),$n_2$ 为蜗轮的转速(r/min),则寿命系数

$$Z_N = \sqrt[8]{\frac{10^7}{N}}, \quad N = 60 n_2 t_h \tag{4-7}$$

若 $N>25\times10^7$,应取 $N=25\times10^7$。

**2)当蜗轮材料为铸铁或抗拉强度 $\sigma_b>300$ MPa 的铝铁青铜时的许用接触应力**

此时,传动的承载能力常取决于蜗轮的抗胶合能力,但目前尚无成熟的计算方法。胶合的产生与接触应力的大小密切相关,所以仍按接触疲劳强度的计算公式设计,其许用应力的大小与应力循环次数无关,而与齿面间的相对滑动速度 $v_s$ 有关,许用应力 $\sigma_{HP}$ 可按表4-6选取。

**表 4-6　铸铁或铝铁青铜($\sigma_b>300$MPa)蜗轮的许用接触应力 $\sigma_{HP}$**     单位:MPa

| 材料 | | 滑动速度 $v_s$/(m/s) | | | | | | | |
|---|---|---|---|---|---|---|---|---|---|
| 蜗轮 | 蜗杆 | 0.25 | 0.5 | 1 | 2 | 3 | 4 | 6 | 8 |
| ZCuAl9Fe4<br>ZCuAl10Fe3 | 钢(淬火)* | — | 250 | 230 | 210 | 180 | 160 | 120 | 90 |
| ZCuZn38Mn2Pb2 | 钢(淬火)* | | 215 | 200 | 180 | 150 | 135 | 95 | 75 |
| HT200<br>HT150 | 渗碳钢 | 160 | 130 | 115 | 90 | — | | | |
| HT150 | 钢<br>(调质或正火) | 140 | 110 | 90 | 70 | | | | |

注:* 蜗杆未经淬火时,表中值需降低20%。

**3)蜗轮轮齿的许用弯曲应力**

表4-5列出了应力循环次数 $N=10^6$ 时,一些材料的基本许用弯曲应力 $\sigma'_{FP}$。当 $N\neq10^6$ 时,应将表4-5中数据乘以寿命系数 $Y_N$,即 $\sigma_{FP}=Y_N\sigma'_{FP}$。$Y_N$ 按下式计算:

$$Y_N=\sqrt[9]{\frac{10^6}{N}},\quad N=60n_2t_h \tag{4-8}$$

当 $N>25\times10^7$ 时,应取 $N=25\times10^7$,表4-5中各参数的意义同前。

### 4.3.3　蜗杆和蜗轮的结构

蜗杆的直径较小时,通常与轴做成一体(图4-7)。当蜗杆的直径较大时(蜗杆齿根圆直径与相配的轴直径之比 $d_{f1}/d>1.7$),应将蜗杆与轴分开制造,即采用装配式。图4-7(a)所示为车制蜗杆,两端有退刀槽。图4-7(b)所示为铣制蜗杆,无需退刀槽。螺旋部分的长度 $b_1$ 可查表4-4。

蜗轮结构一般分为齿圈式、螺栓连接式、整体式和拼铸式。为了节约有色金属,对较

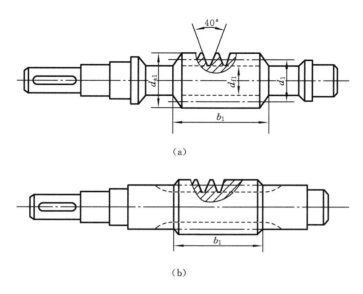

**图 4-7　蜗杆的结构形式**

(a) 车制蜗杆；(b) 铣制蜗杆

大直径的蜗轮采用齿圈为青铜、轮芯为铸铁或铸钢的组合结构。齿圈式(图 4-8(a))多用于尺寸不太大或工作温度变化较小的场合，齿圈与轮芯的配合常用 H7/r6，并沿配合面加装 4～6 个骑缝螺钉，以满足蜗轮传递转矩的需要。螺栓连接式(图 4-8(b))可用普通螺栓或铰制孔用螺栓连接，装拆较方便，多用于尺寸较大或容易磨损的蜗轮。对于铸铁蜗轮或直径小于 100 mm 的青铜蜗轮，可以制成整体式结构(图 4-8(c))。拼铸式(图 4-8(d))是在铸铁轮芯上加铸青铜齿圈后切齿，用于大批量制造的蜗轮。图 4-8 中：$m$ 为模数(mm)；$C$ 为齿圈厚度。对于图 4-8(a)和图 4-8(d)所示结构，$C \approx (1.6m + 1.5)$ mm；对于另外两种结构，$C \approx 1.5m$。

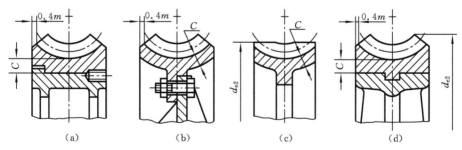

**图 4-8　蜗轮的结构形式**

(a) 齿圈式；(b) 螺栓连接式；(c) 整体式；(d) 拼铸式

# 4.4　普通圆柱蜗杆传动的受力分析及强度计算

## 4.4.1　蜗杆传动的受力分析

蜗杆传动受力分析的过程与斜齿圆柱齿轮传动相似。为简化起见,通常不考虑摩擦力的影响。假定作用在蜗杆齿面上的法向力 $F_n$ 集中作用于节点 $C$ 上(图 4-9),$F_n$ 可分解为三个相互垂直的分力,即圆周力 $F_t$、径向力 $F_r$ 和轴向力 $F_a$。由于蜗杆轴与蜗轮轴在空间交错成 90°,所以作用在蜗杆上的圆周力与蜗轮上的轴向力、蜗杆上的轴向力与蜗轮上的圆周力、蜗杆上的径向力与蜗轮上的径向力分别大小相等、方向相反。

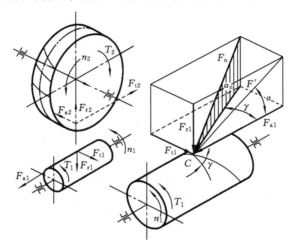

图 4-9　蜗杆传动的受力分析

各力的大小分别为

$$F_{t1} = \frac{2T_1}{d_1} = F_{a2} \tag{4-9}$$

$$F_{a1} = F_{t2} = \frac{2T_2}{d_2} \tag{4-10}$$

$$F_{r1} = F_{r2} = F_{t2}\tan\alpha \tag{4-11}$$

$$F_n = \frac{F_{a1}}{\cos\alpha_n\cos\gamma} = \frac{F_{t2}}{\cos\alpha_n\cos\gamma} = \frac{2T_2}{d_2\cos\alpha_n\cos\gamma} \tag{4-12}$$

式中:$T_1$、$T_2$ 分别为蜗杆、蜗轮上的名义转矩(N·mm),$T_2 = T_1 i\eta$(其中,$i$ 为传动比,$\eta$ 为传动效率);

$d_1$、$d_2$ 分别为蜗杆、蜗轮的分度圆直径(mm);

$\alpha_n$ 为蜗杆、蜗轮的法面压力角;

$\gamma$ 为蜗杆分度圆柱导程角。

确定各力的方向时,一般先确定蜗杆受力的方向。因蜗杆是主动件,所以蜗杆所受的圆周力 $F_{t1}$ 的方向总是与它的转向相反;径向力 $F_{r1}$ 的方向总是沿半径指向轴心;轴向力 $F_{a1}$ 方向的判断方法与斜齿圆柱齿轮传动相同,用主动蜗杆左(右)手法则判定。至于蜗轮上各力的方向,可由图 4-9 所示的关系确定。蜗轮是从动件,所以其转动方向总是与圆周力 $F_{t2}$ 的方向相同。

## 4.4.2　普通圆柱蜗杆传动的强度计算

如前所述,蜗杆传动的失效通常发生在蜗轮齿上,故只需对蜗轮轮齿进行强度计算。至于蜗杆的强度可按轴的强度计算方法进行(参见第 6 章),必要时还要进行蜗杆的刚度计算。

对于闭式蜗杆传动,应按齿面接触疲劳强度进行设计,一般不需校核蜗轮轮齿的弯曲疲劳强度,只有当蜗轮齿数很多($z_2 > 80$)时,才需校核弯曲疲劳强度。对于开式蜗杆传动,只需按齿根弯曲疲劳强度进行设计。

**1. 齿面接触疲劳强度计算**

蜗轮与蜗杆啮合处的齿面接触应力,与齿轮传动的相似,利用赫兹应力公式,考虑蜗杆和蜗轮的齿廓特点,可得齿面接触疲劳强度的校核公式

$$\sigma_H = Z_E \sqrt{\frac{9KT_2}{m^2 d_1 z_2^2}} \leqslant \sigma_{HP} \quad \text{MPa} \tag{4-13}$$

式中:$Z_E$ 为弹性系数,对于青铜或铸铁蜗轮,与钢制蜗杆配对时取 $Z_E = 160\sqrt{\text{MPa}}$;

$K$ 为载荷系数,$K = 1.0 \sim 1.3$,载荷平稳时取小值,载荷变化大时取大值;

$T_2$ 为蜗轮转矩(N·mm);

$m$ 为蜗杆轴向模数,即蜗轮端面模数(mm);

$d_1$ 为蜗杆分度圆直径(mm);

$z_2$ 为蜗轮齿数;

$\sigma_{HP}$ 为许用接触应力(MPa)。

将式(4-13)整理后,得蜗杆传动齿面接触疲劳强度的设计公式

$$m^2 d_1 \geqslant 9KT_2 \left(\frac{Z_E}{z_2 \sigma_{HP}}\right)^2 \quad \text{mm}^3 \tag{4-14}$$

设计时,由式(4-14)求出 $m^2 d_1$ 后,按表 4-1 查出相应的模数 $m$ 及蜗杆分度圆直径 $d_1$ 值,得到蜗杆传动的主要参数。

**2. 蜗轮轮齿的弯曲疲劳强度计算**

由于蜗轮轮齿的齿形比较复杂,要精确计算它的弯曲应力比较困难,借用斜齿圆柱齿轮传动弯曲疲劳强度公式并考虑蜗杆传动的特点,经简化,可得蜗轮轮齿弯曲疲劳强度的校核公式为

$$\sigma_F = \frac{1.64KT_2}{m^2 d_1 z_2} Y_{Fa} Y_\beta \leqslant \sigma_{FP} \quad MPa \tag{4-15}$$

式中:$Y_{Fa}$为蜗轮轮齿的齿形系数,根据当量齿数 $z_v = z_2 / \cos^3 \gamma$ 由表 4-7 查取;

　　　$Y_\beta$ 为螺旋角系数,$Y_\beta = 1 - \gamma / 140°$。

将式(4-15)整理后,可得蜗轮轮齿弯曲疲劳强度的设计公式为

$$m^2 d_1 \geqslant \frac{1.64KT_2}{z_2 \sigma_{FP}} Y_{Fa} Y_\beta \quad mm^3 \tag{4-16}$$

表 4-7　蜗轮齿形系数 $Y_{Fa}$

| $z_v$ | $Y_{Fa}$ | $z_v$ | $Y_{Fa}$ | $z_v$ | $Y_{Fa}$ | $z_v$ | $Y_{Fa}$ |
|---|---|---|---|---|---|---|---|
| 20 | 2.24 | 30 | 1.99 | 40 | 1.76 | 80 | 1.52 |
| 24 | 2.12 | 32 | 1.94 | 45 | 1.68 | 100 | 1.47 |
| 26 | 2.10 | 35 | 1.86 | 50 | 1.64 | 150 | 1.44 |
| 28 | 2.04 | 38 | 1.82 | 60 | 1.59 | 300 | 1.40 |

# 4.5　蜗杆传动的效率及热平衡计算

## 4.5.1　蜗杆传动的效率

闭式蜗杆传动的总效率 $\eta$ 包括:轮齿啮合损耗功率的效率 $\eta_1$;轴承摩擦损耗功率的效率 $\eta_2$;浸入油中的零件搅油损耗功率的效率 $\eta_3$,即

$$\eta = \eta_1 \eta_2 \eta_3$$

与螺旋副类似(参见第 5 章),当蜗杆主动时,啮合效率 $\eta_1$ 可近似按下式计算:

$$\eta_1 = \frac{\tan\gamma}{\tan(\gamma + \rho_v)} \tag{4-17}$$

式中:$\rho_v$ 为当量摩擦角,根据相对滑动速度 $v_s$ 由表 4-8 选取。

表 4-8　常用材料普通圆柱蜗杆传动的当量摩擦角 $\rho_v$ 值

| $v_s /(m/s)$ | 锡青铜 | 无锡青铜 | 灰铸铁 |
|---|---|---|---|
| 1.0 | 2°35′~3°10′ | 4°00′ | 4°00′~5°10′ |
| 1.5 | 2°17′~2°52′ | 3°43′ | 3°43′~4°34′ |
| 2.0 | 2°00′~2°35′ | 3°09′ | 3°09′~4°00′ |
| 2.5 | 1°43′~2°17′ | 2°52′ | |
| 3.0 | 1°36′~2°00′ | 2°35′ | |
| 4.0 | 1°22′~1°47′ | 2°17′ | |
| 5 | 1°16′~1°40′ | 2°00′ | |
| 8 | 1°02′~1°30′ | 1°43′ | |
| 10 | 0°55′~1°22′ | | |
| 15 | 0°48′~1°09′ | | |

注:对于淬硬、磨削蜗杆,当润滑良好时取小值。

导程角 $\gamma$ 是影响蜗杆传动啮合效率的主要参数之一。设 $f_v$ 为当量摩擦因数($\tan\rho_v = f_v$),从图 4-10 可以看出,$\eta_1$ 随 $\gamma$ 增大而提高,但到一定值后即下降。当 $\gamma > 28°$ 后,$\eta_1$ 随 $\gamma$ 的变化就比较缓慢,而大导程角的蜗杆制造困难,所以一般取 $\gamma < 28°$。

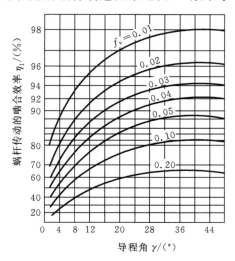

**图 4-10　蜗杆传动的效率与蜗杆导程角的关系**

导程角 $\gamma$ 越小,啮合效率越低,越易于实现自锁。与螺旋副一样,具有自锁性的蜗杆传动应满足关系:$\gamma \leqslant \rho_v$。

由于轴承摩擦及浸入油中零件搅油损耗的功率不大,一般 $\eta_2\eta_3 = 0.95 \sim 0.96$,故蜗杆传动的总效率为

$$\eta = (0.95 \sim 0.96) \frac{\tan\gamma}{\tan(\gamma + \rho_v)} \tag{4-18}$$

在设计之初,普通圆柱蜗杆传动的效率可分不同情况近似选取:当 $z_1 = 1$ 时,$\eta = 0.7$;当 $z_1 = 2$ 时,$\eta = 0.8$;当 $z_1 = 3$ 时,$\eta = 0.85$;当 $z_1 = 4$ 时,$\eta = 0.9$。

## 4.5.2　蜗杆传动的热平衡计算

传动时,蜗杆、蜗轮啮合齿面间相对滑动速度大,摩擦、发热大,效率低,对于闭式蜗杆传动,若散热不良,会因油温不断升高而使润滑条件恶化,导致齿面发生胶合失效。所以,设计闭式蜗杆传动时,要进行热平衡计算。

设热平衡时的工作油温为 $t_1$,则热平衡计算公式为

$$t_1 = \frac{1000P_1(1-\eta)}{K_tA} + t_0 \leqslant t_p \tag{4-19}$$

式中:$t_p$ 为油的许用工作温度(℃),一般控制在 $60 \sim 70$℃ 以内,最高不得超过 90℃;

　　$t_0$ 为环境温度(℃),一般取 $t_0 = 20$℃;

$P_1$为蜗杆传递的功率(kW);

$\eta$为蜗杆传动的总效率;

$A$为箱体的散热面积($m^2$),即箱体内表面被油浸着或油能飞溅到,且外表面又被空气所冷却的箱体表面积,凸缘及散热片面积按50%计算。初算时,箱体散热面积$A$可根据蜗杆传动的中心距$a$按下式估算:

$$A = 0.33\left(\frac{a}{100}\right)^{1.75} \quad m^2 \tag{4-20}$$

$K_t$为散热系数[W/($m^2 \cdot {}^\circ\!C$)],通风良好时取$K_t = 14\sim17.5$,通风不好时取$K_t = 8.7\sim10.5$。

若计算结果$t_1$超出允许值,可采取以下措施提高散热能力:

(1) 在箱体外壁增加散热片,以增大散热面积$A$;

(2) 在蜗杆轴端装风扇(图4-11(a)),加快空气流通,以增大散热系数$K_t$,此时,$K_t = 20\sim28$ W/($m^2 \cdot {}^\circ\!C$);

(3) 在箱体油池中装蛇形冷却水管(图4-11(b));

(4) 采用循环油压力喷油润滑(图4-11(c))。

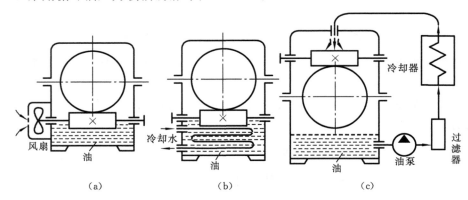

**图 4-11　蜗杆减速器的冷却方式**
(a) 风扇冷却;(b) 冷却水管冷却;(c) 循环油冷却

# 4.6　普通圆柱蜗杆传动的设计方法和实例

## 4.6.1　主要参数选择

### 1. 选择蜗杆、蜗轮的材料及热处理方式

材料和热处理方式可以有多种选择,应根据传动的重要性、传递功率和转速的大小、传动件体积和重量的要求以及经济性等诸方面进行综合权衡,以期使性能价格比最合理。

例如,对于传动功率大、转速高、体积受到一定的限制、出现故障会影响人身安全或造成重大经济损失的蜗杆传动,应选择较好的材料及相应的热处理方式,如蜗杆可选用合金钢12CrNi3A、渗碳淬火到 $58 \sim 63$ HRC;蜗轮(轮缘部分)可选用铸锡磷青铜 ZCuSn10P1 等。这种选择可能会使制造成本提高,但从产品更新换代的生命周期来看,应该是合理的。反之,则应选择制造成本较低的材料和热处理方式,以降低制造成本。

**2. 确定传动参数**

**1)蜗杆模数 $m$、分度圆直径 $d_1$ 和压力角 $\alpha$**

依据设计准则,由式(4-14)或式(4-16)计算出 $m^2 d_1$ 值后,可在表 4-1 中选择出接近并大于 $m^2 d_1$ 计算值的若干组参数 $m$、$d_1$、$z_1$。根据设计要求,并进行有关使用性能和经济性等方面的分析,从中确定一种较优的可行方案作为最终的设计方案。

ZA 蜗杆的轴向压力角为标准值,即 $\alpha = \alpha_x = 20°$。

**2)蜗杆头数 $z_1$ 和蜗轮齿数 $z_2$**

蜗杆头数 $z_1$ 常取 $1 \sim 6$。由前所述,蜗杆头数越多时,蜗杆分度圆柱导程角 $\gamma$ 越大,则传动效率越高。当要求效率高时,应选用多头蜗杆;但头数过多,导程角太大,又会给加工带来困难。要实现大传动比或反行程自锁时,应取 $z_1 = 1$。蜗杆头数可根据传动比按表4-9 选取。

表 4-9 蜗杆头数 $z_1$ 的推荐值

| 传动比 $i$ | $5 \sim 8$ | $7 \sim 16$ | $15 \sim 32$ | $30 \sim 83$ |
|---|---|---|---|---|
| 蜗杆头数 $z_1$ | 6 | 4 | 2 | 1 |

对于动力传动,蜗轮齿数 $z_2$ 一般可取 $29 \sim 70$。为了保证传动的平稳性,$z_2$ 应大于 27。为防止蜗轮尺寸过大,造成相配蜗杆轴的跨距增大,使得蜗杆刚度降低,$z_2$ 最好小于 100。

**3)蜗杆分度圆柱导程角 $\gamma$**

蜗杆分度圆柱导程角由式(4-1)确定,即

$$\tan\gamma = \frac{z_1 m}{d_1} = \frac{z_1}{q}$$

当要求较高效率时,常取 $\gamma = 15° \sim 30°$,此时为多头蜗杆。当要求蜗杆传动具有自锁性时,导程角 $\gamma \leqslant 3°30'$,常为单头蜗杆。

**4)变位系数 $x_2$**

变位系数 $x_2$ 取得过大会使蜗轮齿顶变尖,过小又会使轮齿产生根切。对于普通圆柱蜗杆传动,一般取 $x_2 = -1 \sim +1$,常用 $x_2 = -0.7 \sim +0.7$。

**5)精度等级**

一般按工作机的要求和蜗轮的圆周速度确定精度等级。当蜗轮圆周速度 $v_2 > 10$ m/s 时,常选择 6 级精度;当 $v_2 \leqslant 10$ m/s 时,常选择 7 级精度;当 $v_2 \leqslant 5$ m/s 时,常选择 8 级精度;对于不重要的低速传动($v_2 \leqslant 1.5$ m/s)和手动机构,常选择 9 级精度。

## 4.6.2　计算实例

**[例 4-1]**　设计一混料机用的闭式圆柱蜗杆传动。已知输入功率 $P_1 = 22$ kW，转速 $n_1 = 1\,470$ r/min，传动比 $i = 20$，载荷平稳，每天连续工作 8 h，要求工作寿命为 5 年。

**解**　具体设计计算过程如下。

(1) 选择蜗杆、蜗轮材料和热处理方式及精度等级。

该蜗杆传动传递功率较大、转速较高，为使蜗杆传动结构紧凑，可选较好的材料。蜗杆材料选 40Cr 钢，表面淬火后磨削，齿面硬度为 45 ~ 55 HRC；蜗轮轮缘材料选 ZCuSn10P1，砂模铸造。

估计 $v_2 \leqslant 5$ m/s，如前所述，选取 8 级精度。

(2) 计算许用接触应力 $\sigma_{HP}$。

查表 4-5 得，$\sigma'_{HP} = 200$ MPa。按每年工作 300 天计算。

由式(4-7)，得应力循环次数

$$N = 60 n_2 t_h = 60 \times \frac{1\,470}{20} \times 8 \times 300 \times 5 = 5.29 \times 10^7$$

蜗轮寿命系数

$$Z_N = \sqrt[8]{\frac{10^7}{N}} = \sqrt[8]{\frac{10^7}{5.29 \times 10^7}} = 0.81$$

许用接触应力

$$\sigma_{HP} = Z_N \sigma'_{HP} = 0.81 \times 200 \text{ MPa} = 162 \text{ MPa}$$

(3) 确定蜗杆头数 $z_1$ 及蜗轮齿数 $z_2$。

由表 4-9，取 $z_1 = 2$，则 $z_2 = i z_1 = 20 \times 2 = 40$。

(4) 按齿面接触疲劳强度设计。

① 计算作用在蜗轮上的转矩 $T_2$。

按 $z_1 = 2$，如前所述，估取 $\eta = 0.8$，则

$$T_2 = T_1 i \eta = 9.55 \times 10^6 \times \frac{22}{1\,470} \times 20 \times 0.8 \text{ N} \cdot \text{mm} = 2\,286\,803 \text{ N} \cdot \text{mm}$$

② 确定载荷系数 $K$。

根据式(4-13)，因载荷平稳，取 $K = 1.1$。

③ 确定弹性系数 $Z_E$。

根据式(4-13)，由于是铜蜗轮与钢蜗杆相配，则 $Z_E = 160\sqrt{\text{MPa}}$。

④ 确定蜗杆模数 $m$、分度圆直径 $d_1$ 及蜗轮分度圆直径 $d_2$。

由式(4-14)计算 $m^2 d_1$ 值：

$$m^2 d_1 \geqslant 9 K T_2 \left( \frac{Z_E}{z_2 \sigma_{HP}} \right)^2 = 9 \times 1.1 \times 2\,286\,803 \times \left( \frac{160}{40 \times 162} \right)^2 \text{ mm}^3 = 13\,802 \text{ mm}^3$$

查表 4-1,并考虑参数匹配,取 $m^2 d_1 = 14\ 062.5 > 13\ 802\ \text{mm}^3$ 时,$m = 12.5\ \text{mm}$,$d_1 = 90\ \text{mm}$,$z_1 = 2$,$q = 7.2$,则

$$d_2 = mz_2 = 12.5 \times 40\ \text{mm} = 500\ \text{mm}$$

⑤ 计算蜗轮圆周速度 $v_2$。

$$v_2 = \frac{\pi d_2 n_2}{60 \times 1\ 000} \approx \frac{3.14 \times 500 \times 1\ 470}{60\ 000 \times 20}\ \text{m/s} = 1.92\ \text{m/s} < 5\ \text{m/s}$$

与估计值相符。

⑥ 确定中心距 $a$。

$$a = 0.5(d_1 + d_2) = 0.5 \times (90 + 500)\ \text{mm} = 295\ \text{mm}$$

⑦ 确定导程角 $\gamma$。

$$\gamma = \arctan\left(\frac{z_1 m}{d_1}\right) = \arctan\left(\frac{2 \times 12.5}{90}\right) = 15°31'27''$$

(5) 热平衡计算。

① 计算滑动速度 $v_s$。

$$v_s = \frac{\pi d_1 n_1}{60\ 000 \cos\gamma} = \frac{\pi \times 90 \times 1470}{60\ 000 \times \cos 15°31'27''}\ \text{m/s} = 7.19\ \text{m/s}$$

② 确定当量摩擦角 $\rho_v$。

由表 4-8 取 $\rho_v = 1°20'$。

③ 计算总效率 $\eta$。

由式(4-18)得

$$\eta = 0.95 \times \frac{\tan\gamma}{\tan(\gamma + \rho_v)} = 0.95 \times \frac{\tan 15°31'27''}{\tan(15°31'27'' + 1°20')} = 0.87$$

与估计值基本相符。

④ 估算箱体散热面积。

由式(4-20)得

$$A = 0.33\left(\frac{a}{100}\right)^{1.75} = 0.33 \times \left(\frac{295}{100}\right)^{1.75}\ \text{m}^2 = 2.19\ \text{m}^2$$

⑤ 验算热平衡时的工作油温。

取环境温度 $t_0 = 20℃$、散热系数 $K_t = 15\ \text{W/(m}^2 \cdot ℃)$,由式(4-19)得

$$t_1 = \frac{1\ 000 P_1(1 - \eta)}{K_t A} + t_0$$

$$= \left[\frac{1\ 000 \times 22 \times (1 - 0.87)}{15 \times 2.19} + 20\right]℃$$

$$= 107.1\ ℃ > t_p = 60 \sim 70\ ℃$$

(6) 计算结果分析。

热平衡时的油温 $t_1$ 值超过允许值,须采取相应措施以增强蜗杆传动的散热能力,如在箱体外加铸散热片,或在蜗杆轴端加装风扇。

# 4.7　轴向圆弧圆柱蜗杆传动

## 4.7.1　轴向圆弧圆柱蜗杆($ZC_3$)传动的主要参数

圆弧圆柱蜗杆是指用凸圆弧刃刀具加工而成的凹弧面齿廓圆柱蜗杆。如果蜗杆齿面是由蜗杆轴向截面上的圆弧形车刀车出来的,则这种齿形称为 $C_3$ 型,相应的蜗杆型号为 $ZC_3$(图 4-12)。圆弧圆柱蜗杆传动的主要参数有模数 $m$、齿形角 $\alpha_x$、齿廓曲率半径 $\rho$ 及蜗轮变位系数 $x$ 等。砂轮轴向截面齿形角 $\alpha_x = 23°$ 或 24°。砂轮轴向截面圆弧半径 $\rho = (5 \sim 5.5)m$($m$ 为模数)。当 $z_1 = 1、2$ 时,$\rho = 5m$;当 $z_1 = 3$ 时,$\rho = 5.3m$;当 $z_1 = 4$ 时,$\rho = 5.5m$;蜗轮变位系数 $x_2 = 0.5 \sim 1.5$。当 $z_1 \leqslant 2$ 时,$x_2 = 1 \sim 1.5$;当 $z_1 > 2$ 时,$x_2 = 0.7 \sim 1.2$。变位系数的计算方法与普通圆柱蜗杆的相同。

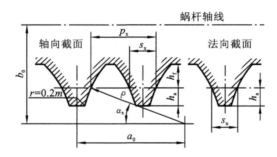

**图 4-12　$ZC_3$ 蜗杆基本齿廓**

轴向圆弧圆柱蜗杆($ZC_3$)传动各参数的意义与普通圆柱蜗杆传动相同。

轴向圆弧圆柱蜗杆传动常用的参数匹配见表 4-10。

**表 4-10　轴向圆弧圆柱蜗杆传动常用的参数匹配**(摘自 JB 2318—1979)

| $a$/mm | $i$ | $m$/mm | $d_1$/mm | $\rho$/mm | $x_2$ | $z_1$ | $z_2$ | $m^2 d_1$ |
|---|---|---|---|---|---|---|---|---|
| 100 | 7.75 | 4.5 | 52 | 25 | 0.944 | 4 | 31 | 1053 |
| | 10.33 | | | 24 | | 3 | | |
| | 15.5 | | | 23 | | 2 | | |
| | 31 | | | 23 | | 1 | | |
| | 12.67 | 4 | 44 | 21 | 0.5 | 3 | 38 | 704 |
| | 19 | | | 20 | | 2 | | |
| | 38 | | | 20 | | 1 | | |
| | 26 | 3 | 38 | 15 | 1 | 2 | 52 | 342 |
| | 52 | | | | | 1 | | |

续表

| $a$/mm | $i$ | $m$/mm | $d_1$/mm | $\rho$/mm | $x_2$ | $z_1$ | $z_2$ | $m^2 d_1$ |
|---|---|---|---|---|---|---|---|---|
| 125 | 8.25 | 5.5 | 62 | 30 | 0.591 | 4 | 33 | 1875.5 |
| | 10 | 6 | 63 | 32 | 0.583 | 3 | 30 | 2268 |
| | 16.5<br>33 | 5.5 | 62 | 28 | 0.591 | 2<br>1 | 33 | 1875.5 |
| | 12.67 | 5 | 55 | 26 | 0.5 | 3 | 38 | 1375 |
| | 21<br>42 | 4.5 | 52 | 23 | 1 | 2<br>1 | 42 | 1053 |
| | 25<br>50 | 4 | 44 | 20 | 0.75 | 2<br>1 | 50 | 704 |
| 160 | 8.25 | 7 | 76 | 39 | 0.929 | 4 | 33 | 3724 |
| | 9.67 | 8 | 80 | 42 | 0.5 | 3 | 29 | 5120 |
| | 16.5<br>33 | 7 | 76 | 35 | 0.929 | 2<br>1 | 33 | 3724 |
| | 13 | 6 | 74 | 32 | 1 | 3 | 39 | 2664 |
| | 20.5<br>41 | | 63 | 30 | 0.917 | 2<br>1 | 41 | 2268 |
| | 25.5<br>51 | 5 | 55 | 25 | 1 | 2<br>1 | 51 | 1375 |
| 200 | 8.25 | 9 | 90 | 50 | 0.722 | 4 | 33 | 7290 |
| | 9.67 | 10 | 98 | 53 | 0.6 | 3 | 29 | 9800 |
| | 16.5<br>33 | 9 | 90 | 45 | 0.722 | 2<br>1 | 33 | 7290 |
| | 13<br>19.5<br>39 | 8 | 80 | 42<br>40<br>40 | 0.5 | 3<br>2<br>1 | 39 | 5120 |
| | 26<br>52 | 6 | 74 | 30 | 1.167 | 2<br>1 | 52 | 2664 |

| $a/\text{mm}$ | $i$ | $m/\text{mm}$ | $d_1/\text{mm}$ | $\rho/\text{mm}$ | $x_2$ | $z_1$ | $z_2$ | $m^2 d_1$ |
|---|---|---|---|---|---|---|---|---|
| 250 | 7.75 | 12 | 114 | 66 | 0.583 | 4 | 31 | 16416 |
|  | 10.33 |  |  | 64 |  | 3 |  |  |
|  | 15.5 |  |  | 60 |  | 2 |  |  |
|  | 31 |  |  | 60 |  | 1 |  |  |
|  | 13 | 10 | 98 | 53 | 0.6 | 3 | 39 | 9800 |
|  | 19.5 |  |  | 50 |  | 2 |  |  |
|  | 39 |  |  | 50 |  | 1 |  |  |
|  | 25.5 | 8 | 80 | 40 | 0.76 | 2 | 51 | 5120 |
|  | 51 |  |  |  |  | 1 |  |  |
| 280 | 7.1 | 14 | 126 | 77 | 0.5 | 4 | 30 | 24696 |
|  | 10 |  |  | 74 |  | 3 |  |  |
|  | 15 |  |  | 70 |  | 2 |  |  |
|  | 30 |  |  | 70 |  | 1 |  |  |
|  | 13 | 11 | 112 | 58 | 0.864 | 3 | 39 | 13552 |
|  | 19.5 |  |  | 55 |  | 2 |  |  |
|  | 39 |  |  | 55 |  | 1 |  |  |
|  | 25.5 | 9 | 90 | 45 | 0.611 | 2 | 51 | 7290 |
|  | 51 |  |  |  |  | 1 |  |  |

## 4.7.2　轴向圆弧圆柱蜗杆($ZC_3$)传动的几何尺寸计算

轴向圆弧圆柱蜗杆传动的主要几何尺寸计算公式见表 4-11(图 4-4、图 4-12),其余参数的计算同普通圆柱蜗杆传动,见表 4-3。

表 4-11　轴向圆弧圆柱蜗杆传动主要几何尺寸的计算公式

| 名　称 | 代　号 | 公　式 |
|---|---|---|
| 蜗杆轴向齿厚 | $s_x$ | $s_x = 0.4\pi m$ |
| 蜗杆法向齿厚 | $s_n$ | $s_n = s_x \cos\gamma$ |
| 蜗杆轴向齿距 | $p_x$ | $p_x = \pi m$ |
| 蜗杆顶圆直径 | $d_{e2}$ | $d_{e2} \leqslant d_{a2} + (0.8 \sim 1)m$　(取整) |

续表

| 名　　称 | 代　号 | 公　式 |
|---|---|---|
| 圆弧中心坐标值 | $a_0$ | $a_0 = \rho\cos\alpha_x + s_x/2$ |
| | $b_0$ | $b_0 = \rho\sin\alpha_x + d_1/2$ |
| 蜗轮齿宽 | $b_2$ | $b_2 = (0.67 \sim 0.7)d_{a1}$　　（取整） |

## 4.7.3　轴向圆弧圆柱蜗杆传动的强度计算

　　轴向圆弧圆柱蜗杆传动的齿面接触强度计算可近似采用普通圆柱蜗杆传动的齿面接触疲劳强度计算方法。由于圆弧圆柱蜗杆传动是凹凸面接触，综合曲率半径大，接触方向有利于润滑，因此接触应力较小。设计时可将式(4-13)中的接触应力 $\sigma_H$ 降低 $10\%$，或将式(4-14)中的许用接触压力 $\sigma_{HP}$ 增大 $11\%$。

　　由于蜗轮齿根较厚，一般不会产生齿根折断，故不必计算齿根的弯曲疲劳强度。

　　材料的选取、散热计算、蜗轮和蜗杆的结构、精度设计等见普通圆柱蜗杆传动。

# 习　　题

　　**4-1**　试分析题 4-1 图所示的两级蜗杆传动中各轴的转动方向，蜗轮轮齿的螺旋方向及蜗杆、蜗轮所受各分力的作用位置和方向。

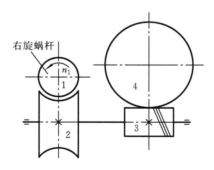

**题 4-1 图**
1、3—蜗杆；2、4—蜗轮

　　**4-2**　如题 4-2 图所示蜗杆蜗轮-锥齿轮传动，已知输出轴上的锥齿轮 $z_4$ 的转速 $n_4$。

　　(1) 欲使中间轴上的轴向力部分抵消，试确定蜗杆的螺旋线方向及蜗杆的转速 $n_1$；

　　(2) 在题 4-2 图上标出各轮圆周力和轴向力的方向。

　　**4-3**　手动绞车采用圆柱蜗杆传动（题 4-3 图）。已知：$m = 8$ mm、$z_1 = 1$、$d_1 = 80$ mm、$z_2 = 40$，卷筒直径 $D = 200$ mm。试问：

　　(1) 欲使重物 $W$ 上升 1 m，蜗杆应转多少转？

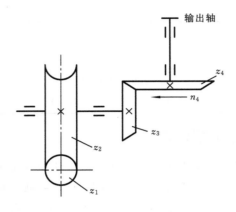

输出轴

$z_4$

$n_4$

$z_3$

$z_2$

$z_1$

题 4-2 图　　　　　　　　　　　　　题 4-3 图

（2）蜗杆与蜗轮啮合的当量摩擦因数 $f_v = 0.18$，该蜗杆传动能否自锁？

（3）若重物 $W = 5$ kN，手摇时施加的力 $F = 100$ N，手柄转臂的长度 $l$ 应取多少？

**4-4**　试验算带式运输机用单级蜗杆减速器中的普通圆柱蜗杆传动。蜗杆轴上的输入功率 $P_1 = 5.5$ kW，$n_1 = 960$ r/min，$n_2 = 65$ r/min，电动机驱动，载荷平稳。每天连续工作 16 h，工作寿命为 5 年。蜗杆材料为 45 钢，表面淬火(45~50 HRC)后磨削，蜗轮材料为 ZCuSn10P1，砂模铸造。$z_1 = 2$，$z_2 = 30$，$m = 10$ mm，$d_1 = 112$ mm，$a = 206$ mm。

**4-5**　设计一起重设备用的普通圆柱蜗杆传动，载荷有中等冲击。蜗杆轴由电动机驱动，传递功率 $P_1 = 10$ kW，$n_1 = 1\,470$ r/min，$n_2 = 120$ r/min，连续工作，每天工作 8 h，要求工作寿命为 10 年(每年工作 300 天)，有制动装置，故不要求自锁。

**4-6**　设计一由电动机驱动的单级普通圆柱蜗杆减速器。已知：电动机功率为 7 kW，转速为 1\,440 r/min，蜗轮轴转速为 80 r/min，载荷平稳，单向转动，单班制连续工作，工作寿命为 8 年。

# 第 5 章 连 接 设 计

在机械制造中,连接是指被连接件与连接件的组合。就机械零件而言,被连接件有轴与轴上零件(如齿轮)、轮圈与轮芯、箱体与箱盖等。连接件又称紧固件,如螺栓、螺母、垫圈、销、铆钉等。有些连接则没有紧固件,如过盈连接、焊接和胶接等。

连接分为可拆的和不可拆的两种。允许多次装拆而无损于使用性能的连接称为可拆连接,如螺纹连接、键连接和销连接。不损坏组成零件就不能拆开的连接称为不可拆连接,如铆接、焊接和胶接。过盈连接既能做成可拆的,也能做成不可拆的,在机器中经常使用。

铆接时噪声大,劳动条件恶劣,主要用于桥梁、船舶和飞机制造业。焊接和胶接涉及面广,已有专著论述。本章主要讨论可拆连接,对铆接、焊接和胶接只作简单介绍。

## 5.1 键和花键连接设计

### 5.1.1 键连接

键主要用来实现轴与轴上零件之间的周向固定以传递转矩,有的还能实现轴上零件的轴向固定或轴向滑动。键是标准件,主要类型有平键、半圆键、楔键和切向键等。

**1. 平键连接**

平键的两侧面是工作面,上表面与轮毂键槽底面间留有间隙(图 5-1(a)),工作时靠键与键槽侧面的挤压来传递转矩。平键连接结构简单、装拆方便、对中性较好,应用广泛。

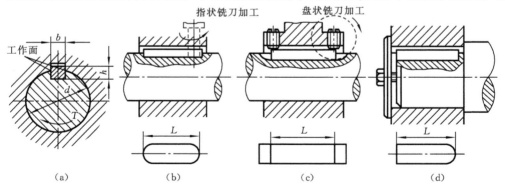

**图 5-1 普通平键连接**(图(b)、(c)、(d)下方为键及键槽示意图)

(a)平键连接;(b)圆头平键连接;(c)方头平键连接;(d)单圆头平键连接

但这种键不能承受轴向力,因而对轴上零件不能起到轴向固定的作用。

按用途的不同,平键可分为普通平键、导向平键和滑键三种。其中,普通平键用于静连接,导向平键和滑键用于动连接。

普通平键按端部形状可分为圆头(A 型)、方头(B 型)和单圆头(C 型)三种。圆头平键(图 5-1(b))的轴上键槽用指状铣刀加工,键在槽中轴向固定良好,但由于键的端部侧面与轮毂上的键槽并不接触,因而键的圆头部分不能充分利用,而且轴上键槽端部的应力集中较大。方头平键(图 5-1(c))的轴上键槽用盘状铣刀加工,轴的应力集中较小。但对于尺寸较大的键,宜用紧定螺钉将键固定在键槽中,以防松动。单圆头平键(图 5-1(d))则常用于轴端。

当被连接的轴上零件须作轴向移动时(如变速箱中的滑移齿轮),则需采用导向平键或滑键。导向平键(图 5-2(a))是一种较长的平键,用螺钉固定在轴上的键槽中,而轴上的传动零件则可沿导向平键作轴向滑移。当零件滑移的距离较大时,因所需导向平键的长度过大,制造困难,故宜采用滑键(图 5-2(b))。滑键固定在轮毂上,轮毂带动滑键一起在轴上的键槽中移动。这样只需在轴上铣出较长的键槽,而键可以做得较短。

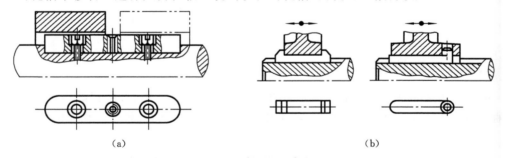

（a）　　　　　　　　　　　　　　　　　　　　　（b）

**图 5-2　导向平键连接和滑键连接**(图下方为键的示意图)

(a)导向平键连接;(b)滑键连接 (键槽已截短;键与轮毂间的间隙未画出)

### 2. 半圆键连接

半圆键也以两侧面为工作面(图 5-3),它与平键一样具有定心较好的优点。半圆键

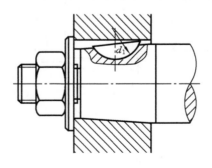

**图 5-3　半圆键连接**

能在键槽中绕其几何中心摆动,以适应轮毂槽底面,装配方便。其缺点是轴上键槽较深,对轴的强度削弱较大,故一般只用于轻载静连接中。

锥形轴端采用半圆键连接在工艺上较为方便。

### 3. 楔键连接和切向键连接

楔键的上、下面为工作面(图 5-4(a)),分别与轮毂和轴上的键槽底面贴合。键的上表面和轮毂键槽底面各有 1:100 的斜度,把楔键敲入轴和轮毂键槽内时,其工作面上产生很大的预紧力 $F_n$。工作时主要靠摩擦

力 $fF_n$($f$ 为接触面间的摩擦因数)传递转矩,并能承受单方向的轴向力。

由于楔键敲入时,迫使轴和轮毂产生偏心距 $e$(图 5-4(a)),因此楔键仅适用于定心精度要求不高、载荷平稳和低速的连接。

楔键分为普通楔键和钩头楔键两种(图 5-4(b))。钩头楔键的钩头是方便拆键用的。

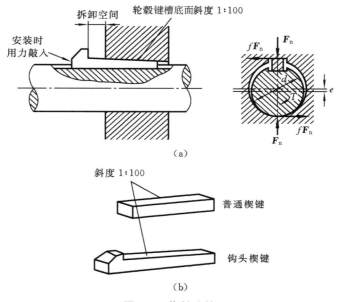

图 5-4　楔键连接

此外,在重型机械中常采用切向键连接(图 5-5)。切向键由一对楔键组成(图 5-5(a)),装配时将一对楔键沿斜面拼合后从轮毂端面敲入。键的窄面是工作面,工作面上的压力沿轴表面的切线方向作用,能传递很大的转矩。但一对切向键只能传递单向转矩,当要求传递双向转矩时,需用两对切向键,并且成 120°~130°分布(图 5-5(b))。

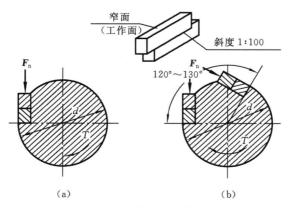

图 5-5　切向键连接

## 5.1.2　平键连接的强度校核

　　键的材料采用强度极限 $\sigma_b$ 不小于 600 MPa 的碳素钢,通常是 45 钢。当轮毂用非铁金属或非金属材料时,键可用 20 钢或 Q235。键的横截面尺寸(键宽 $b$×键高 $h$)按轴的直径 $d$ 从键的标准中选取;键的长度 $L$ 可参照轮毂的宽度或滑移距离从标准长度系列中选取,普通平键的 $L$ 应略短于轮毂的宽度。重要的键还应进行强度校核。

　　平键连接传递转矩时,连接中各零件的受力情况如图 5-6 所示。普通平键(静连接)主要的失效形式是工作面被压溃,严重过载时可能还会出现键的剪断(图中沿 $a—a$ 面剪断)。因此一般情况下只需按工作面的挤压应力进行强度校核即可。

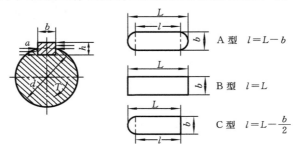

**图 5-6　平键连接的受力情况**

　　假定载荷在键的工作面上均匀分布,由图 5-6 可得普通平键连接的挤压强度条件为

$$\sigma_p \approx \frac{2T/d}{lh/2} = \frac{4T}{dhl} \leqslant [\sigma_p] \quad \text{MPa} \tag{5-1}$$

　　对于导向平键连接和滑键连接(动连接),其主要失效形式是工作面的磨损,因此应限制其压强,即

$$p \approx \frac{4T}{dhl} \leqslant [p] \quad \text{MPa} \tag{5-2}$$

式中:$T$ 为转矩(N·mm);

　　$d$、$h$、$l$ 分别为轴的直径、键的高度、键的工作长度(图 5-6),单位均为 mm;

　　$[\sigma_p]$、$[p]$ 分别为许用挤压应力、许用压强,分别为键、轴、轮毂三者中最弱材料的许用值(见表 5-1),单位均为 MPa。

**表 5-1　键连接的许用挤压应力和许用压强**　　　　　　　单位:MPa

| 连接方式 | 连接中较弱零件的材料 | 载荷性质 | | |
|---|---|---|---|---|
| | | 静载荷 | 轻微冲击载荷 | 冲击载荷 |
| 静连接时许用挤压应力 $[\sigma_p]$ | 钢 | 125～150 | 100～120 | 60～90 |
| | 铸铁 | 70～80 | 50～60 | 30～45 |
| 动连接时许用压强 $[p]$ | 钢 | 50 | 40 | 30 |

注:如与键有相对滑动的被连接件表面经过淬火,则动连接的许用压强 $[p]$ 将提高 2～3 倍。

若强度不够,可适当增加键长 $L$。如果一个平键不能满足所传递的转矩要求时,可采用两个键并相隔 180° 布置;考虑到载荷分布的不均匀性,在校核计算时按 1.5 个键计算。

## 5.1.3　花键连接

如图 5-7 所示,轴和轮毂孔周向均布的多个键齿构成的连接称为花键连接,它由外花键(图 5-7(a))和内花键(图 5-7(b))组成。齿的侧面为工作面。由于是多齿传递载荷,所以花键连接具有承载能力强、对轴强度削弱小(齿浅、应力集中小)、对中性和导向性好等优点,它适用于定心精度要求高、载荷大或经常滑移的连接。花键为标准件,按其齿形不同,可分为常用的矩形花键(图 5-8)和强度高的渐开线花键(图 5-9)连接。

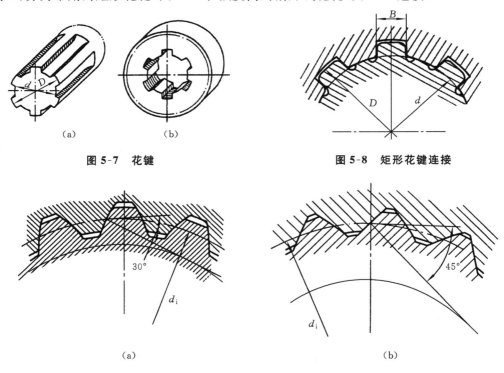

图 5-7　花键　　　　　　　　　　　　图 5-8　矩形花键连接

图 5-9　渐开线花键连接
(a) $\alpha=30°$;(b) $\alpha=45°$

### 1. 矩形花键

按齿高的不同,矩形花键的齿形尺寸在标准中规定了两个系列,即轻系列和中系列。轻系列的承载能力小,多用于静连接或轻载连接;中系列用于中等载荷的连接。

矩形花键的定心方式为小径定心(图 5-8),即以外花键和内花键的小径为配合面。

其特点是定心精度高、定心的稳定性好,能用磨削的方法消除热处理引起的变形。矩形花键连接应用广泛。

**2. 渐开线花键**

渐开线花键的齿廓为渐开线,分度圆压力角 $\alpha$ 有 $30°$ 和 $45°$ 的两种(图 5-9(a)、(b)),齿顶高分别为 $0.5m$ 和 $0.4m$($m$ 为模数)。图中,$d_i$ 为渐开线花键的分度圆直径。与矩形花键相比,渐开线花键齿顶较窄,齿根较厚,不发生根切的最少齿数较少。

渐开线花键可以用制造齿轮的方法来加工,工艺性较好,制造精度也较高,花键齿的根部强度高,应力集中小,易于定心,当传递的转矩较大而且轴径也大时,宜采用渐开线花键连接。压力角为 $45°$ 的渐开线花键,由于齿形钝而短,与压力角为 $30°$ 的渐开线花键相比,对连接件强度的削弱较小,但齿的工作高度较小,故承载能力较低,多用于载荷较轻、直径较小的静连接,特别适合于薄壁零件的轴毂连接。

渐开线花键的定心方式为齿廓定心。当齿受载时,齿上的径向力能起到自动定心的作用,有利于各齿均匀承载。

## 5.1.4　花键连接的强度校核

花键连接既可做成静连接,也可做成动连接,一般只验算挤压强度或耐磨性。以矩形花键为例,由国标可查得大径 $D$、小径 $d$、键宽 $B$(它们的单位均为 mm)和齿数 $z$,设各齿压力的合力作用在平均直径 $d_m$ 处(图 5-10),载荷不均匀系数 $\varphi=0.7\sim0.8$,则连接的强度条件为

静连接
$$\sigma_p = \frac{2T}{\varphi z h l d_m} \leqslant [\sigma_p] \quad \text{MPa} \tag{5-3}$$

动连接
$$p = \frac{2T}{\varphi z h l d_m} \leqslant [p] \quad \text{MPa} \tag{5-4}$$

式中:$T$ 为转矩(N·mm);

$l$ 为齿的工作长度(mm);

$h$ 为齿侧面工作高度(mm),对于矩形花键,$h=(D-d)/2-2C$,其中 $C$ 为齿顶的倒角尺寸(mm);对于渐开线花键,当 $\alpha=30°$ 时,$h=m$;当 $\alpha=45°$ 时,$h=0.8m$,其中 $m$ 为模数(mm);

$d_m$ 为花键的平均直径。对于矩形花键,$d_m=\dfrac{D+d}{2}$;对于渐开线花键,$d_m=d_i$;

$[\sigma_p]$ 为许用挤压应力(MPa)、$[p]$ 为许用压强(MPa),由表 5-2 查取。

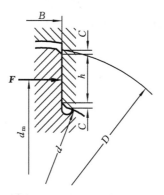

**图 5-10　花键连接的
受力情况**

**表 5-2  花键连接的许用挤压应力和许用压强**　　　　　　　　单位：MPa

| 连接工作方式 | 许用值 | 工作条件 | 齿面未经热处理 | 齿面经过热处理 |
|---|---|---|---|---|
| 静载荷 | $[\sigma_p]$ | 不良 | 35～50 | 40～70 |
| | | 中等 | 60～00 | 100～140 |
| | | 良好 | 80～120 | 120～200 |
| 空载时移动的动连接 | $[p]$ | 不良 | 15～20 | 20～35 |
| | | 中等 | 20～30 | 30～60 |
| | | 良好 | 25～40 | 40～70 |
| 受载时移动的动连接 | $[p]$ | 不良 | — | 3～10 |
| | | 中等 | — | 5～15 |
| | | 良好 | — | 10～20 |

花键连接的零件多用强度极限不低于 600 MPa 的钢料制造，多数需要热处理，特别是在载荷下频繁移动的花键齿，应通过热处理获得足够的硬度以抗磨损。

# 5.2  销连接及无键连接设计

## 5.2.1  销连接

销主要用来固定零件之间的相对位置，并可传递不大的载荷。

销是标准件，选用时可查手册。其基本形式为圆柱销和圆锥销（图 5-11(a)、(b)）。圆柱销靠过盈配合装在孔中，多次装拆会降低其定位精度。圆锥销有 1∶50 的锥度，安装比圆柱销方便，多次装拆对定位精度的影响很小。

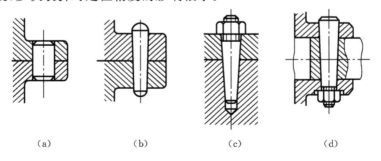

| (a) | (b) | (c) | (d) |
|---|---|---|---|

**图 5-11  圆柱销和圆锥销**

销还有很多特殊形式。图 5-11(c)所示为大端带有外螺纹的圆锥销，便于拆卸，可用于盲孔；图 5-11(d)所示为小端带有外螺纹的圆锥销，可用螺母锁紧，适用于有冲击的场合。图 5-12 所示为一种带槽的圆柱销,销上有周向均布的三条压制的纵向沟槽(图 5-12 的右图是销放大后的俯视图,细线表示装入销孔前的形状),槽销打入销孔后由于材料的弹性使销固定在销孔中,不易松脱,因而能承受振动和变载荷。图 5-13 所示为一种用来防松的开口销,装配时将尾部分开,以防被连接件脱出。

销的常用材料为 35 钢、45 钢。

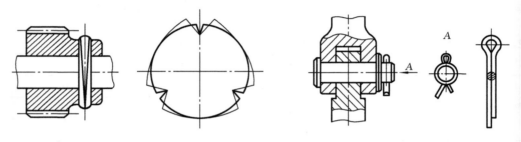

图 5-12　带槽圆柱销　　　　　　　　图 5-13　开口销

## 5.2.2　无键连接

凡是轴与毂的连接不用键、花键或销的连接统称为无键连接。无键连接有多种形式,本节主要介绍成形连接和过盈连接。

**1. 成形连接**

成形连接利用非圆剖面的轴和相应的轮毂孔构成的轴毂连接,轴和轮毂孔可做成柱形(图 5-14(a))或锥形(图 5-14(b)),前者可传递转矩,并可实现轴上零件的轴向移动(动连接);后者除传递转矩外,还可承受单向的轴向力。

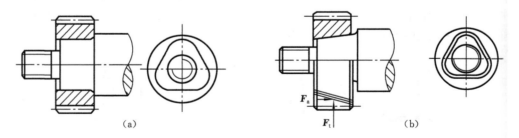

(a)　　　　　　　　　　　　　　　　　　(b)

图 5-14　成形连接

成形连接装拆方便,定心性好,无应力集中源,承载能力高。但加工工艺比较复杂,特别是为了保证配合精度,最后一道工序要在专用机床上进行磨削加工,故目前应用还不广泛。

**2. 过盈连接**

过盈连接是利用零件间的过盈配合来实现的。这种连接又称干涉配合连接或紧配合连接。

过盈连接主要用于轴与毂的连接、轮圈与轮芯的连接以及滚动轴承内圈与轴的连接等。轴与孔过盈配合时配合表面上产生正压力,依靠此正压力产生的摩擦力可传递载荷。这种连接既能实现轴上零件的周向固定以传递转矩,又能实现轴向固定以传递轴向力。其结构简单,定心性能好,承载能力强承受变载和冲击载荷的性能好。其缺点是,承载能力取决于过盈量的大小,配合面加工精度要求较高,装拆不方便。

# 5.3 螺纹连接设计

## 5.3.1 螺纹的类型及主要参数

### 1. 螺纹的形成原理和类型

若圆柱面上一点在绕圆柱轴线匀速回转的同时,沿轴线方向匀速移动,则该点的轨迹为圆柱螺旋线,如图 5-15 所示。假想一几何图形沿螺旋线运动,其在空间形成的连续曲面即为螺纹。螺纹的轴向截面形状通常称为螺纹牙型。

螺纹的牙型有三角形、矩形、梯形和锯齿形,分别如图 5-16(a)~(d)所示。其中三角形螺纹主要用于连接,称为连接螺纹;其他三种螺纹主要用于传动,称为传动螺纹。

按螺旋线的旋向,螺纹有左、右螺纹之分,机械制造中一般采用右螺纹。按照螺旋线的数目,螺纹可分为单线螺纹和多线螺纹(图 5-17),且螺纹的线数一般不超过 4。螺

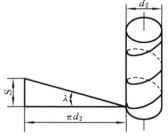

**图 5-15 螺旋线的形成**

纹还有内、外螺纹之分,两者旋合后组成螺旋副,或称为螺纹副。螺纹单位有米制和英制之分,我国除管螺纹(图 5-16(e))外,一般采用米制螺纹。

国家标准中的普通螺纹均是三角形米制螺纹(牙型角 $\alpha = 60°$),同一公称直径的螺纹可以有多种螺距,其中螺距最大的称为粗牙螺纹,其余都称为细牙螺纹(图 5-18)。粗牙螺纹应用最广;细牙螺纹自锁性能好、强度高,但不耐磨、易滑扣,主要用于薄壁零件、受动载荷作用的连接和微调机构中。

### 2. 螺纹的主要参数

按照母体形状,螺纹还分为圆柱螺纹和圆锥螺纹。现以圆柱螺纹为例,说明螺纹的主要几何参数(图 5-16)。

(1) 大径 $d$[①] 螺纹的最大直径,即与外螺纹牙顶(或内螺纹牙底)相重合的假想圆柱体的直径,这个直径是螺纹的公称直径(管螺纹除外)。

---

① 外螺纹各直径用小写字母 $d$、$d_1$、$d_2$ 表示;内螺纹各对应直径用大写字母 $D$、$D_1$、$D_2$ 表示(本章有些插图未标注内螺纹直径)。

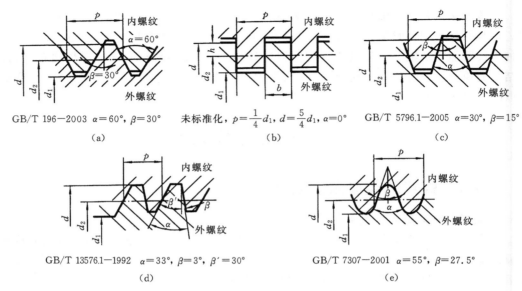

**图 5-16 螺纹牙型**

(a) 三角形螺纹；(b) 矩形螺纹；(c) 梯形螺纹；(d) 锯齿形螺纹；(e) 管螺纹(英制)

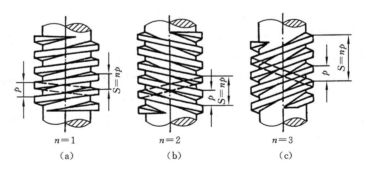

**图 5-17 螺纹的线数、螺距和导程**

(a) 单线右旋螺纹；(b) 双线左旋螺纹；(c) 三线右旋螺纹

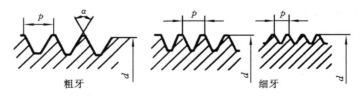

**图 5-18 粗牙螺纹与细牙螺纹**

(2) 小径 $d_1$　螺纹的最小直径，即与外螺纹牙底(或内螺纹牙顶)相重合的假想圆柱体的直径，在强度计算中常用作螺杆危险截面的计算直径。

(3) 中径 $d_2$　一假想圆柱体的直径，该圆柱母线上的牙厚与牙槽宽度相等。

（4）螺距 $p$ 相邻两牙在中径线上对应两点间的轴向距离，它是螺纹的基本参数。

（5）线数 $n$ 螺旋线的数目（图 5-17）。

（6）导程 $S$ 同一条螺旋线上的相邻两牙在中径线上对应两点间的轴向距离，亦即螺纹上任一点沿同一螺旋线转一周所移动的轴向距离。$S=np$。

（7）螺纹升角 $\lambda$ 螺纹中径圆柱上螺旋线的切线与垂直于螺纹轴线的平面间的夹角（图 5-15）。由几何关系可得

$$\tan\lambda = \frac{np}{\pi d_2} \tag{5-5}$$

（8）牙型角 $\alpha$ 螺纹轴向截面内螺纹牙型两侧边的夹角称为牙型角。牙型侧边与螺纹轴线的垂直平面的夹角称为牙侧角 $\beta$。对称牙型的牙侧角 $\beta=\alpha/2$。

## 5.3.2 螺旋副的受力分析、效率和自锁

**1. 矩形螺纹**（$\beta=0°$）

如图 5-19（a）所示，螺旋副在力矩和轴向载荷作用下的相对运动，可看成作用在中径处的切向力推动滑块（螺母）沿螺纹表面运动。将螺纹沿中径 $d_2$ 展开可得一倾斜角为 $\lambda$ 的斜面（图 5-19（b）），斜面上的滑块代表螺母，螺母和螺杆的相对运动可看成滑块在斜面上的运动。图中，$\lambda$ 为螺纹升角，$F_a$ 为轴向载荷，$F$ 为作用于中径处的切向推力，$F_n$ 为法向反力，$\mu F_n$ 为摩擦力，$\mu$ 为摩擦因数，$\rho$ 为摩擦角。

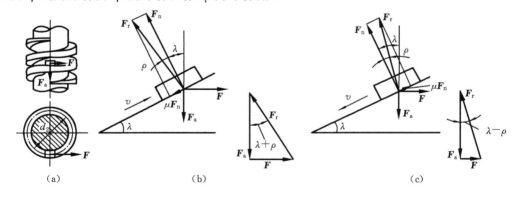

图 5-19 矩形螺纹的受力分析

当滑块沿斜面等速上升时，$F_a$ 为阻力，$F$ 为驱动力。因摩擦力向下，故总反力 $F_r$ 与 $F_a$ 的夹角为 $\lambda+\rho$。由力的平衡条件可知，$F_r$、$F$ 和 $F_a$ 三力组成力多边形（图 5-19（b）），由图可得

$$F = F_a\tan(\lambda + \rho) \tag{5-6a}$$

作用在螺旋副上的相应驱动力矩

$$T = F\frac{d_2}{2} = F_a\frac{d_2}{2}\tan(\lambda + \rho) \tag{5-6b}$$

当滑块沿斜面等速下滑时,轴向载荷 $F_a$ 变为驱动力,而 $F$ 变为维持滑块等速运动所需要的平衡力(图 5-19(c))。由力多边形可得

$$F = F_a \tan(\lambda - \rho) \qquad (5\text{-}7a)$$

作用在螺旋副上的相应力矩

$$T = F\frac{d_2}{2} = F_a\frac{d_2}{2}\tan(\lambda - \rho) \qquad (5\text{-}7b)$$

由式(5-7a)求出的 $F$ 值可为正,也可为负。当斜面倾角 λ 大于摩擦角 ρ 时,滑块在 $F_a$ 作用下有向下加速运动的趋势,这时由式(5-7a)求出的平衡力 $F$ 为正,方向如图 5-19(c)所示。它阻止滑块加速以便保持等速下滑,故 $F$ 是阻力。当斜面倾角 λ 小于摩擦角 ρ 时,滑块不能在 $F_a$ 作用下自行下滑,即处于自锁状态,这时由式(5-7a)求出的平衡力 $F$ 为负,其方向与图 5-19(c)所示方向相反(即 $F$ 与运动方向成锐角),此时 $F$ 变为驱动力。它说明在自锁条件下,必须施加驱动力 $F$ 才能使滑块等速下滑。

**2. 非矩形螺纹**($\beta \neq 0°$)

非矩形螺纹是指牙侧角 $\beta \neq 0°$ 的三角形螺纹、梯形螺纹和锯齿形螺纹。

对比图 5-20(a)和(b)可知,若略去螺纹升角的影响,在轴向载荷 $F_a$ 的作用下,非矩形螺纹的法向力比矩形螺纹的大。若把法向力的增加看成摩擦因数的增加,则非矩形螺纹的摩擦阻力可写为

$$\frac{F_a}{\cos\beta}\mu = \frac{\mu}{\cos\beta}F_a = \mu_v F_a$$

式中:$\mu_v$ 为当量摩擦因数,即

$$\mu_v = \frac{\mu}{\cos\beta} = \tan\rho_v \qquad (5\text{-}8)$$

式中:$\rho_v$ 为当量摩擦角;$\beta$ 为牙侧角。

因此,将图 5-19 的 $\mu$ 换成 $\mu_v$、$\rho$ 换成 $\rho_v$,就可像矩形螺纹那样对非矩形螺纹进行力的分析。

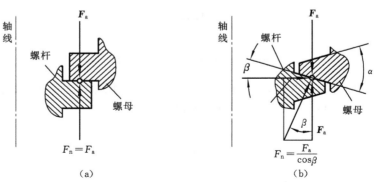

图 5-20　矩形螺纹与非矩形螺纹的法向力

当滑块沿非矩形螺纹等速上升时,可得切向推力

$$F = F_a \tan(\lambda + \rho_v) \tag{5-9a}$$

相应的驱动力矩

$$T = F\frac{d_2}{2} = F_a\frac{d_2}{2}\tan(\lambda + \rho_v) \tag{5-9b}$$

当滑块沿非矩形螺纹等速下滑时,可得水平推力

$$F = F_a \tan(\lambda - \rho_v) \tag{5-10a}$$

相应的力矩为

$$T = F\frac{d_2}{2} = F_a\frac{d_2}{2}\tan(\lambda - \rho_v) \tag{5-10b}$$

与矩形螺纹分析相同,若螺纹升角 $\lambda$ 小于当量摩擦角 $\rho_v$,则螺旋具有自锁特性,如不施加驱动力矩,无论轴向驱动力 $F_a$ 有多大,都不能使螺旋副相对运动。考虑到极限情况,非矩形螺纹的自锁条件可表示为

$$\lambda \leqslant \rho_v \tag{5-11}$$

为了防止螺母在轴向力作用下自动松开,用于连接的紧固螺纹必须满足自锁条件。

以上分析适用于各种螺旋传动和螺纹连接。综上所述,当轴向载荷为阻力,阻止螺旋副相对运动时,相当于滑块沿斜面等速上升,应使用式(5-6)或式(5-9)。例如,车床丝杠走刀时,切削力阻止刀架轴向移动;螺纹连接拧紧螺母时,被连接件材料变形的反弹力阻止螺母轴向移动;螺旋千斤顶举升重物时,重力阻止螺杆上升等都属于这种情况。当轴向载荷为驱动力,与螺旋副相对运动方向一致时(例如,松开螺母时,材料变形的反弹力与螺母移动方向一致;用螺旋千斤顶降落重物时,重力与下降方向一致等),相当于滑块沿斜面等速下滑,应使用式(5-7)或式(5-10)。

螺旋副的效率是有效功与输入功之比。螺母旋转一周所需要的输入功为 $W_1 = 2\pi T$,此时螺母上升一个导程 $S$,其有效功 $W_2 = F_a S$,因此螺旋副的效率为

$$\eta = \frac{W_2}{W_1} = \frac{F_a S}{2\pi T} = \frac{\tan\lambda}{\tan(\lambda + \rho_v)} \tag{5-12}$$

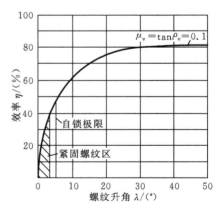

**图 5-21　螺旋副的效率**

由式(5-12)可知,当量摩擦角 $\rho_v$($\rho_v = \arctan\mu_v$)一定时,效率只是螺纹升角 $\lambda$ 的函数。由此可绘出效率曲线(图 5-21)。取 $\frac{\mathrm{d}\eta}{\mathrm{d}\lambda}=0$,可得:当 $\lambda = 45° - \frac{\rho_v}{2}$ 时效率最高。由于过大的螺纹升角制造困难,且效率增高也不显著,所以一般 $\lambda$ 不大于 $25°$。

[**例 5-1**]　试计算单线普通螺纹 M10 和 M30 的螺纹升角,并说明在静载荷作用下这

两种螺纹能否自锁(已知摩擦因数 $\mu=0.1\sim0.15$)。

**解** (1)螺纹升角。

由有关的机械设计手册查得 M10 的普通粗牙螺纹螺距 $p=1.5$ mm,中径 $d_2=9.026$ mm;M30 的普通粗牙螺纹螺距 $p=3.5$ mm,$d_2=27.727$ mm。单线螺纹 $n=1$。

对于 M10 的普通粗牙螺纹,由式(5-5),有

$$\lambda = \arctan \frac{np}{\pi d_2} = \arctan \frac{1\times1.5}{9.026\pi} = 3.03°$$

对于 M30 的普通粗牙螺纹,有

$$\lambda = \arctan \frac{np}{\pi d_2} = \arctan \frac{1\times3.5}{27.727\pi} = 2.30°$$

(2)自锁性能。

普通螺纹的牙侧角 $\beta=\dfrac{\alpha}{2}=30°$,根据式(5-8),按摩擦因数 $\mu=0.1$ 计算,相应的当量摩擦角为

$$\rho_v = \arctan \frac{\mu}{\cos\beta} = \arctan \frac{0.1}{\cos30°} = 6.59°$$

显然 $\lambda<\rho_v$,所以这两种螺纹均能自锁。

事实上,单线普通螺纹的升角在 $1.5°\sim3.5°$ 之间,远小于当量摩擦角,因此在静载荷作用下都能保证自锁(见图 5-21 中的紧固螺纹区)。

## 5.3.3 螺纹连接的基本类型和螺纹紧固件

### 1. 螺纹连接的基本类型

螺纹连接有以下四种基本类型。

**1)螺栓连接**

螺栓连接的结构特点是被连接件的孔中不需切制螺纹(图 5-22),装拆方便。通常用于被连接件不太厚,且有足够装配空间的场合。图 5-22(a)所示为普通螺栓连接,螺栓与孔之间有间隙。这种连接的优点是加工、装拆简便,成本低,故应用最广。图 5-22(b)所示为铰制孔用螺栓连接,其螺栓杆直径 $d_0$ 与螺栓孔(由高精度铰刀加工而成)的直径具有同一基本尺寸,并采用过渡配合,而螺纹大径 $d<d_0$,它适用于螺栓需承受横向载荷或需靠螺栓杆精确固定被连接件相对位置的场合。

**2)螺钉连接**

不用螺母,直接将螺栓(或螺钉)旋入被连接件的螺纹孔内而实现的连接(图 5-23(a)),因此结构上比较简单。这种连接常用于被连接件之一较厚而采用盲孔的场合,但不宜经常装拆,以免被连接件的螺纹孔磨损而导致修复困难。

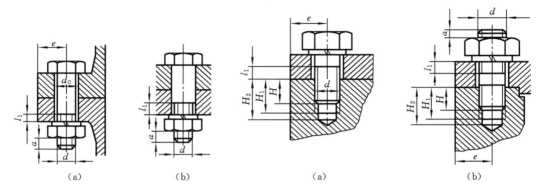

图 5-22　螺栓连接　　　　　　　　　图 5-23　螺钉连接和双头螺柱连接

**3）双头螺柱连接**

同螺钉连接一样,双头螺柱连接多用于被连接件之一较厚的场合(图 5-23(b))。拆卸时只需旋下螺母,不会损坏被连接件的螺纹孔,故这种连接用于需经常装拆的场合。

**4）紧定螺钉连接**

紧定螺钉连接(图 5-24)常用来固定两零件的相对位置,并可传递不大的力和转矩。

图 5-22 和图 5-23 中尺寸(如 $e$、$l_1$、$d_0$、$a$、$H$、$H_1$、$H_2$ 等)见有关的机械设计手册。

**2. 螺纹紧固件**

螺纹紧固件品种很多,大都已标准化,经合理选择其规格、型号后可直接到机电市场采购。

**1）螺栓**

螺栓种类很多,应用最广,精度分为 A、B、C 三级,通用机械制造中多用 C 级。螺栓杆部可制出一段螺纹或全螺纹,螺纹可用粗牙或细牙。螺栓头部形状很多,最常用的是六角头螺栓,如图 5-25 所示。

螺栓也用于螺钉连接中(图 5-23(a))。

**2）双头螺柱**

螺柱两端都制有螺纹(图 5-26),两端螺纹可相同,也可不同。螺柱的一端旋入被连

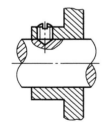

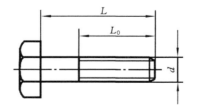

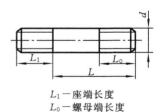

$L_1$—座端长度
$L_0$—螺母端长度

图 5-24　紧定螺钉连接　　　　图 5-25　六角头螺栓　　　　图 5-26　双头螺柱

接件的螺纹孔中,旋入后一般不再拆卸,另一端安装螺母以固定其他零件。

**3)螺钉**

螺钉通常分为连接螺钉、紧定螺钉以及特殊螺钉(如吊环螺钉等)。

螺钉的结构形状与螺栓类似,但头部形状更多,有圆头、扁圆头、六角头、圆柱头和沉头(图 5-27(a))等,以适应不同的要求。

紧定螺钉末端要顶住被连接件表面或相应的凹坑,所以尾部也有各种形状(图 5-27(b))。

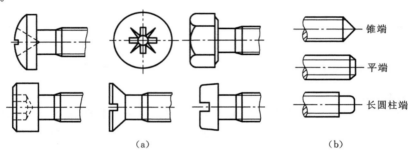

(a)　　　　　　　　　　　　(b)

**图 5-27　螺钉头和紧定螺钉的末端形状**

**4)螺母**

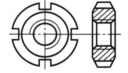

**图 5-28　圆螺母**

螺母的形状有六角形、圆形等。六角螺母有三种不同的厚度,无特殊要求时用正常厚度螺母,薄螺母用于尺寸受到限制的地方,厚螺母用于经常装拆易于磨损之处。圆螺母(图 5-28)常用于轴上零件的轴向固定。

**5)垫圈**

垫圈的作用是增加被连接件的支承面积以减小接触处的压强(尤其当被连接件的材料强度较差时),同时避免拧紧螺母时擦伤被连接件的表面。普通垫圈呈环状,有防松作用的垫圈见表 5-3。

按制造精度,螺纹紧固件分为粗制和精制两类。粗制的螺纹紧固件多用于建筑物、木结构及其他次要的场合,精制的广泛应用于机器设备中。

## 5.3.4　螺纹连接的预紧和防松

除个别情况外,螺纹连接在装配时都必须拧紧,使螺纹连接受到预紧力 $F'$ (图 5-29)的作用。对于重要的螺纹连接,应控制其预紧力,因为预紧力的大小对于螺纹连接的可靠性、强度和密封性均有很大的影响。

**1. 拧紧力矩**

为使螺纹连接获得一定的预紧力 $F'$,所需的拧紧力矩 $T$ 等于克服螺纹副相对转动的阻力矩 $T_1$ 和螺母支承面上的摩擦力矩 $T_2$(图 5-29)之和,结合式(5-6b),得

$$T = T_1 + T_2 = \frac{F'd_2}{2}\tan(\lambda + \rho_v) + \mu_c F' r_f \tag{5-13}$$

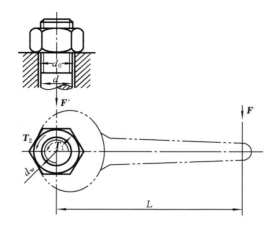

图 5-29　螺旋副的拧紧力矩

式中：$F'$ 为预紧力，即螺栓所受的轴向载荷（N）；

$d_2$ 为螺纹中径（mm）；

$\mu_c$ 为螺母与被连接件支承面之间的摩擦因数，可取 $\mu_c = 0.15$；

$r_f$ 为支承面的摩擦圆半径（mm），$r_f \approx \dfrac{d_w + d_0}{4}$，其中，$d_w$ 为螺母支承面的外径，$d_0$ 为螺栓孔直径（$d_w \approx 1.5d$，$d_0 \approx 1.1d$）。

对于 M10～M68 的普通粗牙螺纹，若取 $\mu_v = \tan\rho_v = 0.15$ 及 $\mu_c = 0.15$，则式（5-13）可简化为

$$T \approx 0.2F'd \quad \text{N·mm} \tag{5-14}$$

式中：$d$ 为螺纹公称直径（mm）；

$F'$ 为预紧力（N）。

$F'$ 的值由螺纹连接的要求决定，见后面螺栓连接强度计算部分。为了充分发挥螺栓的工作能力、保证连接可靠，螺栓的预紧应力一般可达到螺栓材料屈服强度的 50%～70%。

小直径的螺栓装配时应施加小的拧紧力矩，否则在装配过程中容易将螺栓杆拉断。对于重要的有强度要求的螺栓连接，如无控制拧紧力矩的措施，不宜采用小于 M12 的螺栓。

通常，螺纹连接的拧紧程度是凭工人经验来决定的。为了能保证装配质量，重要的螺纹连接应按计算值控制拧紧力矩。小批量作业时可使用带指针刻度的测力矩扳手；大批量作业时多采用风动扳机，当输出力矩达到所调节的额定值时，离合器便会打滑而自动脱开，以避免预紧力 $F'$ 过大。

**2. 螺纹连接的防松**

如例 5-1 所示，连接用的三角形螺纹都具有自锁性，在静载荷作用和工作温度变化不大时不会自行松脱。但在冲击、振动和变载荷的作用下，预紧力可能瞬时消失，从而使螺纹副有发生相对转动的可能性，导致连接松脱。高温下工作的螺纹连接，由于连接件、被

连接件受热变形的差异等原因,也可能发生连接松脱现象。

　　螺纹连接一旦出现松脱,轻者会影响机器的正常运转,重者会造成严重事故。因此设计时必须考虑螺纹连接的防松措施。

　　螺纹连接防松的根本问题在于防止螺纹副的相对转动。防松的方法有很多,按原理分有摩擦防松和机械防松两种。前者是靠螺纹副间的摩擦力来防止相对转动,用于不太重要的场合;而后者是用止动零件来防松,用于重要场合。常用的防松方法见表 5-3。

表 5-3　常用的防松方法

| 防松方法 | | 结 构 形 式 | 特 点 和 应 用 |
|---|---|---|---|
| 摩擦防松 | 对顶螺母 | | 两螺母对顶拧紧后,对顶力使旋合螺纹间始终受到附加的压力和摩擦力的作用。工作载荷有变动时,该摩擦力始终存在。结构简单,适用于平稳、低速和重载的固定装置上的连接 |
| | 弹簧垫圈 | | 螺母拧紧后,弹簧垫圈被压平,从而产生弹性反力使旋合螺纹间压紧,同时垫圈斜口的尖端抵住螺母与被连接件的支承面也能起到防松作用。斜口方向与螺纹旋向相反。其结构简单、使用方便,但在冲击、振动的工作条件下防松效果较差,一般用于不重要的连接 |
| | 自锁螺母 | | 螺母一端制成非圆形收口或开缝后径向收口。当螺母拧紧后,收口胀开,利用收口的弹力使旋合螺纹间压紧。结构简单,防松可靠,可多次装拆而不降低防松性能 |
| 机械防松 | 开口销与六角开槽螺母 | | 六角开槽螺母拧紧后,将开口销穿入螺栓尾部小孔及螺母的槽内,并将开口销尾部掰开与螺母侧面贴紧。也可用普通螺母代替六角开槽螺母,但需拧紧螺母后再配钻销孔。适用于较大冲击、振动的高速机械中运动部件的连接 |
| | 止动垫片 | | 螺母拧紧后,将止动垫片折边分别向螺母和被连接件的侧面折弯贴紧,即可将螺母锁住,用于重要场合 |

| 防松方法 | | 结　构　形　式 | 特点和应用 |
|---|---|---|---|
| 机械防松 | 串联钢丝 | (a) 正确　　(b) 不正确 | 　用低碳钢丝穿入各螺钉头部的孔内,将各螺钉串联起来,使其相互制动。使用时务必注意钢丝的穿入方向(为右旋螺纹时,上图正确,下图错误)。适用于螺栓组连接,防松可靠,但装拆不便 |
| 其他防松方法 | | 冲点法防松　　用冲头冲 2～3 个点 | 黏合法防松 |
| | | | 用黏合剂涂于螺纹旋合表面,拧紧螺母后黏合剂能自行固化,防松效果良好 |

## 5.3.5　螺纹连接的失效形式和设计准则

　　螺栓连接、双头螺柱连接和螺钉连接的失效形式及强度计算方法基本相同。现以螺栓连接为代表,讨论连接的计算和设计问题,其结论对双头螺柱连接和螺钉连接也同样适用。

**1. 螺栓连接的失效形式**

　　普通螺栓连接在工作时,螺栓主要承受轴向拉力,故又称受拉螺栓连接。静载时,螺栓的主要失效形式为螺纹部分的塑性变形和断裂。变载时,螺栓的失效多为螺栓杆部分的疲劳断裂。实践表明,疲劳断裂发生在第一圈旋合螺纹处的约占 65%,光杆与螺纹部分交接处的约占 20%,螺栓头与杆交接处的约占 15%(图 5-30)。如果连接经常拆卸,螺栓还会因磨损而发生滑扣现象。铰制孔用螺栓连接工作时,螺栓只承受横向载荷,螺栓杆受剪切力作用,故又称受剪螺栓连接。其主要失效形式为螺栓剪断、螺栓杆或孔壁压溃。

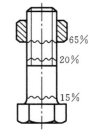

图 5-30　螺栓疲劳断裂

**2. 螺栓连接的强度计算准则**

　　对于受拉螺栓连接,设计准则是保证螺栓的拉伸强度;对于受剪螺栓连接,设计准则是保证螺栓的剪切强度和连接的挤压强度。

### 5.3.6　螺栓连接的强度计算

#### 1. 松螺栓连接

松螺栓连接装配时不需拧紧,在承受工作载荷前,连接并不受力。如图 5-31 所示,起重吊钩尾部的螺栓连接是一典型实例。设最大工作载荷为 $F$,并忽略吊钩自重,则螺栓的强度条件为

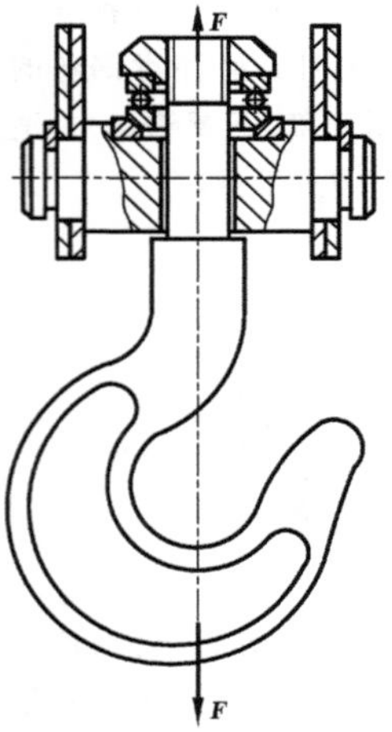

$$\sigma = \frac{F}{\pi d_1^2/4} \leqslant [\sigma] \quad \text{MPa} \tag{5-15}$$

式中:$d_1$ 为螺纹小径(mm);

$[\sigma]$ 为松螺栓连接的许用拉应力(MPa),其值见表 5-7。

#### 2. 紧螺栓连接

紧螺栓连接装配时需要拧紧,所以,在工作载荷作用之前,螺栓已受到预紧力 $F'$ 的作用。

##### 1) 承受横向工作载荷的普通螺栓连接

如图 5-32 所示,被连接件上作用有垂直于螺栓轴线的横向工作载荷 $F_R$,但由于螺栓杆与螺栓孔之间有间隙存在,故 $F_R$ 不会直接作用在螺栓上。此时,螺栓只受预紧力 $F'$ 及拧紧时螺纹阻力矩 $T_1$ 的作用(图 5-29)。因此,螺栓的危险截面受 $F'$ 产生的拉应力及 $T_1$ 产生的扭剪应力作用,使螺栓处于拉伸与扭转的复合应力状态下,即

$F'$ 产生的拉应力
$$\sigma = \frac{F'}{\pi d_1^2/4} \quad \text{MPa} \tag{5-16a}$$

$T_1$ 产生的扭剪应力
$$\tau = \frac{T_1}{\pi d_1^3/16} = \frac{F'\tan(\lambda+\rho_v)\cdot d_2/2}{\pi d_1^3/16}$$
$$= \frac{2d_2}{d_1}\tan(\lambda+\rho_v)\cdot\frac{F'}{\pi d_1^2/4} \quad \text{MPa} \tag{5-16b}$$

**图 5-31　起重吊钩的松螺栓连接**

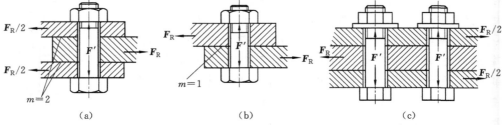

**图 5-32　受横向工作载荷作用的普通螺栓连接**

对于 M10～M68 的普通螺纹,取 $d_2/d_1 = 1.04～1.08$,$\tan\lambda \approx 0.05$,$\tan\rho_v = \mu_v \approx 0.15$,得 $\tau \approx 0.5\sigma$。由于螺栓材料是塑性的,故可根据材料力学的第四强度理论(最大变形能理论),求出螺栓预紧状态下的计算应力为

$$\sigma_{ca} = \sqrt{\sigma^2 + 3\tau^2} = \sqrt{\sigma^2 + 3(0.5\sigma)^2} \approx 1.3\sigma \qquad (5\text{-}16\text{c})$$

故螺栓危险截面的拉伸强度条件为

$$\frac{1.3F'}{\pi d_1^2/4} \leqslant [\sigma] \quad \text{MPa} \qquad (5\text{-}16\text{d})$$

设计式为

$$d_1 \geqslant \sqrt{\frac{4 \times 1.3F'}{\pi[\sigma]}} \quad \text{mm} \qquad (5\text{-}16\text{e})$$

式中:$[\sigma]$ 为螺栓的许用拉应力(MPa),其值见表 5-7。

　　普通螺栓连接是靠被连接件接合面间的摩擦力来承受横向载荷 $F_R$ 的,且摩擦力的大小取决于预紧力 $F'$。当单个普通螺栓连接承受横向工作载荷时(图 5-32(a)、(b)),为防止被连接件之间发生相对滑移,$F'$ 在接合面间所产生的摩擦力应大于 $F_R$,即

$$m\mu_c F' \geqslant K_f F_R$$

则在横向工作载荷 $F_R$ 作用下,单个螺栓所需的预紧力为

$$F' \geqslant \frac{K_f F_R}{m\mu_c} \quad \text{N} \qquad (5\text{-}17\text{a})$$

式中:$F'$ 为预紧力(N);

　　　$F_R$ 为横向工作载荷(N);

　　　$K_f$ 为可靠性系数,$K_f = 1.1 \sim 1.3$;

　　　$m$ 为接合面对数;

　　　$\mu_c$ 为接合面间的摩擦因数,若被连接件为钢或铸铁时,可取 $\mu_c = 0.1 \sim 0.16$。

　　若连接有多个普通螺栓同时承受横向工作载荷 $F_R$(图 5-32(c)),且每个螺栓都是均匀受力,在式(5-17a)中,需要把总的横向工作载荷 $F_R$ 除以螺栓的个数 $z$,即

$$F' = \frac{K_f F_R}{zm\mu_c} \quad \text{N} \qquad (5\text{-}17\text{b})$$

求出单个螺栓的 $F'$ 后,可按式(5-16d)计算螺栓强度。

　　从式(5-17b)看出,当 $z=1$、$m=1$、$\mu_c = 0.15$、$K_f = 1.2$ 时,$F' \geqslant 8F_R$,即预紧力应为横向工作载荷的 8 倍。所以这种靠摩擦力来承担横向工作载荷的紧螺栓连接,需要保持较大的预紧力,因此螺栓的结构尺寸是比较大的。

　　为了避免上述缺点,可考虑用各种减载零件(如键、套筒、销等)或铰制孔用螺栓(图 5-22(b))来承担横向载荷。图 5-33 所示的具有减载零件的紧螺栓连接中,连接强度按减载零件的剪切和挤压强度条件计算,而螺栓仅起连接作用,不再承受工作载荷,因此预紧力不必很大。但这种连接的结构和工艺也相应复杂一些。

　　**2) 承受轴向工作载荷的普通螺栓连接**

　　如图 5-34 所示压力容器的螺栓连接,由于内部压强 $p$ 的作用,螺栓除受预紧力作用外,还受到平行于螺栓轴线的轴向工作载荷 $F$ 作用,这种受力形式在紧螺栓连接中比较

常见。紧螺栓连接承受轴向工作拉力后,由于螺栓和被连接件的弹性变形,一般情况下螺栓所受的总拉力并不等于预紧力 $F'$ 与工作拉力 $F$ 之和。根据理论分析,螺栓的总拉力 $F_0$ 除与预紧力 $F'$、工作拉力 $F$ 有关外,还受螺栓刚度 $C_1$、被连接刚度 $C_2$ 等因素的影响。因此应综合考虑连接的静力平衡条件和变形协调条件,求解螺栓总拉力的大小。下面讨论其受力与变形的关系。

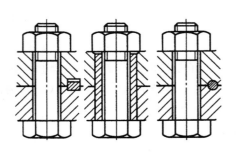

图 5-33　减载装置

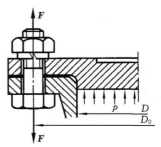

图 5-34　压力容器的螺栓连接

图 5-35 所示为螺栓和被连接件受载前后受力与变形的情况。图(a)为螺栓连接还没有拧紧时的情况,此时螺栓与被连接件均未受力,因而也没有产生弹性变形。图(b)为螺栓连接拧紧后的情况,此时螺栓的拉力和被连接件接合面的压力均为预紧力 $F'$,在预紧力 $F'$ 的作用下,螺栓受拉,伸长量为 $\delta_1$,被连接件受压,压缩量为 $\delta_2$。图(c)为轴向工作载荷 $F$ 作用后的情况,在 $F$ 作用下,螺栓继续伸长,伸长量增加了 $\Delta\delta_1$,总伸长量为 $\delta_1 + \Delta\delta_1$,相应的拉力就是螺栓的总拉力 $F_0$,拉力增量 $\Delta F$ 为 $F_0 - F'$。与此同时,被连接件随着螺栓的继续伸长而回弹,其压缩量将减小,减小量为 $\Delta\delta_2$,所以总压缩量变为 $\delta_2 - \Delta\delta_2$。

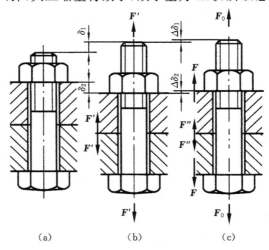

图 5-35　载荷与变形的关系

(a) 螺母未拧紧;(b) 螺母已拧紧;(c) 承受工作载荷 $F$

根据连接中各零件的变形协调条件,被连接件压缩变形的减小量应等于螺栓拉伸变形的增加量,即 $\Delta\delta_1 = \Delta\delta_2$。被连接件回弹后,接合面的压力会减小,由原来的预紧力 $F'$ 减至现在的剩余预紧力 $F''$。根据静力平衡条件,此时螺栓的总拉力 $F_0$ 应等于剩余预紧力 $F''$ 与工作拉力 $F$ 之和,而不是等于预紧力与工作拉力之和,即

$$F_0 = F + F'' \quad \text{N} \tag{5-18}$$

上述螺栓和被连接件的受力与变形的关系,还可以用线图表示,如图 5-36 所示。图(a)和图(b)分别表示螺栓和被连接件只受预紧力 $F'$ 作用时力与变形的关系。为便于分析可将两图合并,得图(c)。

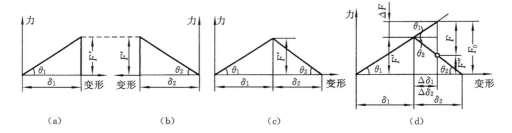

图 5-36　螺栓和被连接件的受力与变形的关系线图
(a)、(b) 拧紧时;(c) 两图(a)和(b)合并;(d) 受工作载荷时

当连接承受工作拉力 $F$ 作用后(图 5-36(d)),螺栓的总伸长量为 $\delta_1 + \Delta\delta_1$,相应的总拉力为 $F_0$;被连接件的总压缩量为 $\delta_2 - \Delta\delta_2$,相应的剩余预紧力为 $F''$;而 $F_0 = F + F''$,此即式(5-18)。根据变形协调条件,$\Delta\delta_1 = \Delta\delta_2$。

螺栓的预紧力 $F'$ 与剩余预紧力 $F''$、总拉力 $F_0$ 的关系,可由图 5-36 中的几何关系推出。由图(a)、图(b)得,螺栓的刚度 $C_1 = F'/\delta_1 = \tan\theta_1$,被连接件的刚度 $C_2 = F'/\delta_2 = \tan\theta_2$。

由图 5-36(d)中的几何关系得

$$\frac{\Delta F}{F - \Delta F} = \frac{\Delta\delta_1 \tan\theta_1}{\Delta\delta_2 \tan\theta_2} = \frac{C_1}{C_2}$$

令 $C_1/(C_1 + C_2) = K_c$,则螺栓在承受工作载荷 $F$ 后的拉力增量为

$$\Delta F = \frac{C_1}{C_1 + C_2} F = K_c F \tag{5-19}$$

根据式(5-19)和图 5-36(d)可得

$$F'' = F' - (F - \Delta F) = F' - (1 - K_c)F \quad \text{N} \tag{5-20}$$

$$F' = F'' + (1 - K_c)F \quad \text{N} \tag{5-21}$$

$$F_0 = F' + \Delta F = F' + K_c F \quad \text{N} \tag{5-22}$$

式中:$K_c$ 为螺栓的相对刚度;$F_0$ 的大小与 $K_c$ 有关。

式(5-22)为螺栓总拉力的另一表达式,即螺栓总拉力等于预紧力加上部分工作载荷。

上述各式中螺栓的相对刚度的大小与螺栓及被连接件的材料、结构尺寸和垫片等因

素有关,其值在 0～1 之间变化。若被连接件的刚度很大,而螺栓的刚度很小(如细长的或空心的螺栓),则螺栓的相对刚度趋于零,由式(5-22)可知,此时螺栓所受的总拉力增加很少,趋于 $F'$。反过来,当螺栓的相对刚度较大时,则工作载荷作用后,将使螺栓所受的总拉力有较大增加。为了降低螺栓受力,提高螺栓连接的承载能力,应使相对刚度值尽量小些。其具体数值可以通过计算或试验确定。一般设计时可根据被连接件接合面间垫片的使用情况按表 5-4 查取。

表 5-4　螺栓的相对刚度 $K_c$

| 被连接件为钢或铁时所采用的垫片类型 | $K_c = C_1/(C_1 + C_2)$ |
| --- | --- |
| 金属垫片(或无垫片) | 0.2～0.3 |
| 皮革垫片 | 0.7 |
| 铜皮石棉垫片 | 0.8 |
| 橡胶垫片 | 0.9 |

为保证连接的紧密性,防止接合面间出现缝隙,剩余预紧力 $F''$ 应大于零且保持一定的大小。推荐采用的剩余预紧力 $F''$ 为:对于有紧密性要求的连接,$F'' = (1.5～1.8)F$;对于一般连接,工作载荷稳定时 $F'' = (0.2～0.6)F$;工作载荷不稳定时 $F'' = (0.6～1.0)F$;对于地脚螺栓连接,$F'' \geqslant F$。

螺栓的总拉力 $F_0$ 求出后,即可进行螺栓的强度计算。通常螺栓连接是在承受工作载荷前拧紧的,螺纹阻力矩为 $F' \tan(\lambda + \rho_v)\dfrac{d_2}{2}$。为了安全起见,考虑到在总拉力 $F_0$ 作用下,可能需要补充拧紧,则螺纹阻力矩为 $F_0 \tan(\lambda + \rho_v)\dfrac{d_2}{2}$,因此,螺栓受拉应力和扭剪应力的联合作用,与式(5-16d)类似,螺栓危险截面的强度条件为

$$\sigma_{ca} = \frac{1.3F_0}{\pi d_1^2/4} \leqslant [\sigma] \quad \text{MPa} \tag{5-23a}$$

设计式为

$$d_1 \geqslant \sqrt{\frac{4 \times 1.3F_0}{\pi[\sigma]}} \quad \text{mm} \tag{5-23b}$$

当轴向工作拉力在 0～F 间变化时,则由式(5-22)算得的螺栓总拉力 $F_0$ 的变化范围为 $F' \sim (F' + K_c F)$。受变载荷作用的螺栓的粗略计算可按最大总拉力 $F_0$ 进行,其强度条件仍按式(5-22)或式(5-23)计算,所不同的是许用应力应按表 5-6 和表 5-7 在变载项内查取。

**3) 承受横向工作载荷的铰制孔用螺栓连接(受剪螺栓连接)**

当横向工作载荷 $F_R$ 较大时,应采用铰制孔用螺栓连接。如图 5-37 所示,这种连接是利用铰制孔用螺栓抗剪切和挤压来承受横向工作载荷 $F_R$ 的。螺栓杆与孔壁之间无间隙,杆与孔的接触表面受挤压;在连接接合面处,螺栓杆受剪切力作用。因此应分别按挤压强

度和剪切强度条件计算。计算时假设螺栓杆与孔壁表面上的压力分布是均匀的,又因这种连接所受的预紧力很小,所以忽略预紧力及拧紧时螺纹阻力矩对螺栓强度的影响。

对于图 5-37(b),螺栓杆与孔壁接触表面的挤压强度条件为

$$\sigma_p = \frac{F_R}{d_0 \delta_{min}} \leqslant [\sigma_p] \quad \text{MPa} \tag{5-24}$$

螺栓杆的剪切强度条件为

$$\tau = \frac{F_R}{m \pi d_0^2 / 4} \leqslant [\tau] \quad \text{MPa} \tag{5-25}$$

式中:$F_R$ 为单个螺栓承受的横向剪力(N);

$m$ 为螺栓受剪面的数目,即被连接件接合面对数;

$d_0$ 为螺栓受剪面的直径(mm);

$\delta_{min}$ 为螺栓与孔壁挤压面的最小高度(mm),设计时应使 $\delta_{min} \geqslant 1.25 d_0$;

$[\tau]$ 为螺栓的许用剪应力(MPa);

$[\sigma_p]$ 为螺栓或孔壁材料的许用挤压应力(MPa);

$[\tau]$ 和 $[\sigma_p]$ 的值可按表 5-5 和表 5-7 计算得到。

若有多个铰制孔用螺栓承受横向工作载荷,且每个螺栓都是均匀受力时,在式(5-24)和式(5-25)中,需要把横向工作载荷 $F_R$ 除以螺栓的个数 $z$。当被连接件接合面数 $m>1$ 时(图 5-37(a)),最小挤压高度 $\delta_{min}$ 应取 $\delta_1$ 和 $(\delta_2 + \delta_3)$ 两者中的较小值。

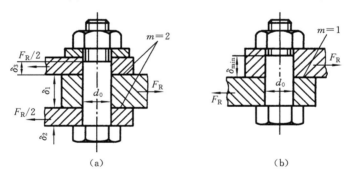

**图 5-37　铰制孔用螺栓连接**

[**例 5-2**]　用 4 个 M10 的铰制孔用螺栓连接三块金属板,作用在金属板上的横向载荷 $F_R$ 为 80 000 N,如图 5-37(a)所示。板的材料为 HT200,许用挤压应力 $[\sigma_p] = 80$ MPa。螺栓的材料为 45 钢,许用剪切应力 $[\tau] = 190$ MPa。螺栓光杆部分的直径 $d_0$ 为 11 mm,螺栓的公称长度 $L = 80$ mm,螺纹部分的长度 $L_0 = 18$ mm。金属板的厚度 $\delta_1 = 35$ mm,$\delta_2 = 15$ mm。试校核此连接是否安全。

**解**　先计算最小挤压高度 $\delta_{min}$。

被连接件的总厚度:$H = \delta_1 + 2\delta_2 = (35 + 2 \times 15)$ mm $= 65$ mm

螺栓光杆部分的长度:$L' = L - L_0 = (80 - 18)$ mm $= 62$ mm

最上层金属板的挤压高度:$\delta_3 = \delta_2 - (H - L') = [15 - (65 - 62)]$ mm $= 12$ mm

最小挤压高度:$\delta_{min} = \min[\delta_1, \delta_2 + \delta_3] = \min[35, 15 + 12]$ mm $= 27$ mm

螺栓个数 $z = 4$,由式(5-24)校核挤压强度:

$$\sigma_p = \frac{F_R}{d_0 \delta_{min}} = \frac{80\ 000/4}{11 \times 27}\ \text{MPa} = 67.3\ \text{MPa} < [\sigma_p] = 80\ \text{MPa}$$

由式(5-25)校核剪切强度:

$$\tau = \frac{F_R}{m\pi d_0^2/4} = \frac{80\ 000/4}{2 \times \pi \times 11^2/4}\ \text{MPa} = 105.2\ \text{MPa} < [\tau] = 190\ \text{MPa}$$

所以此连接是安全的。

**3. 螺栓组连接的受力分析**

大多数的螺栓连接都是成组使用的,即 $z \geqslant 2$。一般来说,螺栓组中各螺栓的材料、类型、尺寸规格均相同,装配时采用相同的预紧力。但工作载荷作用后,各螺栓的受载可能不同。所以,对螺栓组连接进行设计时,首先应对其进行受力分析,找出受载最大的螺栓及其所受载荷,然后按此载荷对该螺栓进行强度计算。

图 5-38 所示为受翻转力矩 $M$ 作用的螺栓组连接。装配时假设两螺栓的预紧力 $F'$ 相等,但 $M$ 作用后,螺栓 1 的轴向工作载荷 $F$ 与 $F'$ 方向相同,总拉力 $F_0$ 增大,而螺栓 2 的总拉力却减小了,所以应按螺栓 1 的 $F_0$ 进行强度计算。由图可知

$$F = \frac{M}{L}$$

则螺栓 1 的总拉力

$$F_0 = F' + K_c F = F' + K_c \frac{M}{L}$$

或

$$F_0 = F'' + F = F'' + \frac{M}{L}$$

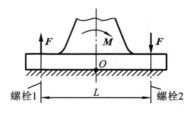

图 5-38　受翻转力矩 $M$ 作用的
螺栓组连接

再按式(5-23)进行强度计算。

## 5.3.7　螺纹连接的材料和许用应力

**1. 螺纹紧固件的材料和性能等级**

螺纹紧固件的材料一般采用碳素钢,如 Q215、Q235 和 35 钢、45 钢等,对于重要的或特殊用途的螺纹连接件,可选用 40Cr、30CrMnSi、15MnVB 等力学性能较好的合金钢。当有防腐蚀或导电要求时,螺纹紧固件材料也可用铜及其合金以及其他有色金属。近年来还发展了高强度塑料螺栓、螺母。

国家标准规定螺纹紧固件按材料的力学性能划分等级,等级用数字表示,自 3.6 至 12.9 共十级(简示于表 5-5,详见 GB/T 3098.1—2000 和 GB/T 3098.2—2000))。小数点前面的数字代表材料的抗拉强度的 $1/100\ (\sigma_b/100)$,小数点后的数字代表材料的屈服

强度($\sigma_s$)与抗拉强度($\sigma_b$)的比值的 10 倍($10\sigma_s/\sigma_b$)。螺母的性能等级分为七级,从 4 到 12。选用时需注意所用螺母的性能等级应不低于与其相配螺栓的等级。

表 5-5　螺栓、螺钉、螺柱、螺母的性能等级

| 螺纹紧固件 | 材料的力学性能 | | 性能级别 | | | | | | | | | | |
|---|---|---|---|---|---|---|---|---|---|---|---|---|---|
| | | | 3.6 | 4.6 | 4.8 | 5.6 | 5.8 | 6.8 | 8.8 ≤M16 | 8.8 >M16 | 9.8 | 10.9 | 12.9 |
| 螺栓、螺钉、螺柱 | 抗拉强度 $\sigma_b$/MPa | 公称值 | 300 | 400 | | 500 | | 600 | 800 | | 900 | 1000 | 1200 |
| | 屈服强度 $\sigma_s$/MPa | 公称值 | 180 | 240 | 320 | 300 | 400 | 480 | 640 | | 720 | 900 | 1080 |
| | 硬度 /HBS | 最小值 | 90 | 114 | 124 | 147 | 152 | 181 | 238 | 242 | 276 | 304 | 366 |
| | 推荐材料 | | 10 Q215 | 15 Q235 | 15 Q235 | 25 35 | 15 Q235 | 45 | 35 | 35 | 35 45 | 40Cr 15MnVB | 30CrMnSi 15MnVB |
| 相配合螺母 | 性能级别 | | 4 或 5 | | | 5 | | 6 | 8 或 9 | | 9 | 10 | 12 |
| | 推荐材料 | | 10 Q215 | | | | | 15 Q235 | 35 | | 40Cr 15MnVB | 30CrMnSi 15MnVB |

**2. 许用应力**

在受拉螺栓连接中,螺栓的许用应力与材料、载荷性质、制造工艺、装配方法以及结构尺寸等有关,一般可由表 5-6 和表 5-7 确定。由表 5-6 可见,若装配时不控制预紧力,紧螺栓连接的安全系数 $S$ 的值随着螺栓直径 $d$ 的减小而增大,这是因为小尺寸的螺栓,当不控制预紧力拧紧时,容易过载而被拧断,为了安全起见,将其安全系数定得适当高一些,但设计计算时,由于螺栓直径 $d$ 是未知数,因此需采用试算法:先初定一螺栓直径 $d$ 值,查表 5-6 得 $S$ 后按表 5-7 求出 $[\sigma]$,再通过强度计算,直到算得的直径 $d$ 与初定值相近为止。

表 5-6　紧螺栓连接的安全系数 $S$(不控制预紧力时)

| 材料 | 静载荷 | | | 变载荷 | |
|---|---|---|---|---|---|
| | M6～M16 | M16～M30 | M30～60 | M6～M16 | M16～M30 |
| 碳钢 | 4～3 | 3～2 | 2～1.3 | 10～6.5 | 6.5 |
| 合金钢 | 5～4 | 4～2.5 | 2.5 | 7.5～5 | 5 |

表 5-7　螺栓连接的许用应力

| 螺栓受力状况 | | 许　用　应　力 |
|---|---|---|
| 受拉螺栓连接 | 紧螺栓连接 | $[\sigma]=\dfrac{\sigma_s}{S}$ <br><br> 控制预紧力时 $S=1.2\sim1.5$;不控制预紧力时 $S$ 查表 5-6 |
| | 松螺栓连接 | $[\sigma]=\dfrac{\sigma_s}{1.2\sim1.7}$ |
| 受剪螺栓连接 | 静载荷 | $[\tau]=\dfrac{\sigma_s}{2.5}$ <br><br> 被连接件为钢时:$[\sigma_p]=\dfrac{\sigma_s}{1.25}$ <br><br> 被连接件为铸铁时:$[\sigma_p]=\dfrac{\sigma_b}{2\sim2.5}$　　（$\sigma_b$为铸铁材料的抗拉强度） |
| | 变载荷 | $[\tau]=\dfrac{\sigma_s}{3.5\sim5}$ <br><br> $[\sigma_p]$——按静载荷的$[\sigma_p]$值降低 $20\%\sim30\%$ |

　　**[例 5-3]**　如图 5-39 所示的凸缘联轴器,在 $D_0=250$ mm 的圆周上均布着 6 个普通螺栓,每个螺栓的预紧力 $F'$ 均为 6 000 N,接合面的摩擦因数为 $\mu_c=0.16$,试确定该联轴器所能传递的最大转矩 $T_{max}$。若螺栓材料为 Q235,性能等级 4.6,装配时控制预紧力,试确定螺栓的直径。

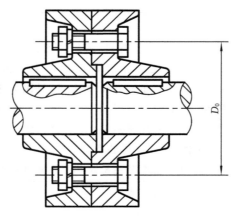

图 5-39　凸缘联轴器

　　**解**　该连接是靠被连接件接合面间的摩擦力来传递转矩的,属于承受横向工作载荷的普通螺栓连接。

（1）求最大转矩 $T_{\max}$。

螺栓拧紧后所产生的总摩擦力为

$$F_f = zm\mu_c F' = 6 \times 1 \times 0.16 \times 6000 \text{ N} = 5760 \text{ N}$$

因此,联轴器所能传递的最大转矩为

$$T_{\max} = F_f \cdot \frac{D_0}{2} = 5760 \times \frac{250 \times 10^{-3}}{2} \text{ N} \cdot \text{m} = 720 \text{ N} \cdot \text{m}$$

（2）求螺栓直径。

由表 5-5 查得:$\sigma_s = 240$ MPa;查表 5-7,控制预紧力时 $S = 1.2 \sim 1.5$,取 $S = 1.4$。则螺栓材料的许用拉应力

$$[\sigma] = \frac{\sigma_s}{S} = \frac{240}{1.4} \text{ MPa} = 171 \text{ MPa}$$

由设计式（5-16e）得所需螺纹小径为

$$d_1 \geqslant \sqrt{\frac{4 \times 1.3F'}{\pi[\sigma]}} = \sqrt{\frac{4 \times 1.3 \times 6\,000}{3.14 \times 171}} \text{ mm} = 7.62 \text{ mm}$$

查 GB/T 196—2003,取 M10 螺栓,其小径 $d_1 = 8.376$ mm,满足要求。

**[例 5-4]**　一钢制液压油缸,已知油压 $p = 1.6$ MPa,$D = 160$ mm,连接螺栓(图 5-34)分布圆直径 $D_0 = 220$ mm,试确定连接螺栓的公称直径 $d$ 和螺栓数目。为了保证接合面的气密性,要求螺栓的间距 $l \leqslant 7d$,装配时不严格控制预紧力。

**解**　具体设计计算过程如下。

（1）确定螺栓工作载荷 $F$。

这是受轴向工作载荷的普通螺栓连接。暂取螺栓个数 $z = 8$,则每个螺栓承受的平均轴向工作载荷 $F$ 为

$$F = \frac{p\pi D^2/4}{z} = \frac{1.6 \times 3.14 \times 160^2}{8 \times 4} \text{ kN} = 4\,021 \text{ N}$$

（2）确定单个螺栓的总拉伸载荷 $F_0$。

根据前面所述,对于压力容器取剩余预紧力 $F'' = 1.8F$,则由式（5-18）可得

$$F_0 = F + F'' = F + 1.8F = 2.8 \times 4\,021 \text{ N} = 11\,259 \text{ N}$$

（3）求螺栓直径。

选取螺栓材料为 45 钢,性能等级取 6.8,由表 5-5 查得,$\sigma_s = 480$ MPa。装配时不要求严格控制预紧力,估计螺栓直径在 M6~M16 之间,按表 5-6,暂取安全系数 $S = 3.5$,则螺栓的许用应力为

$$[\sigma] = \frac{\sigma_s}{S} = \frac{480}{3.5} \text{ MPa} = 137 \text{ MPa}$$

由式（5-23）得螺纹的小径为

$$d_1 \geqslant \sqrt{\frac{4 \times 1.3F_0}{\pi[\sigma]}} = \sqrt{\frac{4 \times 1.3 \times 11.3 \times 10^3}{\pi \times 137}} \text{ mm} = 11.663 \text{ mm}$$

查有关的机械设计手册,取 M16 螺栓(小径 $d_1$=13.835 mm)。按照表 5-6 可知,所取安全系数 $S$=3.5 是正确的。

(4) 校核螺栓间距 $l$。

螺栓间距　　　　　　$$l=\frac{\pi D_0}{z}=\frac{3.14\times 220}{8}\ mm = 86.4\ mm$$

$$7d = 7\times 16\ mm = 112\ mm$$

显然 $l<7d$,所以螺栓的间距是符合气密性要求的。

结论:选用 8 个 M16 的普通螺栓能够满足设计要求。

# 5.4　铆接、焊接及胶接简介

## 5.4.1　铆接

将铆钉穿过被连接件(通常为钢板或型材)的预制孔中,经铆合而成的连接方式称为铆钉连接,简称铆接(图 5-40)。

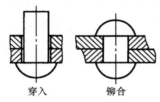

**图 5-40　铆钉连接**

穿入　　　铆合

铆接分冷铆和热铆。对于钉杆直径 $d\geqslant 12$ mm 的钢制铆钉,通常是将铆钉加热(常加热到 1 000~1 100℃)后进行铆接。一般情况下,钉杆直径 $d<10$ mm 的钢制铆钉和塑性较好的有色金属、轻金属及其合金(如钢、铝等合金)制成的铆钉在常温下进行冷铆。

铆钉有空心的和实心的两大类。实心的多用于受力大的金属零件的连接;空心的用于受力较小的薄板或非金属零件的连接。铆钉按其钉头形状有多种类型,并已标准化(GB/T 863.1—1986~GB/T 876—1986 等)。一般机械中应用最广的是半圆头铆钉。

铆接具有工艺设备简单,工艺过程比较容易控制,质量稳定,铆接结构抗震、耐冲击,连接牢固可靠,对被连接件材料的力学性能没有不良的影响等特点。目前在承受严重冲击或剧烈振动载荷的金属结构的连接中仍有应用,如应用在起重机的构架、铁路桥梁、建筑物、船舶及重型机械等中;在受力较小的薄板或非金属零件的连接及轻工产品上也得到应用;在航空航天工业中,由于飞行器结构本身的特点以及轻金属材料焊接困难,故其仍然是一种重要的连接方式。

与焊接或胶接相比,铆接的缺点是:铆接工艺费工、费时;由于被连接件上需制出钉孔,应力集中比较严重,使强度受到较大削弱;铆接时工人劳动强度大、噪声大,影响工人健康;铆缝紧密性也较差,故一般场合中铆接的应用日渐减少。

为了克服上述缺点,新近推出的铆钉连接的特殊结构,拓宽了铆接的应用范围。如抽芯铆钉连接(图 5-41)目前应用较多。图 5-41(a)所示为抽芯铆钉结构的基本形式,它由铆钉钉体（钉套）和钉芯（芯杆）组成。图中为封闭型扁圆头抽芯铆钉（GB/T 12615—2004）和开口型沉头抽芯铆钉（GB/T 12617—2006）。图 5-41（b）所示为开口型扁圆头抽芯铆钉（GB/T 12618—2006）的铆接过程，铆接时用拉铆枪拉紧芯杆 1，使其底端圆柱挤入钉套 2 中，钉套和钉孔形成轻度过盈配合。铆好后芯杆将自动被拉断。

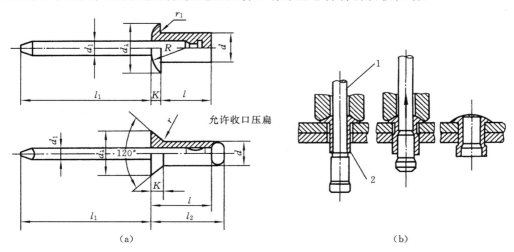

（a）　　　　　　　　　　　　　　　　　　　　　　　（b）

**图 5-41　抽芯铆钉**

抽芯铆钉可在单面进行铆接作业，装配方便。它在家电、家具制作、建筑装潢等方面得到广泛应用。

抽芯铆钉还有其他多种形式，国内已有铆钉厂专门从事生产，国外正在不断推出新型铆钉结构。它们可用于有较强振动的封闭结构的连接及强度要求高、有良好密封的重要连接中。

## 5.4.2　焊接

焊接是利用局部加热（或加压）的方法使被连接件接头处的材料熔融连接成一体。与铆接相比较，焊接结构具有重量轻，节约金属材料，施工方便，生产率高，易实现自动化，且成本低的优点，因此其应用很广。在单件生产中，可用焊接的方法制造大的零件毛坯（如箱体、机架、大的齿轮结构等），代替铸、锻件，以缩短生产周期。因此，焊接是生产重型设备机座、框架等的主要方法。

焊接的种类很多，可以归纳为熔化焊、压力焊（如电阻焊、摩擦焊、爆炸焊等）和钎焊（如锡焊、铜焊等）三大类。熔化焊是最基本的焊接方法，在焊接生产中占主导地位。熔化焊又分为电弧焊、电渣焊、气焊等，在机械制造中最常用的是电弧焊。电弧焊是利用焊条与焊件间产生电弧热将金属加热并熔化的焊接方法。

新型的激光焊接技术近年来在我国得到了快速发展，广泛地应用于轿车车身制造、微电子工业等领域。激光焊接属于非接触式熔化焊,以激光束为能源,冲击在焊件接头上,作业过程不需加压,可将入热量降低到最低的需要量,热影响区金相变化范围小,且因热传导所致的变形亦小,可焊材质种类多,易于实现自动化高速焊接。

焊接结构件广泛地使用各种型材、板材及管材。在机械制造中,最常用的被焊件材料是低碳钢和低碳合金钢(如 Q215、Q235、15、20、16Mn 钢等)以及可焊性好的其他材料。焊条的材料最好与被焊件的材料相同。

根据被焊件的相互位置,焊接接头的基本形式有对接、搭接和正交三种,分别如图5-42(a)、(b)、(c)所示。

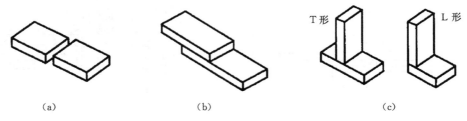

(a)　　　　　　　　　　(b)　　　　　　　　　　(c)

**图 5-42　焊接接头的形式**

常见的焊缝大体可分为对接焊缝和角接焊缝两类(图 5-43)。对接焊缝主要用于对接接头,以连接位于同一平面内的被焊件。角焊缝主要用于搭接和正交接头,以连接位于不同平面的被焊件(焊缝符号表示法详见 GB/T 324—2008)。

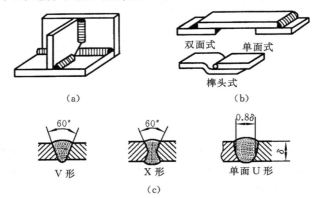

(a)　　　　　　　　　　(b)

**图 5-43　焊缝的形式**

当被焊件的结合部位较厚(对于对接接头大于 3 mm 时,对于正交接头大于 8 mm)时,为能焊透,需根据被焊件的厚度将结合部位切制出不同形式的坡口,如 V 形、X 形(图5-43(c))等(焊缝坡口基本形式见 GB/T 985—2008 等)。

钎焊是采用比母体材料熔点低的金属材料做钎料,将焊件和钎料加热至高于钎料熔点、低于母体熔点的温度,利用液态钎料湿润母材,填充接头间隙并与母材相互扩散来实现连接焊接件的方法。

　　近代的钎焊方法种类比较多,且广泛应用于机械、电子、能源、国防、航空、航天等工业部门。钎焊工艺可以钎接碳素钢、合金钢、铸铁、硬质合金、有色金属、贵重金属、稀有金属、异种金属、金属与非金属等。钎焊对于尺寸要求精确的零件以及小而薄的零件的连接是很有效的。

　　钎焊的优点是:①钎焊工艺加热温度比较低,因此钎焊以后焊件的变形小,容易保证焊件的尺寸精度,同时,对于焊接母材的组织及性能的影响也比较小;②钎焊接头平整光滑、外形美观;③钎焊工艺适用于各种金属材料、异种金属、金属与非金属等的连接;④可以一次完成多个零件或多条钎缝的钎焊,生产效率高;⑤可以钎焊极薄或极细的零件,以及粗细、厚薄相差很大的零件;⑥根据需要可以将某些材料的钎焊接头拆开,经过修整后可以重新钎焊。

　　钎焊的缺点是钎焊接头的耐热能力比较差,接头强度比较低,钎焊时表面清理及焊件装配质量的要求比较高。

　　按照使用钎料的不同,钎焊可分为以下几种。

　　(1) 软钎焊　使用软钎料(熔点低于 450 ℃的钎料)进行的钎焊。

　　(2) 硬钎焊　使用硬钎料(熔点高于 450 ℃的钎料)进行的钎焊。

　　(3) 高温钎焊　钎料熔点高于 900 ℃并且不使用钎剂的钎焊。

　　钎焊接头的形式各种各样,一般钎焊的手册和书籍都有详尽的设计和绘制。归结起来对板材或管材来说只有三种基本钎缝:断面-断面型钎缝(例如对接),表面-表面钎缝型(例如搭接)和断面-表面型钎缝(例如正交)。实际上,具体的钎缝往往并不是单一的。

　　熔态钎料在钎缝中作直线流动,钎缝的毛细能力对流动性起很大作用。毛细能力又与钎缝的类型和钎缝间隙的大小有关。一般说来,间隙小的钎缝,直线流动性更好。但也不是愈小愈好,钎缝间隙的最佳值在 0.01～0.02 mm 之间,具体数值视母体的材料而定。较大的钎缝断面(搭接面积大)会有更好的承载能力。

　　通常意义上的搭接(图 5-44(a))并不只是简单的表面-表面型结构的钎缝,在钎焊接头形成后可以明显看出兼有断面-表面型的结构。纯粹表面-表面型的接头只有如图 5-44(e)和图(f)所示的结构,而图(d)在钎缝的后侧还有形成断面-表面型结构的可能。

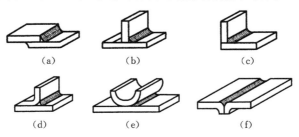

(a)　　　　　　　(b)　　　　　　　(c)

(d)　　　　　　　(e)　　　　　　　(f)

**图 5-44　钎焊接头的基本形式**

### 5.4.3　胶接

胶接是利用胶粘剂直接把被连接件连接在一起的连接方法。胶接用于木材由来已久。由于新型胶粘剂的发展,胶接已用于金属(包括金属与非金属材料组成的复合结构)的连接。胶接是利用胶粘剂凝固后出现的黏附力来传递载荷的。

胶粘剂的品种繁多,在机械制造中常用的有环氧树脂胶粘剂、酚醛树脂胶粘剂等。应根据胶接件的使用要求等选择综合性能良好的胶粘剂。各类胶粘剂的性能和用途详见有关的设计手册或厂家的产品说明。

与焊接相同,胶接接头分为对接、搭接和正交接头三种,其中以搭接接头应用最多。实践表明,胶接接头的抗剪切和抗拉伸能力强,抗剥离和扯离的能力弱(图 5-45)。故在设计接头时应尽可能使接头承受剪切或拉伸载荷。

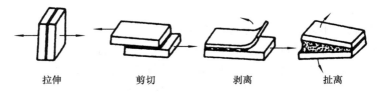

拉伸　　　　　剪切　　　　　剥离　　　　　扯离

**图 5-45　胶接接头的受力情况**

与铆接、焊接相比,胶接的主要优点是:被连接件的材料范围宽广;连接后的重量轻,材料的利用率高;成本低;在全部胶接面上应力集中小,故耐疲劳性能好;有良好的密封性、绝缘性和防腐性。其缺点是:抗剥离、抗弯曲及抗冲击振动性能差;耐老化及耐介质(如酸、碱等)性能差;胶粘剂对温度变化敏感,影响胶接强度;胶接件的缺陷有时不易发现等。

目前,胶接在各行各业中的应用广泛日益。机械工业中以胶代焊、以胶代铆、防漏防泄,已取得明显效果。现代的飞机、飞船和人造卫星的迅速发展,光纤通信的实现等都与胶接的发展密切相关,故胶接的发展有着广泛的前景。因此不断地推出新型胶粘剂、实现与其他连接技术的完美结合等,将是解决当前胶接强度不足的有效途径。

# 5.5　螺旋传动简介

螺旋传动是用螺母和螺杆传递运动和动力的机械传动装置,主要用来将回转运动转变成直线运动。按摩擦副性质不同分为滑动螺旋传动和滚动螺旋传动,后者摩擦阻尼小、运动精度高,其应用日渐广泛。按用途不同螺旋传动又可分为三类。

(1)传力螺旋　以传递动力为主,用较小的转矩产生较大的轴向推力,并使螺母(或螺杆)产生轴向运动。传力螺旋一般为间歇工作,速度不高,常要求自锁。这种螺旋传动典型的应用如图 5-46(a)所示的螺旋千斤顶和图 5-46(b)所示的螺旋压力机。

(2)传导螺旋　以传递运动为主,要求很高的运动精度,常用做机床刀架或工作台的

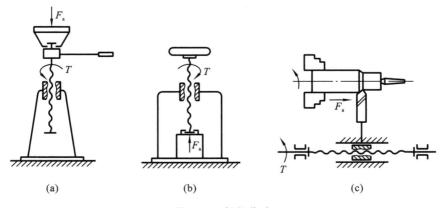

(a)　　　　　　　　(b)　　　　　　　　(c)

图 5-46　螺旋传动

进给机构(图 5-46(c))。传导螺旋一般连续工作,速度也较高,要求较高的传动效率,不需自锁。

(3) 调整螺旋　用于调整并固定零件或部件之间的相对位置,不经常转动,要求能自锁,有时也要求较高的精度。

螺杆和螺母的材料除要求有足够的强度、耐磨性外,还要求减摩性好。一般情况下螺杆可选用 Q275、45、50 钢等,重要螺杆可选用 T12、40Cr、65Mn 钢。常用的螺母材料有铸造锡青铜 ZCuSn10P1 和 ZCuSn5Pb5Zn5,重载低速时可选用强度高的铸造铝青铜 ZCuAl10Fe3,低速轻载或不经常运转时,也可选用耐磨铸铁。

螺旋传动的失效形式主要是螺牙磨损、螺牙断裂、螺杆拉断及螺杆失稳等,一般先按耐磨性条件设计出螺杆直径和螺母高度,再针对具体情况对可能出现的其他失效形式进行校核。详细的设计方法和步骤请参阅相关设计手册。

# 习　　题

**5-1**　平键和楔键的工作原理有何差异?

**5-2**　验算键连接时,如强度不够应采取什么措施? 如需再加一个键,这个键的位置放在何处为好?

**5-3**　花键连接和平键连接相比有哪些优、缺点?

**5-4**　常用螺纹按牙型分为哪几种? 各有何特点? 各适用于什么场合?

**5-5**　为什么螺纹连接需要防松? 常用的防松方法有哪些?

**5-6**　在一直径 $d=80$ mm 的轴端,安装一钢制直齿圆柱齿轮(题 5-6 图),轮毂宽度 $B=1.5d$,工作时有轻微冲击。试确定平键连接的尺寸,并计算其允许传递的最大转矩。

**5-7**　试计算 M20、M20×1.5 螺纹升角,并指出哪种螺纹的自锁性较好。

5-8 用 12 号扳手拧紧 M8 的螺栓。已知螺栓材料为 35 钢,螺纹间摩擦因数 $\mu$ = 0.1,螺母与支承面间摩擦因数 $\mu_c$ = 0.12,手掌中心至螺栓轴线的距离 $L$ = 240 mm。试问:当手臂施力 125 N 时,该螺栓所产生的拉应力为多少?螺栓会不会损坏?(由有关的机械设计手册可查得 M8 螺母的 $d_w$ = 11.5 mm,$d_0$ = 9 mm,可参见图 5-29。)

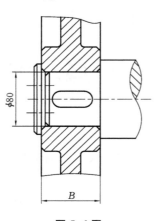

题 5-6 图

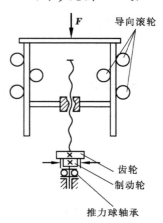

题 5-9 图

5-9 一升降机构(题 5-9 图)承受载荷 $F$ 为 100 kN,采用梯形螺纹,$d$ = 70 mm,$d_2$ = 65 mm,$p$ = 10 mm,线数 $z$ = 4。支承面采用推力球轴承,升降台的上下移动处采用导向滚轮,它们的摩擦阻力近似为零。试计算:

(1) 工作台稳定上升时的效率,已知螺旋副当量摩擦因数为 0.1;

(2) 稳定上升时加于螺杆上的力矩;

(3) 若工作台以 800 mm/min 的速度上升,试按稳定运转条件求螺杆所需转速和功率;

(4) 欲使工作台在载荷 $F$ 作用下等速下降,是否需要制动装置?加于螺杆上的制动力矩应为多少?

5-10 用两个 M10 的螺钉固定一牵曳钩(题 5-10 图),若螺钉材料为 Q235,装配时控制预紧力,接合面的摩擦系数 $\mu_c$ = 0.15,求其允许的最大牵曳力 $F_p$。

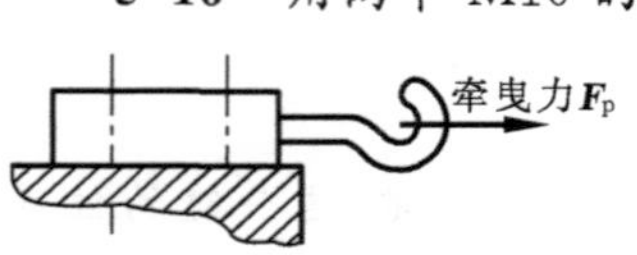

题 5-10 图

5-11 如题 5-11 图所示某重要拉杆螺纹连接中,已知拉杆所受拉力 $F$ = 13 kN,载荷稳定,装配时控制预紧力,拉杆材料为 25 钢,试计算该螺纹的直径。

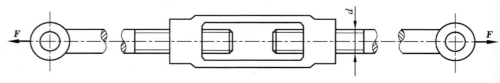

题 5-11 图

**5-12**　在图 5-37(a)所示铰制孔用螺栓连接中,已知被连接的金属板材料均为 HT150,金属板的厚度 $\delta_1=40$ mm,$\delta_2=25$ mm;螺栓的材料为 45 钢,性能等级为 6.8;需要传递的横向载荷 $\boldsymbol{F}_R$ 为 5 000N,载荷平稳;螺栓的个数为 3。试设计此螺栓连接。

**5-13**　如题 5-13 图所示为凸缘联轴器,假设允许传递的最大转矩 $T$ 为 1 500 N · m (静载荷),联轴器材料为 HT250。联轴器用 4 个 M16 铰制孔用螺栓连成一体,螺栓材料为 35 钢,试选取合适的螺栓长度,并校核其剪切和挤压强度。

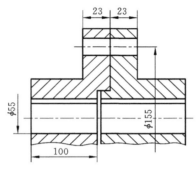

题 5-13 图

**5-14**　在题 5-13 图中的凸缘联轴器若采用 M16 的普通螺栓连接,以摩擦力来传递转矩,设螺栓材料为 45 钢,联轴器材料为 25 钢,接合面的摩擦因数 $\mu=0.15$,允许传递的最大转矩 $T$ 为 1 500 N · m(静载荷),安装时不要求严格控制预紧力,试确定螺栓个数(螺栓数常取偶数)。

**5-15**　如图 5-34 所示,已知钢制压力容器的压强 $p=1.4$ MPa,容器内径 $D=200$ mm,用 10 个普通螺栓连接,螺栓材料选用 Q235,性能等级为 4.6,为保证密封性,被连接件接合面间放置有石棉垫片,每个螺栓的预紧力 $F'=7\ 000$ N,并在装配时控制预紧力。试确定螺栓的公称直径 $d$,并计算剩余预紧力 $F''$。

# 第6章 轴 设 计

## 6.1 概 述

### 6.1.1 轴的功用及类型

轴是组成机器的重要零件之一,其功用主要是用来支承作回转运动的零件,如齿轮、蜗轮、带轮、链轮、凸轮等,并传递运动和动力,承受弯矩和转矩。

按照轴线形状不同,轴可以分为直轴和曲轴两类,如图 6-1、图 6-2 所示。根据外形的不同,直轴又可分为等直径的光轴(图 6-1(a))和阶梯轴(图 6-1(b)),后者应用最广。曲轴是往复式机械(如活塞式动力机械、曲柄压力机等)的专用零件,它可将回转运动转变成往复式直线运动。本章重点讨论直轴的设计。直轴一般都是实心的,但为减轻重量或满足某种特殊工作要求,有时也可将轴制成空心的(图 6-1(c))。

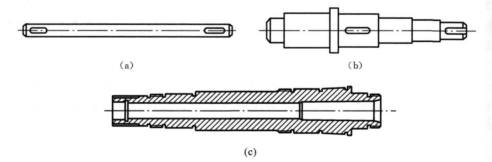

(a)                                     (b)

(c)

**图 6-1 直轴**

(a) 光轴;(b) 阶梯轴;(c) 空心轴

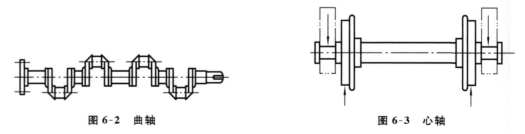

**图 6-2 曲轴**                    **图 6-3 心轴**

按照轴工作时受载情况的不同,直轴又可分为心轴(图 6-3)、传动轴和转轴三类。心

轴工作时只承受弯矩而不承受转矩,如铁道车辆的轮轴、自行车轮轴、滑轮轴等;传动轴
(图 6-4)只承受转矩,不承受弯矩或弯矩很小,如汽车发动机与后桥之间的传动轴;转轴
(图 6-5)既承受弯矩又承受转矩,如减速器中的轴,齿轮与右端联轴器之间的轴段承受转
矩,而齿轮上的作用力又会对轴产生弯矩。在实际应用中,转轴最为常见。

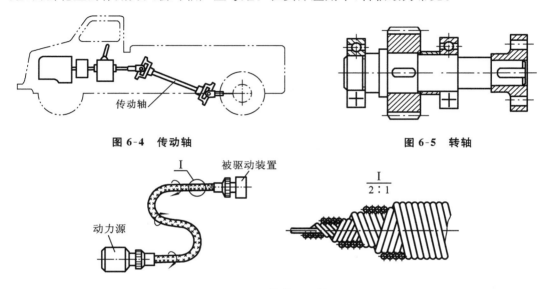

图 6-4　传动轴　　　　　　　　　　　　　　　图 6-5　转轴

图 6-6　挠性钢丝轴

　　此外,还有一些特殊用途的轴,如图 6-6 所示的挠性钢丝轴,其轴线可任意弯曲,可改
变运动的传递方向,常用于远距离控制机构、仪表传动及手持式电动机构,如割草机、振捣
器等中。

## 6.1.2　轴的常用材料

　　轴的常用材料种类很多,选择时应主要考虑以下因素:轴的强度、刚度及耐磨性要求;
轴的热处理方法;机加工工艺要求;材料的来源和价格等。

　　轴的常用材料是碳素钢和合金钢,碳素钢比合金钢价格低廉,对应力集中的敏感性较
低,并可通过热处理改善其综合性能,加工工艺性好,故应用广泛。一般用途的轴,多用碳
含量为 0.35%～0.5% 的优质碳素钢,尤其是 45 钢用得最多。对于不重要或受力较小的
轴,也可用 Q235A 等普通碳素钢。

　　合金钢的力学性能和淬火性能比碳素钢的好,但对应力集中较敏感,且价格较贵,多
用于要求强度大、尺寸小、重量轻和对耐磨性有特殊要求的轴。如:20Cr、20CrMnTi 等低
碳合金钢,表面经渗碳淬火处理后可提高耐磨性;38CrMoAlA 等合金钢,具有良好的高
温力学性能,常用于制作在高温、高速和重载条件下工作的轴。值得注意的是,在不高于
200℃ 的工作温度下,合金钢与碳素钢的弹性模量相差不多,因此,其他条件相同时,采用

合金钢并不能提高轴的刚度。当轴的承载能力以刚度为主时，通常选用碳素钢。

球墨铸铁和高强度铸铁因具有良好的制造工艺性、价格低廉、不需要锻压设备、吸振性好、对应力集中的敏感性低等优点，近年来被广泛应用于制造结构形状复杂的轴（如曲轴），但铸件质量较难控制。

轴的毛坯多采用轧制的圆钢或锻钢。锻钢内部组织均匀，强度较好，因此，重要的大尺寸的轴，常用锻造毛坯。

轴的常用材料及其力学性能见表 6-1。

表 6-1　轴的常用材料、力学性能及其许用弯曲应力

| 材料牌号 | 热处理 | 毛坯直径/mm | 硬度/HBS | 力学性能/MPa | | | | 许用弯曲应力/MPa | | | 备注 |
|---|---|---|---|---|---|---|---|---|---|---|---|
| | | | | $\sigma_b$ | $\sigma_s$ | $\sigma_{-1}$ | $\tau_{-1}$ | $[\sigma_{+1}]_b$ | $[\sigma_0]_b$ | $[\sigma_{-1}]_b$ | |
| Q235A | | | | 440 | 235 | 200 | 105 | 130 | 70 | 40 | 用于不重要或载荷不大的轴 |
| 45 | 正火 | 25 | ≤241 | 600 | 360 | 260 | 150 | 200 | 95 | 55 | 应用最广泛 |
| | 正火回火 | ≤100 | 170～217 | 600 | 300 | 275 | 140 | | | | |
| | | ＞100～300 | 162～217 | 580 | 290 | 270 | 135 | | | | |
| | 调质 | ≤200 | 217～255 | 650 | 360 | 300 | 155 | 215 | 100 | 60 | |
| 40Cr | 调质 | 25 | | 1000 | 800 | 500 | 280 | 330 | 150 | 90 | 用于载荷较大而无很大冲击的重要轴 |
| | | ≤100 | 241～266 | 750 | 550 | 350 | 200 | 250 | 120 | 70 | |
| | | ＞100～300 | 241～266 | 700 | 550 | 340 | 185 | 230 | 110 | 65 | |
| 40MnB | 调质 | 25 | 241～286 | 1000 | 800 | 485 | 280 | 330 | 150 | 90 | 性能接近40Cr，用于重要的轴 |
| | | ≤200 | | 750 | 550 | 335 | 195 | 250 | 120 | 70 | |
| 35CrMo | 调质 | 25 | 207～269 | 1000 | 850 | 510 | 285 | 330 | 150 | 90 | |
| | | ≤100 | | 750 | 550 | 390 | 200 | 250 | 120 | 70 | |
| | | ＞100～300 | | 700 | 500 | 350 | 185 | 230 | 110 | 65 | |
| 20Cr | 渗碳淬火回火 | 15 | 表面（HRC）50～60 | 850 | 550 | 375 | 215 | 285 | 135 | 77 | 用于要求强度和韧度均较高的轴 |
| | | 30 | | 650 | 400 | 280 | 160 | 215 | 100 | 60 | |
| | | ≤60 | | 650 | 400 | 280 | 160 | 215 | 100 | 60 | |
| 20CrMnTi | 渗碳淬火回火 | 15 | 表面（HRC）50～62 | 1100 | 850 | 525 | 300 | 365 | 165 | 100 | |
| 38CrMoAlA | 调质 | 30 | 229 | 1000 | 850 | 495 | 285 | 330 | 150 | 90 | 用于要求高的耐蚀性、高强度且热处理变形很小的轴 |

续表

| 材料牌号 | 热处理 | 毛坯直径/mm | 硬度/HBS | 力学性能/MPa | | | | 许用弯曲应力/MPa | | | 备　注 |
| | | | | $\sigma_b$ | $\sigma_s$ | $\sigma_{-1}$ | $\tau_{-1}$ | $[\sigma_{+1}]_b$ | $[\sigma_0]_b$ | $[\sigma_{-1}]_b$ | |
| 球墨铸铁 | QT400-15 | | 156~197 | 400 | 300 | 145 | 125 | 64 | 34 | 25 | 用于结构形状复杂的轴 |
| | QT600-3 | | 197~269 | 600 | 420 | 215 | 185 | 96 | 52 | 37 | |

## 6.1.3　轴的失效形式及轴设计时主要解决的问题

轴工作时可能发生以下几种失效:在变应力作用下发生疲劳断裂;由于刚度不足产生过大的弹性变形;转速极高的轴可能因共振而失稳。

为了满足功能要求,轴设计时必须保证足够的强度,以防止疲劳断裂;对于刚度要求高的轴,还必须进行刚度计算,以防止发生过大的弹性变形;对于高速回转的轴,还需进行临界转速计算,防止轴系发生共振。对于普通机械装置中的轴,转速通常不太高,故只需保证足够的强度或刚度即可。

轴设计时所要解决的另一个重要问题是轴的结构设计,即根据轴的装配、加工,以及轴上零件的定位和固定等要求,合理地确定出轴的几何形状及结构尺寸。轴的结构设计是本章所要讨论的重点内容之一。

因此,对于一般用途的轴,设计时主要解决两个问题:轴的结构设计和轴的强度计算。

# 6.2　轴 的 结 构 设 计

## 6.2.1　轴结构设计时应考虑的因素

轴结构设计的目的是合理地确定轴的外部形状和全部几何尺寸。由于影响轴结构设计的因素很多,故轴没有标准的结构形式。在满足规定的功能要求和设计约束的前提下,轴的结构设计方案具有较大的灵活性。通常,轴结构设计时应考虑如下因素:①便于轴上零件(如齿轮、轴承等)的装拆和调整;②保证轴上零件有准确的定位和可靠的固定;③具有良好的加工工艺性;④力求受力合理、应力集中小、工作能力强、节省材料和减轻重量。从这些要求出发,轴通常设计成中间大、两端小的阶梯形,这种阶梯轴用料省,各剖面接近于等强度,便于加工制造,而且利于轴上零件的装拆、定位和固定。

## 6.2.2　轴上零件的轴向定位和固定

轴上零件安装时,要有准确的轴向工作位置,即定位。对于工作时不允许轴向滑动的轴上零件,受力后不得改变其工作位置,即要求可靠的固定。常用的轴向定位与固定的方法如下。

**1）轴肩（或轴环）**

如图 6-7 所示，这种方法结构简单，定位可靠，能承受较大的轴向载荷，广泛应用于轮类零件和滚动轴承的轴向定位。缺点是轴径变化处会产生应力集中。设计时应注意：为保证定位准确，轴的过渡圆角半径 $r$ 应小于相配零件毂孔倒角 $C$ 或圆角 $R$；定位轴肩或轴环的高度 $h$ 应大于 $C$ 或 $R$，通常取 $h \approx (0.07 \sim 0.1)d$，$d$ 为与零件相配处的轴段直径；滚动轴承的定位轴肩高度应低于轴承内圈的端面高度，以便拆卸轴承，具体值可根据轴承标准查取相关的安装尺寸；轴环宽度 $b \approx 1.4h$。轴上有些轴肩不起定位作用，称为非定位轴肩，主要目的是方便轴上零件的装拆（见图 6-18 中轴段②与③、轴段③与④之间的轴肩），这样的轴肩不必太高，取 $h = 1 \sim 2$ mm 即可。

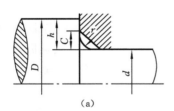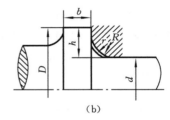

（a）　　　　　　　　　　　　　（b）

**图 6-7　轴肩与轴环**

（a）轴肩；（b）轴环

**2）套筒**

如图 6-8 所示，套筒常用于相邻的两个零件之间，起定位和固定作用。但由于套筒与轴的配合较松，故不宜用于转速很高的轴。图中套筒对齿轮起固定作用，而对轴承则起定位作用。此时，为保证固定牢靠，与齿轮轮毂相配的轴段长度 $l$ 应略小于轮毂宽度 $B$，即 $B - l = 2 \sim 3$ mm。对以下介绍的其他各种固定方法也应注意这个问题。

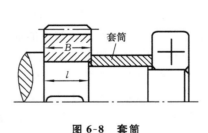

**图 6-8　套筒**　　　　　　　　　**图 6-9　紧定螺钉**

**3）紧定螺钉**

如图 6-9 所示，其结构简单，但受力较小，不适于高速场合，兼做周向固定。

**4）圆螺母和弹性挡圈**

如图 6-10 所示，圆螺母常与止动垫圈（带翅垫片）联合使用，可承受较大的轴向力，固定可靠,但轴上需切制螺纹和退刀槽,从而会削弱轴的强度,因此常用于应力不大的轴端。弹性挡圈结构简单,但轴上切槽会引起应力集中,一般用于轴向力不大的零件的轴向固定。

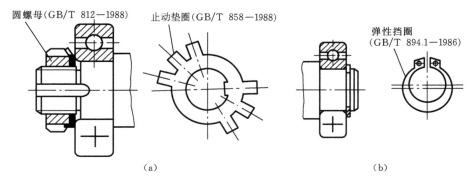

图 6-10 圆螺母和弹性挡圈

(a) 圆螺母;(b) 弹性挡圈

**5) 轴端挡圈和圆锥面**

如图 6-11 所示,用螺钉将挡圈固定在轴的端面,常与轴肩或锥面配合,固定轴端零件。这种方法固定可靠,能承受较大的轴向力。圆锥面使轴上零件装拆方便,宜用于高速、冲击载荷及对中性要求高的场合。

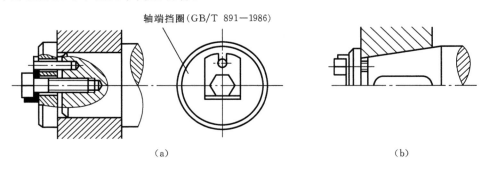

图 6-11 轴端挡圈

(a) 轴端挡圈与轴肩;(b) 轴端挡圈与圆锥面

## 6.2.3 轴上零件的周向固定

除需对轴上零件进行轴向固定外,还应进行周向固定,防止轴上零件与轴发生相对转动,以满足机器传递转矩的功能要求。周向固定的方法有:键连接、花键连接、紧定螺钉、销连接、成形连接、过盈配合等。其中紧定螺钉只用于载荷不大的场合。周向固定方式详见第 5 章。

## 6.2.4　轴的加工和装配工艺性

进行结构设计时应使轴便于加工、测量、装拆和维修,力求减少工作量,提高生产效率。为了便于加工,减少加工刀具的数量,应尽量使轴上直径相近处的过渡圆角、倒角、键槽、越程槽、退刀槽等尺寸各自统一。无特殊要求时,同一轴上不同轴段的各键槽应布置在轴的同一加工方向上(图 6-12(a)),可减少铣削键槽时工件的装夹次数。当有几个花键轴段时,花键尺寸最好也统一。为了便于轴上零件的装配,轴端应加工出倒角(一般为45°),且轴的配合直径应圆整成标准值,过盈配合轴段应加工出导向锥面(图 6-12(b)),以便轮毂孔上的键槽与键对中。需要磨削的轴段,应制出砂轮越程槽(图 6-12(c))。需车制螺纹的轴段应有退刀槽。轴的结构越简单,工艺性就越好,因此在满足功能要求的前提下,应尽量简化轴的结构形状。

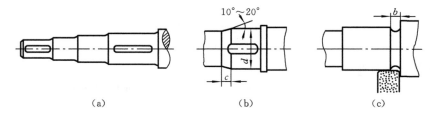

(a)　　　　　　　　　(b)　　　　　　　　　(c)

**图 6-12　轴的结构工艺性**

## 6.2.5　提高轴强度、刚度的措施

### 1. 合理布置轴上零件

轴上零件的合理布置可改善轴的受力状况,提高轴的强度和刚度。

**1) 使弯矩合理分布**

合理改进轴上零件的结构,可减小轴上载荷,改善其应力特征,提高轴的强度和刚度。对于图 6-13(a)所示的轮轴,若把轴、毂配合面分为两段(图 6-13(b)),则可减小轴所受的最大弯矩,使载荷分布更趋合理。

**2) 使转矩合理分配**

在图 6-14 中,轴上装有三个传动轮,输入转矩为 $T_1 + T_2$。若将输入轮布置在轴的一端(图 6-14(a)),此时轴所承受的最大转矩为 $T_1 + T_2$。若将输入轮布置在两个输出轮之间(图 6-14(b))时,则轴上的最大转矩减小为 $T_1$。

**3) 改善受力状态**

图 6-15(a)所示的卷扬机,其卷筒轴工作时,既受弯矩又受转矩作用。当卷筒的安装结构改为图 6-15(b)所示的情形时,大齿轮与卷筒固联,卷筒轴则只受弯矩作用,因此改善了轴的受力状态,既缩短了轴的长度,使结构紧凑,又提高了轴的强度和刚度。

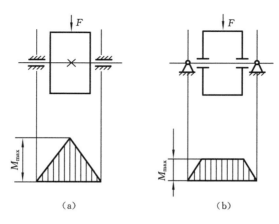

图 6-13 轮轴结构

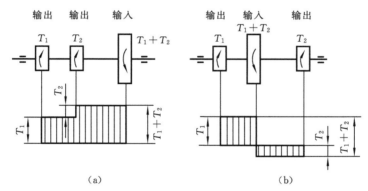

图 6-14 传动轮的布置

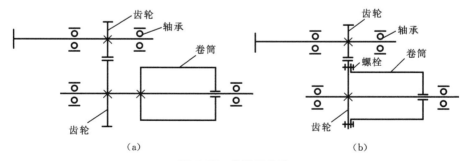

图 6-15 卷扬机卷筒

## 2. 减小轴的应力集中

轴的剖面变化处、轴毂配合面的边缘、键槽根部等都会产生应力集中。应力集中会严重削弱轴的疲劳强度。为减小和避免应力集中,可采取如下措施:尽量使轴的剖面尺寸变化不会太大,适当增大过渡圆角半径;若圆角半径受限制,可采用凹切圆角、过渡肩环、减载槽等结构,如图 6-16 所示;对于采用过盈配合的轴段,可在轴上或轮毂上开出减载槽;要尽量避免在轴上应力大的部位开横孔、切口等。

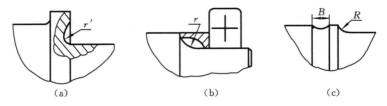

(a)　　　　　　　(b)　　　　　　　(c)

**图 6-16　减小圆角处应力集中的结构**

(a) 凹切圆角;(b) 过渡肩环;(c) 减载槽

# 6.3　轴的强度计算

## 6.3.1　按扭转强度计算

对于只承受转矩或以承受转矩为主的传动轴,应按扭转强度条件计算轴所需的直径。对于既承受转矩又承受弯矩的转轴,设计之初往往不清楚支反力的作用点,不能确定弯矩的大小及分布情况,因而还不能按轴的实际受载来计算其直径,这时,也可按扭转强度初步估算轴的直径,但须降低许用扭剪应力,以考虑弯矩对轴强度的影响。

扭转强度条件为

$$\tau_T = \frac{T}{W_T} = \frac{9\ 550 \times 10^3 P/n}{W_T} \leqslant [\tau_T] \quad \text{MPa} \tag{6-1}$$

式中:$\tau_T$ 为轴的扭剪应力(MPa);

$T$ 为轴所传递的转矩(N·mm);

$W_T$ 为轴的抗扭剖面系数(mm³),其计算公式见表 6-2;

$P$ 为轴所传递的功率(kW);

$n$ 为轴的转速(r/min);

$[\tau_T]$ 为轴的许用扭剪应力(MPa),其值见表 6-3。

对实心圆轴,$W_T = \pi d^3/16 \approx d^3/5$,将其代入式(6-1),得轴所需的直径为

$$d \geqslant \sqrt[3]{\frac{5}{[\tau_T]}\left(9\ 550 \times 10^3 \frac{P}{n}\right)} = C\sqrt[3]{\frac{P}{n}} \quad \text{mm} \tag{6-2}$$

式中:$C$ 为与轴的材料有关的系数,其值可查表 6-3。对于确定的材料,当轴所受的弯矩较大或对轴的刚度要求较高时,$C$ 取较大值;反之,$C$ 取较小值。

**表 6-2　抗弯、抗扭剖面系数 $W$、$W_T$ 的计算公式**

| 剖　面 | 剖面系数/mm³ | 剖　面 | 剖面系数/mm³ |
|---|---|---|---|
| | $W=\dfrac{\pi d^3}{32}\approx\dfrac{d^3}{10}$  $W_T=\dfrac{\pi d^3}{16}\approx\dfrac{d^3}{5}$ | | $W=\dfrac{\pi d^3}{32}\left(1-1.54\dfrac{d_0}{d}\right)$  $W_T=\dfrac{\pi d^3}{16}\left(1-\dfrac{d_0}{d}\right)$ |
| | $W=\dfrac{\pi d^3}{32}(1-r^4)\approx\dfrac{d^3(1-r^4)}{10}$  $W_T=\dfrac{\pi d^3}{16}(1-r^4)\approx\dfrac{d^3(1-r^4)}{5}$  $r=d_1/d$ | 矩形花键 | $W=\dfrac{\pi d^4+bz(D-d)(D+d)^2}{32D}$  $W_T=\dfrac{\pi d^4+bz(D-d)(D+d)^2}{16D}$  式中:$z$ 为花键齿数 |
| | $W=\dfrac{\pi d^3}{32}-\dfrac{bt(d-t)}{2d}$  $W_T=\dfrac{\pi d^3}{16}-\dfrac{bt(d-t)^2}{2d}$ | 渐开线花键或齿轮轴 | $W=\dfrac{\pi d^3}{32}\approx\dfrac{d^3}{10}$  $W_T=\dfrac{\pi d^3}{16}\approx\dfrac{d^3}{5}$ |
| | $W=\dfrac{\pi d^3}{32}-\dfrac{bt(d-t)^2}{d}$  $W_T=\dfrac{\pi d^3}{16}-\dfrac{bt(d-t)^2}{d}$ | — | — |

**表 6-3　轴常用材料的许用扭剪应力 $[\tau_T]$ 和 $C$ 值**

| 轴的材料 | Q235A、20 钢 | 35 钢 | 45 钢 | 40Cr,35SiMn、38SiMnMo、20CrMnTi 钢 |
|---|---|---|---|---|
| $[\tau_T]$/MPa | 12～20 | 20～30 | 30～40 | 40～52 |
| $C$ | 160～135 | 135～118 | 118～107 | 107～98 |

　　应用式(6-2)求出的 $d$ 值,一般作为轴受转矩作用部分最细处的直径,通常是轴端直径。若该轴段有键槽,则会削弱轴的强度,此时应适当加大 $d$ 值,并将其圆整成标准值。该轴段同一剖面有单键槽时,$d$ 值应增大 5%;有双键槽时,$d$ 值应增大 10%。

　　也可采用经验公式来估算轴的直径。比如,一般减速器中,输入轴的轴端直径 $d$ 可根据与之相连的电动机轴的直径 $D$ 来估算:$d\approx(0.8\sim1.2)D$。

## 6.3.2　按弯、扭合成强度计算

　　对于同时承受弯矩 $M$ 和转矩 $T$ 的轴,可根据弯矩和转矩的合成强度进行计算。计算时,先根据结构设计所确定的几何尺寸和轴上零件的位置,画出轴的空间和平面受力简图,求出支反力。然后,绘制弯矩图、转矩图,求出弯曲应力 $\sigma_b$ 和扭剪应力 $\tau_T$,按材料力学中的第三强度理论建立轴的弯扭合成强度条件:

$$\sigma_{ca} = \sqrt{\sigma_b^2 + 4\tau_T^2} \leqslant [\sigma_b] \quad \text{MPa} \tag{6-3}$$

式中:$\sigma_{ca}$ 为当量应力;

$[\sigma_b]$ 为许用弯曲应力。

对于直径为 $d$ 的实心圆轴,上式可改写成

$$\sigma_{ca} = \sqrt{\left(\frac{M}{W}\right)^2 + 4\left(\frac{T}{W_T}\right)^2} = \frac{\sqrt{M^2 + T^2}}{W} \leqslant [\sigma_b] \quad \text{MPa} \tag{6-4}$$

式中:$M$ 为轴危险截面的弯矩(N·mm);

$W$、$W_T$ 分别为轴的抗弯、抗扭剖面系数(mm³),见表 6-2。

对于实心圆轴,$W_T = 2W$。弯矩 $M$ 所产生的弯曲应力 $\sigma_b$ 与转矩 $T$ 所产生的扭剪应力 $\tau_T$ 的性质可能不同。对于转轴和转动的心轴,弯曲应力通常是对称循环变应力,而转矩 $T$ 所产生的扭剪应力往往不是对称循环变应力。不同循环特性的应力对轴疲劳强度的影响程度不同,因此,进行轴的强度计算时必须考虑这种应力循环特性差异的影响。将式(6-4)中的转矩 $T$ 乘以折合系数 $\alpha$,把不是对称循环变化的扭剪应力折合成对称循环变应力,则强度条件修正为

$$\sigma_{ca} = \frac{\sqrt{M^2 + (\alpha T)^2}}{W} = \frac{M_{ca}}{W} \leqslant [\sigma_{-1}]_b \quad \text{MPa} \tag{6-5}$$

式中:$M_{ca} = \sqrt{M^2 + (\alpha T)^2}$,称为当量弯矩;

$[\sigma_{-1}]_b$ 为对称循环变应力作用下的许用弯曲应力。

折合系数 $\alpha$ 根据转矩的性质而定。对于不变的转矩,可认为扭剪应力是静应力,则折合系数 $\alpha = [\sigma_{-1}]_b / [\sigma_{+1}]_b \approx 0.3$;当转矩按脉动循环变化时(轴单向运转,且有明显的振动、冲击或频繁地启动、停车),则扭剪应力可看成脉动循环变应力,此时,$\alpha = [\sigma_{-1}]_b / [\sigma_0]_b \approx 0.6$;转矩按对称循环变化时(轴频繁地双向运转),扭剪应力也是对称循环变应力,$\alpha = [\sigma_{-1}]_b / [\sigma_{-1}]_b = 1$。若转矩的变化规律不清楚,为安全起见,一般按脉动循环处理。$[\sigma_{-1}]_b$、$[\sigma_0]_b$、$[\sigma_{+1}]_b$ 分别为对称循环、脉动循环及静应力状态下的许用弯曲应力,其值见表 6-1。

对于实心圆轴,$W \approx 0.1d^3$,则式(6-5)可改写成

$$d \geqslant \sqrt[3]{\frac{M_{ca}}{0.1[\sigma_{-1}]_b}} \quad \text{mm} \tag{6-6}$$

阶梯轴上各剖面的当量弯矩及抗弯剖面系数是不同的,即当量应力 $\sigma_{ca}$ 各处不等,因此,用弯、扭合成强度公式对轴进行校核或设计计算时,应首先找出 $\sigma_{ca}$ 较大的几个截面,这样的截面属于危险截面,然后对危险截面分别进行计算。所计算的剖面有键槽时,应将计算出的轴径加大,方法同扭转强度计算。

前面介绍了轴的两种强度计算方法:扭转强度计算方法和弯、扭合成强度计算方法。

· 154 ·　机械设计——基础篇(第二版)

前者用于传动轴或初算转轴的最小直径；后者用于转轴或心轴的强度校核。对于一般用途的轴，按弯、扭合成强度计算已足够精确，但上述计算中没有考虑应力集中、绝对尺寸和表面质量等因素对轴疲劳强度的影响，因此，对于重要的轴，还需进行精确计算，即对轴的危险截面（实际应力较大或应力集中较严重的剖面）按疲劳强度安全系数法进行计算，这种计算方法可参阅有关资料，本书不予介绍。

# 6.4　轴的刚度及临界转速简介

## 6.4.1　轴的刚度计算

轴在弯矩和转矩作用下会产生弹性变形，包括弯曲变形和扭转变形（图 6-17），变形严重时将使轴和轴上零件不能正常工作，影响机器的工作性能。例如：安装齿轮的轴，若弯曲变形过大，会使轮齿上的载荷沿齿宽分布不均，引起偏载；机床主轴变形过大，会降低被加工零件的制造精度；电动机主轴变形过大，会改变定子和转子间的间隙，从而影响电动机的性能。因此，对那些刚度要求较高的轴，为防止工作中出现过大的弹性变形，需要进行刚度计算，使其满足下列刚度条件：

$$y \leqslant [y], \quad \theta \leqslant [\theta], \quad \varphi \leqslant [\varphi] \tag{6-7}$$

式中：$y$、$[y]$ 分别为轴的挠度和许用挠度（mm）；

　　　$\theta$、$[\theta]$ 分别为轴的偏转角和许用偏转角（rad）；

　　　$\varphi$、$[\varphi]$ 分别为轴的扭转角和许用扭转角（rad）。

$y$、$\theta$、$\varphi$ 按材料力学中的公式计算，相应的许用值则根据各类机器的要求确定，见表 6-4。

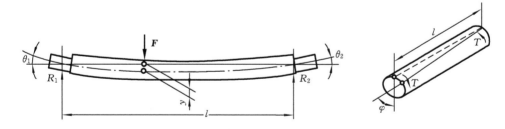

**图 6-17　轴的弯曲变形和扭转变形**

**表 6-4　轴许用的挠度、偏转角和扭转角**

| 应用场合 | $[y]$/mm | 应用场合 | $[\theta]$/rad | 应用场合 | $[\varphi]/(°/m)$ |
|---|---|---|---|---|---|
| 一般用途 | $(0.0003\sim0.005)l$ | 滑动轴承 | $\leqslant 0.001$ | 一般传动 | $0.5\sim1$ |
| 刚度要求较高 | $\leqslant 0.0002\,l$ | 向心球轴承 | $\leqslant 0.005$ | 较精密的传动 | $0.25\sim0.5$ |
| 安装齿轮的轴 | $(0.01\sim0.03)m_n$ | 调心轴承 | $\leqslant 0.05$ | 重要传动 | $0.25$ |

续表

| 应用场合 | $[y]$/mm | 应用场合 | $[\theta]$/rad | 应用场合 | $[\varphi]$/(°/m) |
|---|---|---|---|---|---|
| 安装蜗轮的轴 | $(0.02\sim0.05)m_t$ | 圆柱滚子轴承 | $\leqslant0.0025$ | $l$—支承间跨距； | |
| 蜗杆轴 | $(0.01\sim0.02)m_t$ | 圆锥滚子轴承 | $\leqslant0.0016$ | $\delta$—电动机定子与转子的间隙；$m_n$—齿轮法面模数； | |
| 电动机轴 | $\leqslant0.1\delta$ | 安装齿轮处 | $\leqslant0.001\sim0.002$ | $m_t$—蜗轮端面模数 | |

## 6.4.2　轴的临界转速

大多数机器中的轴虽然不受周期性外载荷的作用，但由于零件的材质分布不均匀，以及制造、安装误差等原因，将导致零件的质心与回转轴线之间偏移一段距离，因而回转时将产生离心力，使轴受到周期性载荷的干扰作用。若周期性载荷引起的强迫振动频率与轴的固有频率相同或接近，轴将产生显著的振动。这种现象称为轴的共振，产生共振时轴的转速称为临界转速（记为 $n_c$）。如果轴的转速停滞在临界转速附近，则轴的弹性变形将迅速增大，以至于轴或轴上零件乃至整个机器遭到破坏。因此，对于转速极高的轴或受周期性外载荷作用的轴，必须进行临界转速计算，使轴的工作转速 $n$ 避开临界转速 $n_c$。

轴的临界转速可以有多个，最低的一个称为一阶临界转速，其余为二阶临界转速、三阶临界转速等，分别记为 $n_{c1}$，$n_{c2}$，$n_{c3}$ 等。工作转速低于一阶临界转速的轴称为刚性轴，超过一阶临界转速的轴称为挠性轴。

对于刚性轴，应使轴的工作转速 $n<0.85\,n_{c1}$；对于挠性轴，应使 $1.15\,n_{c1}<n<0.85\,n_{c2}$。

在一阶临界转速下，轴振动激烈最为危险，所以通常主要计算一阶临界转速，但是在某些情况下还需要计算高阶临界转速。关于各阶临界转速的计算方法，可参阅力学等方面的书籍。

# 6.5　轴的设计方法及综合示例

轴设计时，一般应已知传递的功率或转矩、轴的转速、轴上传动零件及支承零件的主要尺寸等。设计任务是：在满足强度、刚度、轴上零件的装配、轴上零件的定位与固定、加工工艺性等要求的前提下，确定轴的材料、结构形状和几何尺寸。尽管轴设计时所受的限制很多，但对一般用途的轴，能满足强度条件且具有合理的结构形状及良好的加工工艺性即可。对于刚度要求高的轴，如机床主轴，工作时不允许有过大的弹性变形，则还应按刚度条件进行校核计算。

轴的设计并无固定不变的步骤，根据具体情况而定，一般方法如下。

（1）根据工作要求选择轴的材料。

（2）根据轴的功率和转速，按扭转强度条件（见式（6-2））或与同类机器类比，初步计算出轴端最小直径 $d_{min}$。

（3）在此基础上，全面考虑轴上零件的布置、定位、固定、装配及轴的加工工艺等要求，进行轴的结构设计，确定轴的形状及各部分的尺寸，并应尽量减小应力集中。需要注意的是：轴结构设计的结果具有多解性，轴上零件若采用不同的装配方案，或者轴的加工采用不同的加工工艺，将得出不同的结构形式，因此，必须对多个可行的结构方案进行综合分析，确定出较优的方案。

（4）根据结构设计结果，对轴进行受力分析，画出弯矩图、转矩图，然后根据工作要求，按弯、扭合成强度条件或刚度条件对轴进行校核计算。若轴不满足强度或刚度要求，则需对轴的结构、尺寸、工艺或材料等做必要的修改，进行再设计，直到满足要求为止。

下面用一个实例，说明轴的设计方法和过程。

[**例 6-1**]　设计一普通用途的单级斜齿圆柱齿轮减速器的输入轴。已知：输入功率 $P=15$ kW，转速 $n=700$ r/min，单向运转，载荷有冲击，齿轮宽度 $B=80$ mm，齿数 $z_1=27$，法面模数 $m_n=5$ mm，螺旋角 $\beta=9°22'$，主动轮为左旋齿轮，轴端装有 V 带轮，带轮轮毂宽度 $L=90$ mm，压轴力 $F_Q=1\,800$ N。

**解**　（1）选择轴的材料。

该轴传递中等大小功率、转速不高，且属一般用途的轴，无特殊要求，故轴的材料可选择应用广泛且较经济的 45 钢，经调质处理，由表 6-1 查得其许用应力 $[\sigma_{-1}]_b=60$ MPa。

（2）按扭转强度初步计算轴端直径。

由表 6-3 查得 $C=118\sim107$，因 V 带传动的压轴力会对轴端产生较大的弯矩，所以 $C$ 应取大值，取 $C=118$，则轴端直径为

$$d_{min}=C\sqrt[3]{\frac{P}{n}}=118\times\sqrt[3]{\frac{15}{700}}\text{ mm}=32.78\text{ mm}$$

假定与 V 带轮相配的轴段开有一个键槽，故应将 $d_{min}$ 增大 5%，得 $d_{min}=34.4$ mm，再根据设计手册查标准尺寸，取轴端直径 $d_①=35$ mm。

（3）轴的结构设计。

按工作要求，轴上所支承的零件主要有齿轮、V 带轮及滚动轴承。考虑到 V 带轮的轴向定位及滚动轴承的装拆，轴颈（与轴承配合的轴段）直径应比轴端直径大 10 mm 左右，故确定轴颈直径 $d_③=d_⑦=45$ mm。再根据轴的受力选取角接触球轴承——7209C 型滚动轴承，查机械设计手册，知其内径为 45 mm、外径为 85 mm、宽度为 19 mm。依据计算所得的轴端直径和轴上零件的位置、尺寸，同时考虑轴上零件的定位、固定、装拆和加工等要求，可依次定出各轴段的直径和长度，从而完成轴的结构设计，如图 6-18 所示。

根据不同的装配方案会得出不同的结构。图 6-18 中，装配顺序是：齿轮、套筒、左端轴承、轴承盖、V 带轮等依次从轴的左端装入，而右端轴承从轴的右端装入。如果将齿轮改为从右端装入，则轴的结构将随之改变。至于哪种装配方案更好，要视具体情况而定。批量生产时，图示结构装拆简便，利于机械加工。但若齿轮相对于轴承非对称布置且靠近右端轴承，则齿轮应从右端装入，否则套筒会过长。

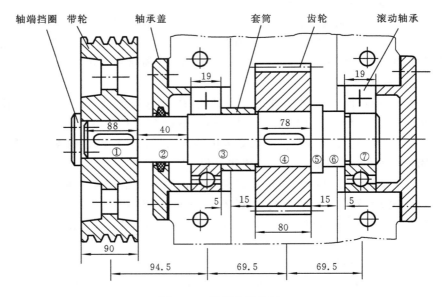

**图 6-18　轴的结构设计**

　　轴段①、②之间的轴肩是 V 带轮的定位轴肩,其高度 $h$ 应保证定位可靠,根据 $h \approx (0.07 \sim 0.1)d$,取 $h = 3.5$ mm,则 $d_② = 42$ mm。轴段②、③之间的轴肩为非定位轴肩,目的是便于滚动轴承的装拆,两段轴径稍有差别即可。轴段③与④之间的轴肩也是非定位轴肩,便于齿轮的装拆,故取 $d_④ = 50$ mm。轴环⑤对齿轮起定位作用,直径应取大些,取 $d_⑤ = 58$ mm,轴环宽度 $b \approx 1.4h = 1.4 \times (58-50)/2$ mm $= 5.6$ mm,取 $b = 6$ mm。轴段⑥与⑦之间的轴肩是滚动轴承的定位面,其高度应低于滚动轴承内圈的厚度,以便于轴承的拆卸,具体数值根据滚动轴承的型号查手册确定,由型号 7209C 查得 $d_⑥ = 52$ mm。其余轴段的直径与相配零件的孔径一致。

　　带轮和齿轮均用平键做周向固定,分别用轴端挡圈和套筒做轴向固定。为保证固定可靠,与带轮和齿轮相配的轴段①、④应比轮毂宽度短 2 mm 左右,分别取为 88 mm 和 78 mm。由于套筒对左端轴承起定位作用,所以其外径也应满足轴承拆卸的要求,即小于内圈厚度。轴承的固定是靠轴承盖来保证的。齿轮端面和轴承端面至箱体内壁的距离分别取为 15 mm 和 5 mm,则轴段③和⑥的长度也就随之确定了。轴段②的长度与箱体和轴承盖的结构有关,暂定为 40 mm。

　　为便于加工,两个键槽布置在同一母线上。若与轴承配合的轴表面需进行磨削加工,则轴肩处应先切制出砂轮越程槽,如图 6-18 中轴段⑥和⑦之间所示。

　　至此,轴的结构设计基本完成,当然,也可同时拟出其他方案与之比较,从中挑选出符合设计要求的最佳方案。此处不再赘述。

（4）受力分析（图 6-19）。

① 计算齿轮受力。

齿轮的分度圆直径：　$d=m_{n}z/\cos\beta=(5\times27/\cos9°22') \text{ mm}=136.82 \text{ mm}$

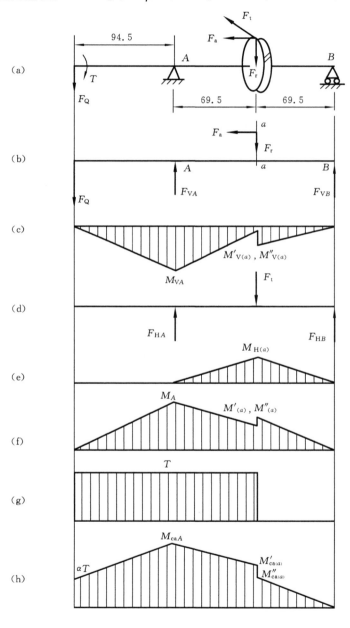

图 6-19　轴的受力分析

轴传递的转矩：$T=9.55\times10^6\dfrac{P}{n}=9.55\times10^6\times\dfrac{15}{700}$ N·mm$=204\ 643$ N·mm

齿轮的圆周力：$F_t=\dfrac{2T}{d}=\dfrac{2\times204\ 643}{136.82}$ N$=2991$ N

齿轮的径向力：$F_r=F_t\dfrac{\tan\alpha_n}{\cos\beta}=2991\times\dfrac{\tan20°}{\cos9°22'}$ N$=1103$ N

齿轮的轴向力：$F_a=F_t\tan\beta=2991\times\tan9°22'$ N$=493$ N

② 画受力简图。

首先画轴的空间受力简图(图 6-19(a))。压轴力 $F_Q$ 与带轮的布置有关,圆周力 $F_t$、轴向力 $F_a$ 与轴的转向及轮齿螺旋方向有关,应根据实际工作情况决定,这一点要特别注意,否则,会得出错误的结果。这里,假定压轴力的方向垂直向下,轴的转向向右看为顺时针,齿轮啮合点的位置在上方,则根据斜齿圆柱齿轮传动受力分析方法可知各分力的方向如图所示。然后将轴上作用力分解为铅垂面受力图(图 6-19(b))和水平面受力图(图 6-19(d)),分别求出铅垂面上的支反力和水平面上的支反力。零件作用于轴上的分布力或转矩(因轴上零件如齿轮、带轮等均有宽度)可当成作用于轴上零件宽度中点的集中载荷。支反力的作用点随轴承类型和布置方式不同而异,近似计算时一般取为轴承宽度的中点,精确计算时参见有关的机械设计手册。

③ 计算支反力。

铅垂面内支反力：$F_{VA}=\dfrac{F_Q(94.5+139)+F_a\times d/2+F_r\times69.5}{139}$

$$=\dfrac{1\ 800\times(94.5+139)+493\times136.82/2+1\ 103\times69.5}{139}\text{ N}$$

$$=3\ 818\text{ N}$$

$$F_{VB}=F_Q+F_r-F_{VA}=(1\ 800+1\ 103-3\ 818)\text{ N}=-915\text{ N}$$

负号表示方向与图示相反。

水平面内支反力：$F_{HA}=F_{HB}=F_t/2=2\ 991/2$ N$=1\ 496$ N

(5) 按弯、扭合成强度校核。

① 计算轴的弯矩,并画出弯矩图和转矩图。

a. 铅垂面弯矩。

剖面 $a$—$a$ 处铅垂面弯矩有突变,故

左截面　$M'_{V(a)}=F_{VA}\times69.5-F_Q\times(94.5+69.5)$

$$=(3\ 818\times69.5-1\ 800\times164)\text{ N·mm}$$

$$=-29\ 849\text{ N·mm}$$

右截面　$M''_{V(a)}=F_{VB}\times69.5=-915\times69.5$ N·mm$=-63\ 593$ N·mm

支点 $A$ 处　$M_{VA}=-F_Q\times94.5=-1\ 800\times94.5$ N·mm$=-170\ 100$ N·mm

b. 水平面弯矩。

$M_{H(a)} = F_{HA} \times 69.5 = 1\,496 \times 69.5\ \text{N} \cdot \text{mm} = 103\,972\ \text{N} \cdot \text{mm}$

分别作出铅垂面和水平面上的弯矩图,如图 6-19(c)、(e)所示。

c. 合成弯矩。

按 $M = \sqrt{M_H^2 + M_V^2}$ 计算。

$a$—$a$ 左截面　　$M'_{(a)} = \sqrt{M_{H(a)}^2 + M'^2_{V(a)}} = \sqrt{103\,972^2 + 29\,849^2}\ \text{N} \cdot \text{mm} = 108\,172\ \text{N} \cdot \text{mm}$

$a$—$a$ 右截面　　$M''_{(a)} = \sqrt{M_{H(a)}^2 + M''^2_{V(a)}} = \sqrt{103\,972^2 + 63\,593^2}\ \text{N} \cdot \text{mm} = 121\,878\ \text{N} \cdot \text{mm}$

支点 $A$ 处　　$M_A = |M_{VA}| = 170\,100\ \text{N} \cdot \text{mm}$

由此作出合成弯矩图,如图 6-19(f)所示。

画转矩图,如图 6-19(g)所示,转矩作用于剖面 $a$—$a$ 处左截面至轴左端面之间的轴段。

② 计算当量弯矩。

$$M_{ca} = \sqrt{M^2 + (\alpha T)^2}$$

据题意,轴单向运转,载荷有冲击,故其转矩可看成脉动循环变化,取 $\alpha = 0.6$,则

$a$—$a$ 左截面　　$M'_{ca(a)} = \sqrt{M'^2_{(a)} + (\alpha T)^2} = \sqrt{108\,172^2 + (0.6 \times 204\,643)^2}\ \text{N} \cdot \text{mm}$
　　　　　　　　　　　　$= 163\,638\ \text{N} \cdot \text{mm}$

$a$—$a$ 右截面　　$M''_{ca(a)} = \sqrt{M''^2_{(a)} + (\alpha T)^2} = M''_{(a)}$
　　　　　　　　　　　　$= 121\,878\ \text{N} \cdot \text{mm}$　　(右截面 $T = 0$)

支点 $A$ 处　　$M_{caA} = \sqrt{M_A^2 + (\alpha T)^2} = \sqrt{170\,100^2 + (0.6 \times 204\,643)^2}\ \text{N} \cdot \text{mm}$
　　　　　　　　　　　$= 209\,786\ \text{N} \cdot \text{mm}$

作出当量弯矩图,如图 6-19(h)所示。

③ 校核弯、扭合成强度。

要知道轴是否满足强度要求,只需对危险截面进行校核即可,而轴的危险截面多发生在当量弯矩最大或当量弯矩较大且轴的直径较小处,即当量应力较大的截面属危险截面。根据轴的结构尺寸和当量弯矩可知,支点 $A$ 处当量弯矩最大,且剖面尺寸较小,属于危险截面;轴段②、③之间的轴肩处当量弯矩较大且直径更小,当属危险截面。下面仅对 $A$ 处的危险截面进行校核,另一危险截面读者可自行校核之。

查表 6-2 知,$W \approx 0.1d^3$。按式(6-5)校核:

$$\sigma_{caA} = \frac{M_{caA}}{W} = \frac{M_{caA}}{0.1d^3} = \frac{209\,786}{0.1 \times 45^3}\ \text{MPa} = 23\ \text{MPa} < [\sigma_{-1}]_b = 60\ \text{MPa}$$

显然,轴满足强度要求。

# 习　　题

**6-1**　按受载情况分类,自行车的前轮轴、中轴和后轮轴各属于哪种类型?

**6-2**　对轴进行结构设计时应综合考虑哪些问题?为什么轴径一般都要圆整成标准

尺寸?

**6-3**　轴上零件的轴向固定方式有哪几种?各适用于何种场合?

**6-4**　转轴所受弯曲应力的性质如何?其所受扭剪应力的性质又如何考虑?

**6-5**　扭转强度计算公式用在什么场合?式中的系数 $C$ 如何取值?

**6-6**　在当量弯矩 $M_{ca}$ 的计算公式中,折合系数 $\alpha$ 的含义是什么?如何取值?

**6-7**　指出图示结构中的错误及不合理之处,并绘出改正后的结构草图(不用考虑箱体结构)。

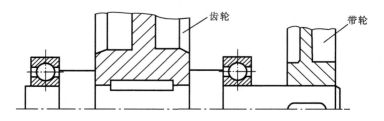

题 6-7 图

**6-8**　已知一单级直齿圆柱齿轮减速器,用电动机直接驱动,输入功率 $P=22$ kW,转速 $n_1=1\,470$ r/min,齿轮的模数 $m=4$ mm,齿数 $z_1=18$、$z_2=82$。若支承间的跨距 $l=180$ mm(齿轮居于正中位置),轴的材料用 45 钢,试按弯、扭合成强度计算输出轴危险截面处所需的直径。

**6-9**　一带式运输机由电动机通过斜齿圆柱齿轮减速器和一对锥齿轮驱动。已知:传递的功率 $P=5.5$ kW,转速 $n_1=960$ r/min;圆柱齿轮的参数为 $z_1=23$,$z_2=125$,$m_n=2$ mm,$\beta=12°32'$,螺旋方向如图所示,齿宽系数 $\psi_d=1.0$;锥齿轮的参数为 $z_3=20$,$z_4=80$,$m=6$ mm,齿宽系数 $\psi_R=1/4$。轴的材料用 45 钢,滚动轴承选 7300C 型(内径代号自定)。试设计减速器的第 Ⅱ 轴(包括结构设计和强度计算),并按比例绘制轴系结构图。

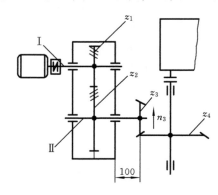

题 6-9 图

# 第7章 滚动轴承的选择与校核

## 7.1 概 述

　　轴承是用来支承回转零件的。根据摩擦性质的不同,可将轴承分为滚动轴承和滑动轴承两大类。按承载方向的不同,又可以将轴承分为向心轴承和推力轴承两类,前者以承受径向载荷为主,而后者以承受轴向载荷为主。

　　滚动轴承工作时,元件之间是滚动摩擦,阻力小,启动灵活,效率较高。绝大多数滚动轴承已标准化、系列化,由专业工厂大批量生产,规格、品种齐全,互换性好,易于维护。有些滚动轴承能同时承受径向和轴向载荷,可使支承结构简化,所以它们被广泛地应用于各种机械中。但滚动轴承径向尺寸较大,接触应力大,承受冲击载荷能力较差,高速重载下寿命较低、噪声较大。

　　由于滚动轴承是标准件,所以本章只是讨论在实际工作条件下,如何正确地选择滚动轴承的类型、尺寸及轴承组合结构设计等问题。

　　滚动轴承的基本结构如图 7-1 所示,它主要由内圈 1、外圈 2、滚动体 3 和保持架 4 组成。内、外圈统称为套圈。内圈装在轴颈上,外圈装在轴承座孔中。通常,内圈随轴转动,而外圈固定不动,但有些情况下是外圈转动而内圈不动(如车轮中的轴承),或内、外圈同时回转。

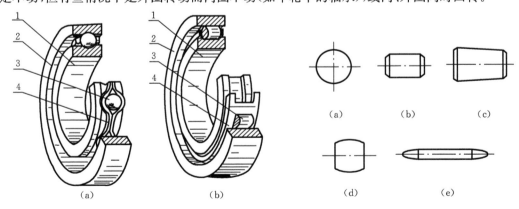

图 7-1　滚动轴承的基本结构　　　　　图 7-2　常用的滚动体

　　内、外圈的滚道多为凹槽形,起着降低接触应力和限制滚动体轴向移动的作用。滚动体是滚动轴承的核心元件,图 7-2(a)～(e)所示为常见的滚动体形状,依次为球形滚动体、圆柱滚子、圆锥滚子、鼓形滚子和滚针。保持架的作用是将滚动体沿周向均匀地分隔开，避免相邻的滚动体直接接触，减少摩擦磨损。常用的保持架有冲压保持架(图 7-1(a))和实体保持架(图 7-1(b))两种。在某些特殊情况下，滚动轴承可以没有内圈、外圈或保持架，但滚动体必不可少。无内、外圈时，滚动体沿着轴颈和轴承座内的滚道转动。

# 7.2　滚动轴承的主要类型及代号

## 7.2.1　滚动轴承的主要类型

滚动轴承的类型很多，按照滚动体的形状，滚动轴承可分为球轴承和滚子轴承；按承受载荷的方向，滚动轴承又可分为向心轴承和推力轴承。

滚动轴承所能承受的载荷方向与轴承的公称接触角 $\alpha$ 有关，接触角是滚动体与外圈滚道接触点的法线同轴承径向平面之间的夹角(见表 7-1)，它是滚动轴承的一个重要参数。

表 7-1　滚动轴承的公称接触角 $\alpha$

| 轴承类型 | 向心轴承($0°\leqslant\alpha\leqslant45°$) | | 推力轴承($45°<\alpha\leqslant90°$) | |
|---|---|---|---|---|
| | 径向接触 | 向心角接触 | 推力角接触 | 轴向接触 |
| 公称接触角 | $\alpha=0°$ | $0°<\alpha\leqslant45°$ | $45°<\alpha<90°$ | $\alpha=90°$ |
| 轴承图例 | | | | |

**1. 向心轴承**($0°\leqslant\alpha\leqslant45°$)

根据公称接触角 $\alpha$ 的大小，向心轴承又可分为以下两种。

(1) 径向接触轴承($\alpha=0°$)　主要承受径向载荷，如圆柱滚子轴承、深沟球轴承等，其中深沟球轴承也能承受少量的双向轴向载荷。

(2) 向心角接触轴承($0°<\alpha\leqslant45°$)　可同时承受径向载荷和单方向的轴向载荷，如角接触球轴承、圆锥滚子轴承等。

**2. 推力轴承**($45°<\alpha\leqslant90°$)

按公称接触角 $\alpha$ 的大小，推力轴承又分为以下两种。

(1) 推力角接触轴承($45°<\alpha<90°$)　主要承受轴向载荷，也能承受不大的径向载荷。

(2) 轴向接触轴承($\alpha=90°$)　只能承受轴向载荷。

我国常用滚动轴承的分类、名称、代号及特性见表 7-2。图中箭头表示承载方向。

**表 7-2　滚动轴承的主要类型、尺寸系列代号及其特性(摘自 GB/T 272—1993)**

| 轴承类型 | 结构简图、承载方向 | 类型代号 | 尺寸系列代号 | 组合代号 | 特　　性 |
|---|---|---|---|---|---|
| 调心球轴承 | | 1<br>(1)<br>1<br>(1) | (0)2<br>22<br>(0)3<br>23 | 12<br>22<br>13<br>23 | 主要承受径向载荷,也可同时承受少量的双向轴向载荷。外圈滚道为球面,具有自动调心性能。内外圈轴线相对偏斜允许 2°～3°,适用于多支点或弯曲刚度小的轴以及难以精确对中的支承场合 |
| 调心滚子轴承 | | 2 | 13<br>22<br>23<br>30<br>31<br>32<br>40<br>41 | 213<br>222<br>223<br>230<br>231<br>232<br>240<br>241 | 主要承受径向载荷,其承载能力比调心球轴承约大一倍,也能承受少量的双向轴向载荷。外圈滚道为球面,具有调心性能,内、外圈轴线相对偏斜允许 0.5°～2°,适用于多支点或弯曲刚度小的轴以及难以精确对中的支承场合 |
| 圆锥滚子轴承 | | 3 | 02<br>03<br>13<br>20<br>22<br>23<br>29<br>30<br>31<br>32 | 302<br>303<br>313<br>320<br>322<br>323<br>329<br>330<br>331<br>332 | 能同时承受较大的径向载荷和单向的轴向载荷,但极限转速较低<br>内、外圈可分离,故轴承内部游隙可在安装时调整,通常成对使用,对称安装<br>适用于转速不太高、轴的刚性较好的场合 |
| 推力球轴承 | | 5 | 11<br>12<br>13<br>14 | 511<br>512<br>513<br>514 | 套圈与滚动体常是可分离的。单向推力球轴承只能承受单向轴向载荷。两套圈的内孔直径不同、内径较小的是紧圈,它与轴配合,随轴转动;内径较大的是松圈,与机座固连在一起,一般不动。适用于轴向力大而转速较低的场合 |
| | | 5 | 22<br>23<br>24 | 522<br>523<br>524 | 双向推力球轴承可承受双向轴向载荷,中间套圈为紧圈,与轴配合,另两圈为松圈 |

续表

| 轴承类型 | 结构简图、承载方向 | 类型代号 | 尺寸系列代号 | 组合代号 | 特　性 |
|---|---|---|---|---|---|
| 深沟球轴承 | | 6<br>6<br>6<br>6<br>16<br>6<br>6<br>6<br>6 | 17<br>37<br>18<br>19<br>(0)0<br>(1) 0<br>(0)2<br>(0)3<br>(0)4 | 617<br>637<br>618<br>619<br>160<br>60<br>62<br>63<br>64 | 　主要承受径向载荷,也可同时承受少量的双向轴向载荷,工作时内、外圈轴线允许偏斜 8′~16′<br>　摩擦阻力小,极限转速高,结构简单,价格便宜,应用广泛。但承受冲击载荷能力较差。适用于高速场合,高速、轻载时,可代替推力球轴承 |
| 角接触球轴承 | | 7 | 19<br>(1)0<br>(0)2<br>(0)3<br>(0)4 | 719<br>70<br>72<br>73<br>74 | 　能同时承受径向载荷和单向的轴向载荷,公称接触角 α 有 15°、25°、40°的三种,其角度越大,轴向承载能力也越大。通常成对使用,对称安装。极限转速较高。其承载能力不及圆锥滚子轴承<br>　适用于转速较高、同时承受径向和轴向载荷的场合 |
| 推力圆柱滚子轴承 | | 8 | 11<br>12 | 811<br>812 | 　能承受很大的单向轴向载荷,但不能承受径向载荷,它比推力球轴承的承载能力大,套圈也分紧圈和松圈。其极限转速很低,故适用于低速重载的场合 |
| 圆柱滚子轴承 | | N | 10<br>(0)2<br>22<br>(0)3<br>23<br>(0)4 | N10<br>N2<br>N22<br>N3<br>N23<br>N4 | 　这类轴承的内、外圈可以分离,只能承受径向载荷。承载能力比同尺寸的球轴承大,尤其是承受冲击载荷能力强,极限转速较高<br>　对轴的偏斜很敏感,允许内、外圈轴线的偏斜度较小(2′~4′),用于刚性较大的轴,并要求轴承座孔能很好地对中 |
| 滚针轴承 | | NA | 48<br>49<br>69 | NA48<br>NA49<br>NA69 | 　这类轴承采用数量较多的滚针作为滚动体,一般没有保持架,内、外圈可分离。径向尺寸小,能承受很大的径向载荷,但不能承受轴向载荷。滚针间有摩擦,旋转精度及极限转速低,工作时不允许内、外圈轴线有偏斜。常用于转速较低且径向尺寸受限制的场合 |

## 7.2.2　滚动轴承的代号

滚动轴承的类型很多,每种类型又有不同的尺寸系列、结构特点和公差等级。为了统一表示各类滚动轴承的特性,便于组织生产和选用,国家标准(GB/T 272—1993)规定了滚动轴承的代号表示方法。滚动轴承代号由基本代号、前置代号和后置代号组成,用数字和字母等表示。滚动轴承代号的构成见表 7-3。

表 7-3　滚动轴承代号的构成

| 前置代号 | 基 本 代 号 | | | | | 后 置 代 号 |
|---|---|---|---|---|---|---|
| 成套轴承分部件代号 | 第五位 | 第四位 | 第三位 | 第二位 | 第一位 | 表示内部结构、密封与防尘结构、轴承公差等级、材料的特殊要求、游隙组别等 |
| | 类型代号 | 尺寸系列代号 | | 内径代号 | | |
| | | 宽度(或高度)系列代号 | 直径系列代号 | | | |

**1. 前置代号**

滚动轴承的前置代号用来表示成套轴承的分部件,用字母标记。如用 L 表示可分离轴承的可分离套圈;用 K 表示轴承的滚动体与保持架组件等。更详细的含义参见国家标准。

**2. 基本代号**

基本代号是滚动轴承代号的基础,由类型代号、尺寸系列代号及内径代号组成。类型代号一般用数字或字母表示,其余用数字表示。类型代号和尺寸系列代号组合后称为组合代号,见表 7-2,其中,凡是用"( )"括住的数字,在组合代号中省略。基本代号的含义详细说明如下。

**1) 内径代号**

表示轴承内径(内圈孔径)的大小,用基本代号右起第一、二位数字表示,见表 7-4。

表 7-4　滚动轴承的内径代号

| 内径尺寸[①]/mm | 代 号 表 示 | | 举　　　例 | |
|---|---|---|---|---|
| | 第二位 | 第一位 | 代　　　号 | 内径/mm |
| 10<br>12<br>15<br>17 | 0 | 0<br>1<br>2<br>3 | 深沟球轴承 6201 | 12 |
| 20[②]～480(5 的倍数) | 内径除以 5 的商 | | 调心滚子轴承 23208 | 40 |
| 22、28、32 及 500 以上 | /内径 | | 调心滚子轴承 230/500<br>深沟球轴承 62/22 | 500<br>22 |

注:①内径小于 10 mm 的轴承代号见轴承手册;②内径为 22、28、32 mm 的除外。

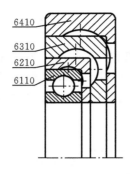

图 7-3　直径系列对比

**2) 尺寸系列代号**

由直径系列代号和宽度(或高度)系列代号组成。直径系列代号用来表示结构相同、内径相同的轴承在外径和宽度方面的变化系列,用基本代号右起第三位数字表示,图 7-3 表示了部分不同直径系列轴承在内径相同时其外径的变化情况。宽度(或高度)系列代号用以表示结构、内径和直径系列都相同的轴承在宽度(或高度)方面的变化系列,用基本代号右起第四位数字表示(对推力轴承用高度系列代号)。当宽度(或高度)系列为 0 系列(窄系列)时,则组合代号中不用标出(少数轴承除外)。尺寸系列代号的表示方法见表 7-5。

**表 7-5　滚动轴承尺寸系列代号表示法**

| 直径系列代号 | 向 心 轴 承 | | | | | | | 推 力 轴 承 | | | |
|---|---|---|---|---|---|---|---|---|---|---|---|
| | 宽度系列代号 | | | | | | | 高度系列代号 | | | |
| | 0(窄) | 1(正常) | 2(宽) | 3(特宽) | 4(特宽) | 5(特宽) | 6(特宽) | 7(特低) | 9(低) | 1(正常) | 2(正常) |
| 7(超特轻) | — | 17 | — | 37 | — | — | — | — | — | — | — |
| 8(超轻) | 08 | 18 | 28 | 38 | 48 | 58 | 68 | — | — | — | — |
| 9(超轻) | 09 | 19 | 29 | 39 | 49 | 59 | 69 | — | — | — | — |
| 0(特轻) | 00 | 10 | 20 | 30 | 40 | 50 | 60 | 70 | 90 | 10 | — |
| 1(特轻) | 01 | 11 | 21 | 31 | 41 | 51 | 61 | 71 | 91 | 11 | — |
| 2(轻) | 02 | 12 | 22 | 32 | 42 | 52 | 62 | 72 | 92 | 12 | 22 |
| 3(中) | 03 | 13 | 23 | 33 | — | — | 63 | 73 | 93 | 13 | 23 |
| 4(重) | 04 | — | 24 | — | — | — | — | 74 | 94 | 14 | 24 |

**3) 类型代号**

表示滚动轴承的类型,用基本代号右起第五位数字表示(对圆柱滚子轴承、滚针轴承等类型用字母表示),其表示方法详见表 7-2。

**3. 后置代号**

后置代号用字母和数字表示滚动轴承的结构特点、公差等级、游隙组别及材料的特殊要求等。后置代号的内容很多,下面仅介绍几个常用代号。

内部结构代号表示同一类型轴承的不同内部结构,用字母紧跟着基本代号表示。例如:公称接触角为 15°、25°和 40°的角接触球轴承分别用 C、AC 和 B 表示内部结构的不同。

滚动轴承的公差等级分为 2 级、4 级、5 级、6 级(6x 级)和 0 级共五个级别,依次由高级到低级,其代号分别为/P2、/P4、/P5、/P6(/P6x)和/P0。其中,6x 级仅适用于圆锥滚子轴承,0 级为普通级,在轴承代号中省略不标注。

滚动轴承内部存在径向游隙,径向游隙系列分为 1 组、2 组、0 组、3 组、4 组和 5 组,共六个组别,其径向游隙值依次由小到大。0 组游隙是常用的游隙组别,在轴承代号中不标出,其余的游隙组别在代号中分别用 /C1、/C2、/C3、/C4、/C5 表示。

实际应用中的滚动轴承类型是很多的,相应的轴承代号也比较复杂。以上介绍的是滚动轴承代号中最基本、最常用的部分,熟悉了这部分内容以后,就可以识别和选择常用的滚动轴承。有关滚动轴承代号更详细的表示方法可查阅 GB/T 272—1993。

**[例 7-1]**　试说明滚动轴承代号 6202/P4、30309E、7315C 及 52412/P6 的含义。

**解**　这四种滚动轴承的代号说明如下。

6202/P4——类型代号 6,是深沟球轴承;尺寸系列代号为(0)2,其中宽度系列代号为 0(窄系列,省略不标注),直径系列 2(轻系列);内径代号 02,内径 $d=15$ mm;公差等级代号为 P4,为 4 级轴承。

30309E——类型代号 3,是圆锥滚子轴承;尺寸系列代号为 03,其中宽度系列代号为 0(窄系列),直径系列代号为 3(中系列);内径代号为 09,内径 $d=9\times5$ mm$=45$ mm;内部结构代号 E,该轴承是加强型;公差等级代号未标注,为 0 级轴承。

7315C——类型代号 7,是角接触球轴承;尺寸系列代号为(0)3,其中宽度系列代号为 0(省略不标注),直径系列代号为 3(中系列);内径代号为 15,内径 $d=15\times5$ mm$=75$ mm;内部结构代号为 C,公称接触角 $\alpha=15°$;公差等级为 0 级轴承。

52412/P6——类型代号 5,是推力球轴承;尺寸系列代号为 24,其中高度系列代号为 2(正常系列),直径系列代号为 4(重系列),该轴承能承受双向轴向力;内径代号为 12,内径 $d=12\times5$ mm$=60$ mm;公差等级代号为 P6,为 6 级轴承。

# 7.3　滚动轴承的选择

由于滚动轴承是标准件,由专业轴承厂批量生产,因此机械设计人员从事设计工作时,只需做到以下几点:

① 根据工作要求,合理地选择滚动轴承的类型、尺寸;

② 对所选出的轴承进行校核计算,确定轴承是否满足寿命、极限转速等方面的要求;

③ 考虑轴承的固定、调整、配合、润滑、密封等问题,进行轴承支承部件的组合设计。

本节主要讨论滚动轴承的选择,有关轴承的校核计算和支承部件组合设计问题将在后面几节中讨论。

滚动轴承的选择包括:合理选择轴承的类型、尺寸系列、内径以及公差等级。

## 7.3.1　类型选择

选用滚动轴承时,首先是确定滚动轴承的类型。类型的选择,应考虑轴承的工况条件、受载情况、轴承自身的特性、经济性等多种因素。通常,选择滚动轴承类型时主要考虑下列问题。

**1. 轴承所受的载荷**

滚动轴承在工作中所受载荷的大小、性质及方向,是选择轴承类型的主要依据。

**1)载荷的大小及性质**

由于滚子轴承中的滚动体与套圈滚道是线接触,故承载能力较大,且受载后的变形也较小,抗冲击能力较强。球轴承中滚动体与套圈滚道是点接触,承载能力较滚子轴承小,适用于轻载或中等载荷且冲击较小的场合。所以,重载或载荷冲击较大的情况下,可选用滚子轴承,其他情况下优先选用球轴承。

**2)载荷的方向**

当轴承工作时只受纯轴向载荷作用时,一般选用推力轴承:载荷小时,选用推力球轴承(5 类);载荷大时,选用推力滚子轴承(8 类)。若轴承只受纯径向载荷作用,一般选用深沟球轴承(6 类)、圆柱滚子轴承(N 类)或滚针轴承(NA 类)。当轴承同时受径向、轴向载荷联合作用时,可选用角接触球轴承(7 类)或圆锥滚子轴承(3 类):轴向载荷较大时,应选用接触角较大的角接触球轴承或圆锥滚子轴承,也可将深沟球轴承(或圆柱滚子轴承)与推力轴承组合使用,分别承担径向载荷和轴向载荷;轴向载荷较小时,可用深沟球轴承替代角接触轴承。

**2. 轴承的转速和旋转精度要求**

由于球轴承的滚动体与滚道是点接触,摩擦阻力比滚子轴承小,因此,球轴承允许的极限转速比滚子轴承高。当工作转速较高、载荷较小或要求旋转精度较高时,宜选用球轴承;转速较低且载荷较大时,宜选用滚子轴承。

为防止滚动体受过大的离心力作用,推力轴承所允许的极限转速很低。工作转速较高时,若轴向载荷不很大,可采用深沟球轴承或角接触球轴承代替推力轴承。

**3. 轴承的调心性能**

对于无调心性能的轴承,若内、外套圈的轴线相对偏斜过大,会使轴承元件受到附加载荷作用,缩短使用寿命。所以,在下列情况下宜采用调心球轴承或调心滚子轴承:同轴的两轴承座孔中心线不重合;由于制造、安装误差,内、外圈轴线相对偏转角过大;轴的刚性小,受载后弯曲变形大。支点间跨距大或多支点支承时也可考虑选用调心轴承。

各类轴承内、外套圈轴线的允许偏斜角度是有限制的,超过限制角度,会使轴承寿命大为降低。

**4. 便于轴承的装拆**

当轴承座没有剖分面(如图 7-21 所示的套杯结构)而必须沿轴向安装和拆卸轴承部件时,为便于装拆,应优先选用内、外圈可分离的轴承(如圆锥滚子轴承),这样可使内圈、外圈先分别与轴、轴承座孔独立装配,然后进行组装。当轴承在长轴上安装时,为了便于装拆,可以选用内圈轴孔为圆锥孔(锥度为 1:12)的轴承(用紧定衬套固定)。

**5. 经济性要求**

一般说来,深沟球轴承的价格最低,相同条件下,滚子轴承比球轴承价格高。轴承制造精度愈高,则价格愈高。因此,在选择轴承时,应先了解各类轴承的基本价格,在满足使用要求的前提下,尽可能选用价格相对较低的轴承类型。若无特殊要求,轴承的公差等级一般选用 O 级。

## 7.3.2　尺寸选择

滚动轴承的尺寸选择包括确定轴承的尺寸系列(如直径系列、宽或高度系列等)及轴承内径。

选择轴承的尺寸系列时,主要考虑轴承所受载荷的大小,此外,也要考虑支承部件的结构要求。对于直径系列,载荷很小时,一般选择超轻系列或特轻系列;载荷很大时,可考虑选择重系列;一般情况下,可先选用轻系列或中系列,待校核计算后再根据校核结果进行调整。对于宽度(或高度)系列,一般情况下可选用窄系列或正常系列,若结构上有特殊要求,可根据具体情况选用其他系列。

轴承内径的大小与安装轴承处的轴颈直径相等,一般可根据轴的结构设计结果,按轴颈直径初步确定。

由于设计问题的复杂性,滚动轴承类型及尺寸的选择不要指望一次成功,必须在选择、校核乃至支承部件结构设计的全过程中,由粗到精,反复修改,最终才能确定出符合设计要求的较佳结果。

# 7.4　滚动轴承的寿命计算

确定滚动轴承的类型、尺寸后,还需校核其疲劳寿命、静强度等是否满足使用要求。

## 7.4.1　滚动轴承的受载分析及失效形式

**1. 轴承工作时的载荷分析及应力分析**

作用于轴承上的载荷是通过滚动体由一个套圈传递给另一个套圈的。以深沟球轴承为例,当轴承仅受纯轴向载荷作用时,可以认为载荷由全部滚动体平均分担。但深沟球轴承在纯径向载荷作用下,各滚动体的受载情况却不同。如图 7-4 所示,在径向载荷 $F_r$ 作用下,各滚动体与套圈接触处产生了弹性变形,使内圈沿 $F_r$ 作用方向下沉一段距离 $\delta$(图中虚线所示),这时,最多只有半圈滚动体受载。承载区内各滚动体所处的位置不同,接触处的弹性变形量亦不同。在图中所示的瞬时工作位置,$F_r$ 作用线正下方的滚动体接触变形最大,故此处的滚动体受载也最大,作用线两侧的滚动体,其弹性变形量逐渐减小,受载也随之减小。图中曲线为承载区的滚动体载荷分布曲线。

可导出滚动体所受的最大载荷为

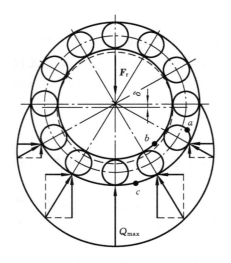

**图 7-4　滚动轴承的载荷分布**

$$Q_{\max} \approx 5F_{r}/z \quad (\text{点接触轴承})$$
$$Q_{\max} \approx 4.6F_{r}/z (\text{线接触轴承})$$

式中：$Q_{\max}$ 为滚动体所受的最大载荷；

　　　$z$ 为全部滚动体个数。

应该指出，上述分析同样适用于角接触轴承。当角接触轴承同时承受径向、轴向载荷的联合作用时，轴向载荷的大小将影响各滚动体载荷的分配，轴向载荷越大，则承载区面积越大，受载滚动体的个数越多，载荷分布越均匀。

轴承工作时，各滚动体除自转外，还要绕轴承中心作公转。当某滚动体从非承载区进入承载区后，所受载荷由零逐渐增大到 $Q_{\max}$，然后又逐渐减小到零。所以，滚动体所受载荷是周期性变化的，其接触面上任意一点 $a$（图 7-4）的接触应力 $\sigma$ 也是周期性

变化的，如图 7-5(a)所示。

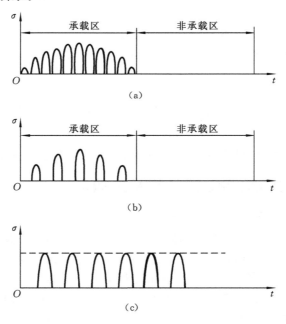

**图 7-5　滚动轴承各元件上的应力变化情况**

(a) 滚动体上 $a$ 点的接触应力；(b) 转动套圈上 $b$ 点的接触应力；(c) 固定套圈上 $c$ 点的接触应力

轴承的转动套圈受载情况类似于滚动体。在承载区内，转动套圈的滚道与滚动体接触一次就受载一次，所以，转动套圈滚道上的任意一点 $b$（图 7-4）的载荷及接触应力也是

周期性变化的,如图 7-5(b)所示。其应力变化规律与滚动体相似,只是变化频率低一些。

对于固定套圈(此例是外圈),各点所受载荷的大小与位置有关。对于承载区内的任意点 $c$(图 7-4),滚动体滚过该点一次便受载一次,且所受载荷的最大值是不变的,即该点承受稳定的脉动循环载荷,其接触应力也是脉动循环变应力,如图 7-5(c)所示。显然,处于 $F_r$ 作用线上的点承受的载荷是最大的。

综上所述,滚动轴承各元件所受的接触应力都是周期性循环变应力,而且可近似看成脉动循环变应力。

**2. 滚动轴承的失效形式及计算准则**

滚动轴承常见的失效形式主要有以下几种。

(1) 疲劳点蚀　如前所述,滚动轴承工作时,滚动体与套圈滚道的接触应力是周期性循环变应力,经过一定次数的应力循环后,轴承各元件表面会产生疲劳点蚀。实践表明,疲劳点蚀是滚动轴承最主要的失效形式。

(2) 塑性变形　对于转速较低或仅作缓慢摆动的滚动轴承,由于其应力循环次数少,一般不会出现疲劳点蚀。但在过大的静载荷或冲击载荷作用下,滚动体与套圈滚道接触处会产生塑性变形,滚道上出现凹坑,引起振动和噪声,使轴承不能正常工作。

(3) 磨损、胶合　在密封不可靠以及多尘的环境下工作时,滚动轴承易发生磨损,转速越高,磨损越严重。如果润滑不良,发热严重时,还会产生胶合破坏。

另外,不正常的安装、拆卸等操作,可能会引起轴承元件的破裂,这是应该避免的。

为保证所选轴承在预定的期限内正常工作,应针对主要失效形式对滚动轴承进行校核计算。基本准则是:对于中、低速运转的滚动轴承,其主要失效形式是疲劳点蚀,为保证足够的疲劳寿命,应按疲劳强度进行寿命计算;对于高速运转的滚动轴承,由于发热大,常产生过度磨损和胶合,对在这种条件下工作的轴承,除按疲劳强度进行寿命计算外,还应校核其极限转速;对于转速极低或仅作缓慢摆动的滚动轴承,其主要失效形式是塑性变形,为防止产生过大的塑性变形,应按静强度进行校核计算。

# 7.4.2　滚动轴承寿命计算公式

寿命计算的目的是防止滚动轴承各元件在规定的工作期间内出现疲劳点蚀。

**1. 基本额定寿命和基本额定动载荷**

对于单个轴承来说,滚动轴承的寿命是指任意一个滚动体或套圈首次出现疲劳点蚀之前轴承所经历过的总转数或总工作小时数。实际上,滚动轴承的寿命是相当离散的,即使是同批生产的同型号轴承,由于材质、加工工艺等存在差异,在完全相同的条件下工作,它们的寿命也是不同的。试验表明,同批轴承中最长寿命与最短寿命相差几倍,甚至几十倍。所以,对单个轴承来说,很难预先知道它的确切寿命。为了对滚动轴承进行寿命计算,必须对同型号的轴承确定一个寿命标准。显然,不能以同批试验轴承中的最长寿命或最短寿命为标准,因为寿命最长或寿命最短的轴承只占极少数。为兼顾轴承工作时的可靠性和经济性,用基本额定寿命作为选择轴承的标准。所谓基本额定寿命是指:一批相同型号的轴承,在相同条件下运转,其中 90% 的轴承还未发生疲劳点蚀时所经历的总转数(以 $10^6$ r 为单位)或在一定转速下的总工作小时数,用 $L_{10}$ 表示。按基本额定寿命选择轴承时,对单个轴承来说,它在基本额定寿命期间内正常工作的概率是 90%,而发生点蚀失效的概率是 10%。

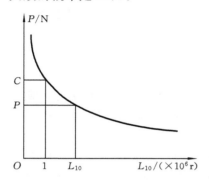

**图 7-6　轴承的载荷-寿命曲线**

滚动轴承的基本额定寿命与所受载荷的大小有关,工作载荷越大,轴承的寿命越短。图 7-6 所示为滚动轴承所受载荷与基本额定寿命之间的关系曲线,它与金属材料的疲劳曲线类似。图中字母 C 表示滚动轴承的基本额定动载荷。所谓基本额定动载荷,就是使滚动轴承的基本额定寿命恰好为 $10^6$ r 时,轴承在不发生疲劳点蚀的前提下所能承受的载荷值。对于向心轴承,基本额定动载荷是指纯径向载荷,称为径向基本额定动载荷,记为 $C_r$;对于推力轴承,是指纯轴向载荷,称为轴向基本额定动载荷,记为 $C_a$。滚动轴承的型号不同,基本额定动载荷值亦不同,它表征了轴承承载能力的大小,基本额定动载荷越大,轴承抵抗点蚀破坏的能力就越强。各种轴承的 C 值可从轴承样本或有关的机械设计手册中查取。

**2. 基本额定寿命计算公式**

图 7-6 所示的载荷-寿命曲线用方程表示为

$$P^\varepsilon L_{10} = 常数$$

根据基本额定动载荷的定义,当轴承所受的载荷等于基本额定动载荷 C 时,基本额定寿命等于 $10^6$ r,则

$$P^\varepsilon L_{10} = C^\varepsilon \times 10^6$$

故得
$$L_{10} = 10^6 \left(\frac{C}{P}\right)^\varepsilon \quad \text{r} \tag{7-1}$$

式中:P 为当量动载荷(N),其定义见后述;

$\varepsilon$ 为寿命指数,对于球轴承 $\varepsilon = 3$,对于滚子轴承 $\varepsilon = 10/3$。

实际计算时,基本额定寿命用小时数(h)表示比较方便。用 $n$ 表示轴承的转速(r/min),则以小时数表示的基本额定寿命为

$$L_{10h} = \frac{10^6}{60n} \left(\frac{C}{P}\right)^\varepsilon \quad \text{h} \tag{7-2}$$

轴承样本中列出的基本额定动载荷值,是对一般温度下工作的轴承而言的。在高温下工作的轴承,由于轴承元件的材料组织、硬度等会发生变化,其承载能力有所降低。因此,引入温度系数 $f_t$(见表 7-6)对基本额定动载荷 C 进行修正,此时,寿命计算公式为

$$L_{10h} = \frac{10^6}{60n}\left(\frac{f_t C}{P}\right)^\varepsilon \quad \text{h} \tag{7-3}$$

表 7-6　温度系数 $f_t$

| 轴承工作温度/℃ | ≤120 | 125 | 150 | 175 | 200 | 225 | 250 | 300 | 350 |
|---|---|---|---|---|---|---|---|---|---|
| 温度系数 $f_t$ | 1.00 | 0.95 | 0.90 | 0.85 | 0.80 | 0.75 | 0.70 | 0.60 | 0.50 |

寿命校核计算时,应使所选轴承的计算寿命大于预期寿命,即

$$L_{10h} \geqslant L'_{10h}$$

式中:$L'_{10h}$ 为轴承的预期寿命,根据具体的工作要求确定。

若轴承的预期寿命 $L'_{10h}$ 已确定,且 $P$、$n$ 已知,则可将式(7-3)转化为

$$C' = P \sqrt[\varepsilon]{\frac{60nL'_{10h}}{10^6}} \quad \text{N} \tag{7-4}$$

式中:$C'$ 为满足预期寿命 $L'_{10h}$ 时轴承所需的基本额定动载荷。根据 $C'$ 值,可从轴承样本中选择合适的轴承型号。当然,所选轴承的 $C$ 值应满足:$C \geqslant C'$。

上述各公式中,对于向心轴承,$C = C_r$,对于推力轴承,$C = C_a$。

## 7.4.3　滚动轴承的当量动载荷

如前所述,基本额定动载荷 $C$ 对于向心轴承是指纯径向载荷,对于推力轴承是指纯轴向载荷,而滚动轴承实际工作时可能同时承受径向载荷和轴向载荷作用。因此,寿命计算时必须将工作中的实际载荷转换成与基本额定动载荷类型相同的当量动载荷。当量动载荷是一个假想的载荷,记为 $P$,在当量动载荷 $P$ 作用下的轴承寿命与实际载荷作用下的轴承寿命相当。当量动载荷的计算公式为

$$P = XF_r + YF_a \quad \text{N} \tag{7-5}$$

式中:$F_r$ 为滚动轴承所受的径向载荷;

$F_a$ 为滚动轴承所受的轴向载荷;

$X$、$Y$ 分别为径向载荷系数和轴向载荷系数,其值按表 7-7 确定。

对于只能承受径向载荷的圆柱滚子轴承(N 类)、滚针轴承(NA 类),$X = 1$、$Y = 0$。

对于只能承受轴向载荷的推力轴承,$X = 0$、$Y = 1$。

上面所求的当量动载荷只是一个名义载荷,实际工作中,由于机器振动、冲击等因素的影响,轴承实际所受的载荷要比名义载荷大。因此,应根据机器的实际工作情况,引入载荷系数 $f_p$ 对当量动载荷进行修正,$f_p$ 的值见表 7-8。修正后的当量动载荷为

$$P = f_p(XF_r + YF_a) \tag{7-6}$$

在当量动载荷 $P$ 的计算公式中,径向载荷 $F_r$ 通常是轴承所承受的径向支反力(水平面内支反力与铅垂面内支反力的矢量和,见第 6 章轴的受力分析)。对于能承受少量轴向载荷的深沟球轴承,其轴向载荷 $F_a$ 取决于作用在轴上的轴向外载 $F_A$ 及轴承的轴向固定

方式,一般情况下,若一轴由两个深沟球轴承支承,则其中一个轴承所受的轴向载荷 $F_a$ = $F_A$,而另一个轴承所受的轴向载荷 $F_a$ = 0 。对于角接触球轴承和圆锥滚子轴承,其轴向载荷 $F_a$ 的计算见下面的讨论。

表 7-7　当量动载荷的径向载荷系数 $X$ 和轴向载荷系数 $Y$

| 滚动轴承类型 | | 相对轴向载荷 $F_a/C_{or}$[①] | $e$ | 单列轴承 | | | | 双列轴承或同一支点成对安装单列轴承 | | | |
|---|---|---|---|---|---|---|---|---|---|---|---|
| | | | | $F_a/F_r \leqslant e$ | | $F_a/F_r > e$ | | $F_a/F_r \leqslant e$ | | $F_a/F_r > e$ | |
| | | | | $X$ | $Y$ | $X$ | $Y$ | $X$ | $Y$ | $X$ | $Y$ |
| 深沟球轴承 | | 0.014 | 0.19 | 1 | 0 | 0.56 | 2.30 | 1 | 0 | 0.56 | 2.30 |
| | | 0.028 | 0.22 | | | | 1.99 | | | | 1.99 |
| | | 0.056 | 0.26 | | | | 1.71 | | | | 1.71 |
| | | 0.084 | 0.28 | | | | 1.55 | | | | 1.55 |
| | | 0.11 | 0.30 | | | | 1.45 | | | | 1.45 |
| | | 0.17 | 0.34 | | | | 1.31 | | | | 1.31 |
| | | 0.28 | 0.38 | | | | 1.15 | | | | 1.15 |
| | | 0.42 | 0.42 | | | | 1.04 | | | | 1.04 |
| | | 0.56 | 0.44 | | | | 1.00 | | | | 1.00 |
| 调心球轴承 | | — | $1.5\tan\alpha$[②] | 1 | 0 | 0.40 | $0.40\cot\alpha$ | 1 | $0.42\cot\alpha$ | 0.65 | $0.65\cot\alpha$ |
| 调心滚子轴承 | | — | $1.5\tan\alpha$ | 1 | 0 | 0.40 | $0.40\cot\alpha$ | 1 | $0.45\cot\alpha$ | 0.67 | $0.67\cot\alpha$ |
| 角接触球轴承 | $\alpha$=15° 70000C | 0.015 | 0.38 | 1 | 0 | 0.44 | 1.47 | 1 | 1.65 | 0.72 | 2.39 |
| | | 0.029 | 0.40 | | | | 1.40 | | 1.57 | | 2.28 |
| | | 0.058 | 0.43 | | | | 1.30 | | 1.46 | | 2.11 |
| | | 0.087 | 0.46 | | | | 1.23 | | 1.38 | | 2.00 |
| | | 0.12 | 0.47 | | | | 1.19 | | 1.34 | | 1.93 |
| | | 0.17 | 0.50 | | | | 1.12 | | 1.26 | | 1.82 |
| | | 0.29 | 0.55 | | | | 1.02 | | 1.14 | | 1.66 |
| | | 0.44 | 0.56 | | | | 1.00 | | 1.12 | | 1.63 |
| | | 0.58 | 0.56 | | | | 1.00 | | 1.12 | | 1.63 |
| | $\alpha$=25° 70000AC | — | 0.68 | 1 | 0 | 0.41 | 0.87 | 1 | 0.92 | 0.67 | 1.41 |
| 圆锥滚子轴承 | | — | $1.5\tan\alpha$[③] | 1 | 0 | 0.40 | $0.40\cot\alpha$[③] | 1 | $0.45\cot\alpha$ | 0.67 | $0.67\cot\alpha$ |

注:① $C_{or}$ 为径向基本额定静载荷,对于"相对轴向载荷"的中间值,$e$、$X$、$Y$ 可用线性插值法求得;

② $\alpha$ 为接触角,具体数值按轴承型号查有关设计手册,其余同;

③ 有些设计手册中直接给出了圆锥滚子轴承的 $e$ 和 $Y$ 值。

表 7-8 载荷系数 $f_p$

| 载 荷 性 质 | $f_p$ | 举 例 |
|---|---|---|
| 无冲击或轻微冲击 | 1.0～1.2 | 电动机、汽轮机、通风机、水泵等 |
| 中等冲击或中等惯性力 | 1.2～1.8 | 车辆、动力机械、起重机、造纸机、冶金机械、选矿机、卷扬机、机床等 |
| 强烈冲击 | 1.8～3.0 | 破碎机、轧钢机、钻探机、振动筛等 |

## 7.4.4　角接触球轴承和圆锥滚子轴承的轴向载荷 $F_a$ 的计算

### 1. 角接触轴承的派生轴向力 $S$

如图 7-7 所示,由于结构上的特点,向心角接触球轴承(或圆锥滚子轴承)滚动体与外圈滚道接触处的法线方向同轴承的径向平面之间存在接触角 $\alpha$。轴承承受径向载荷 $F_r$ 时,作用于滚动体上的法向力 $Q_i$ 可分解成径向分力 $Q_{ir}$ 和轴向分力 $Q_{ia}$,各滚动体上的轴向分力之和即为轴承的派生轴向力 $S$,其值的大小取决于轴承所受的径向载荷及轴承结构,可按表 7-9 所列的公式近似计算。派生轴向力 $S$ 总是沿着使滚动体及内圈脱离外圈的方向作用。图中 $O$ 点是法向力作用线与轴心线的交点,也就是轴承的支反力作用点。$O$ 点到轴承端面的距离可从轴承样本或有关的机械设计手册中查取,但为了简化计算,通常认为支反力作用于轴承宽度的中点。

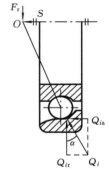

图 7-7　派生轴向力

表 7-9　向心角接触轴承的派生轴向力 $S$

| 圆锥滚子轴承 | 角接触球轴承 | | |
|---|---|---|---|
| | 70000C($\alpha=15°$) | 70000AC($\alpha=25°$) | 70000B($\alpha=40°$) |
| $S=F_r/(2Y)$[①] | $S=0.5F_r$ | $S=0.7F_r$ | $S=1.1F_r$ |

注:①式中,$Y$ 是对应于表 7-7 中 $F_a/F_r>e$ 时的轴向载荷系数。

### 2. 角接触轴承的安装方式

由于存在派生轴向力,为防止轴系出现轴向窜动,角接触球轴承和圆锥滚子轴承应成对安装使用。图 7-8 所示为角接触球轴承的两种安装方式。图 7-8(a)所示为正装(或称为"面对面"安装),两轴承外圈窄边相对,支反力作用点彼此靠近;图 7-8(b)所示为反装(或称"背靠背"安装),两轴承外圈宽边相对,支反力作用点相互远离。安装方式不同,两轴承派生轴向力 $S_1$、$S_2$ 的方向亦不同,正装时,$S_1$、$S_2$ 指向相对,反装时,$S_1$、$S_2$ 指向相背。另外,安装方式也会影响轴的刚度,当轴所受的径向外载作用于两轴承之间时,正装结构的跨距小,故轴的刚度大一些。

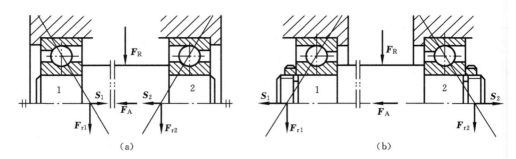

**图 7-8　角接触球轴承的安装方式**

(a) 正装;(b) 反装

圆锥滚子轴承的正装结构如图 7-21 所示。

受力分析时轴承常以简图形式表示。角接触球轴承正装、反装时的简化画法分别如图 7-10 和图 7-14 所示;而圆锥滚子轴承的简化画法如图 7-9 所示。

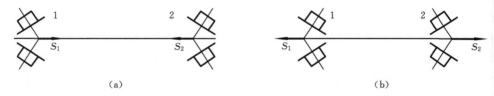

**图 7-9　圆锥滚子轴承安装方式的简化画法**

(a) 正装;(b) 反装

### 3. 角接触轴承轴向载荷的分析计算

在图 7-8 中,$F_R$ 及 $F_A$ 分别是作用于轴上的径向外载荷和轴向外载荷。两轴承所受的径向载荷 $F_{r1}$、$F_{r2}$ 是根据作用于轴上的外载荷求得的支反力,而两轴承所受的轴向载荷 $F_{a1}$、$F_{a2}$ 应综合考虑派生轴向力 $S_1$、$S_2$ 和轴向外载荷 $F_A$ 的影响。由于是分析轴承的轴向载荷,所以在下面的讨论中不用考虑径向载荷。

若将轴及轴承内圈看成一体,并取其为脱离体,就可根据力的平衡关系,分析轴承所受的轴向载荷。下面以图 7-8(a)所示的正装结构为例,分两种情况讨论。

(1) 若 $S_2 + F_A > S_1$,则合力向左,如图 7-10 所示,轴有向左移动的趋势,但轴承 1 外圈左端已被轴向固定,轴不可能移动,故此时轴承 1 被"压紧",通过外圈给脱离体一个附加轴向力 $S_1'$,使轴向受力平衡,则

$$S_2 + F_A = S_1 + S_1'$$

故作用在轴承 1 上的轴向载荷为

$$F_{a1} = S_1 + S_1' = S_2 + F_A \quad (压紧端)$$

而此时,轴承 2 被"放松",所受轴向载荷为其自身的派生轴向力,即

$$F_{a2} = S_2 \quad (放松端)$$

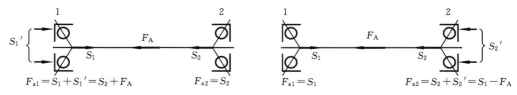

**图 7-10**　$S_2+F_A>S_1$ 时的轴向力示意图(正装)　　　**图 7-11**　$S_2+F_A<S_1$ 时的轴向力示意图(正装)

　　(2) 若 $S_2+F_A<S_1$,则合力向右,如图 7-11 所示 ,此时轴有向右移动的趋势,则轴承 2 被"压紧",轴承 1 被"放松"。同理,为了保持轴向力平衡,在轴承 2 上必会产生一个附加轴向力 $S_2{}'$,使轴向受力平衡,则

$$S_2{}'+S_2+F_A=S_1$$

故作用在轴承 2 上的轴向载荷为

$$F_{a2}=S_2+S_2{}'=S_1-F_A\quad(压紧端)$$

而作用在轴承 1 上的轴向载荷为

$$F_{a1}=S_1\quad(放松端)$$

　　综上所述,压紧端的轴向载荷等于除去自身派生轴向力后,其他各轴向力的代数和(同向时相加,反向时相减);放松端的轴向载荷等于它自身的派生轴向力。当然,首先要根据轴承的安装方式确定派生轴向力的方向和大小,并根据轴的移动趋势,分析哪端轴承压紧、哪端轴承放松。

　　对于图 7-8(b)所示的反装结构,可得出同样的结论。需要注意的是:因为单个角接触轴承只能承受单方向的轴向力,且反装时,轴承外圈的的固定边在两轴承的内侧,所以,当轴的移动趋势与正装相同时,其"压紧端"和"放松端"与正装是相反的。读者可根据后面的例 7-3 自行分析。

## 7.4.5　一支点成对安装同型号角接触轴承时的简化计算

　　当轴系中某一支点对称安装同型号的向心角接触轴承时,轴系受力处于三支点静不定状态,如图 7-12 所示。精确计算时,需考虑轴承的变形和支反力作用点的变化。

　　一般情况下常采用简化计算方法:将同一支点成对安装的轴承视为一个整体(作为双列轴承),并认为支反力作用点位于两轴承中点处,这一轴承组所受的轴向载荷 $F_a$ 等于轴向外载,当量动载荷 $P$ 的径向载荷系数 $X$ 及轴向载荷系数 $Y$ 按表 7-7 查双列轴承的数据,而径向基本额定静载荷 $C_{0r\Sigma}$ 及径向基本额定动载荷 $C_{r\Sigma}$ 可分别按下列公式计算:

$$C_{0r\Sigma}=2C_{0r}$$

对于角接触球轴承

$$C_{r\Sigma}=1.625C_r$$

对于圆锥滚子轴承

$$C_{r\Sigma}=1.71C_r$$

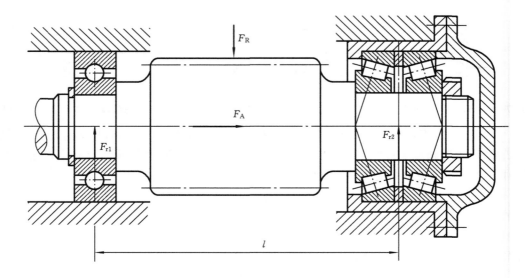

图 7-12  一支点成对安装同型号的向心角接触轴承

式中:$C_{0r}$和$C_r$分别为单个轴承的径向基本额定静载荷和径向基本额定动载荷。

[例 7-2]  一水泵轴选用一对深沟球轴承支承,用轴承盖从外侧对两轴承外圈进行轴向固定。运转过程中有轻微冲击,工作温度小于 100 ℃。已知轴颈直径 $d=35$ mm,轴

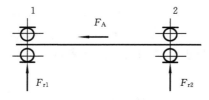

图 7-13  深沟球轴承的受力简图

的转速 $n=3\,000$ r/min,轴承所受径向载荷分别为 $F_{r1}=1\,800$ N、$F_{r2}=1\,200$ N,轴向外载荷 $F_A=900$ N,其方向见图 7-13。若选择轴承型号为 6207,试计算轴承的寿命。

**解**  (1)求当量动载荷 $P$。

因深沟球轴承没有派生轴向力($\alpha=0°$),所以图 7-13 中轴承 1 所受的轴向载荷等于轴向外载,而轴承 2 不受轴向载荷作用,即

$$F_{a1}=F_A=900 \text{ N}; \quad F_{a2}=0$$

由于轴承 1 所受的径向载荷及轴向载荷均比轴承 2 大,故只需对轴承 1 进行寿命计算。

查有关的机械设计手册知,6207 轴承的 $C_{0r}=15\,200$ N,$C_r=25\,500$ N;查表 7-8 知,有轻微冲击时,取 $f_p=1.2$。

因 $\dfrac{F_{a1}}{C_{0r}}=\dfrac{900}{15\,200}=0.059$,查表 7-7,用线性插值法得 $e=0.262$。

因 $\dfrac{F_{a1}}{F_{r1}}=\dfrac{900}{1\,800}=0.5>e=0.262$,由表 7-7 用线性插值法得 $X_1=0.56$,$Y_1=1.694$。

按式(7-6)得

$$P_1 = f_p(X_1 F_{r1} + Y_1 F_{a1}) = 1.2(0.56 \times 1\,800 + 1.694 \times 900)\,\text{N} = 3\,039\,\text{N}$$

（2）计算轴承的寿命 $L_{10h}$。

已知球轴承 $\varepsilon = 3$，因工作温度小于 120 ℃，查表 7-6 得 $f_t = 1$。按式（7-3）得

$$L_{10h} = \frac{10^6}{60n}\left(\frac{f_t C_r}{P_1}\right)^{\varepsilon} = \frac{10^6}{60 \times 3\,000}\left(\frac{1 \times 25\,500}{3\,039}\right)^3\,\text{h} = 3\,282\,\text{h}$$

所以，轴承的基本额定寿命约为 3 282 h。

**［例 7-3］**　图 7-14 所示为某减速器轴系部件受载简图，载荷平稳，工作温度不高，轴的转速 $n = 1\,500$ r/min，轴颈直径 $d = 30$ mm，轴承预期寿命 $L'_{10h} = 8\,000$ h，试选择一对合用的 70 000C 型角接触球轴承。

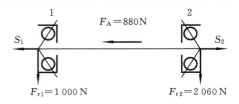

**图 7-14　角接触球轴承受力简图**（反装）

**解**　（1）初选轴承型号。

根据轴颈直径，初选轴承型号 7306C。查有关的机械设计手册得 $C_{0r} = 19\,800$ N，$C_r = 26\,500$ N；查表 7-8 得 $f_p = 1.0$（载荷平稳）；查表 7-6 得 $f_t = 1.0$（工作温度不高）。

（2）计算派生轴向力 $S$。

查表 7-9 知派生轴向力 $S = 0.5 F_r$，则轴承 1、2 的派生轴向力分别为

$$S_1 = 0.5 F_{r1} = 0.5 \times 1\,000\,\text{N} = 500\,\text{N}$$

$$S_2 = 0.5 F_{r2} = 0.5 \times 2\,060\,\text{N} = 1\,030\,\text{N}$$

（3）计算轴向载荷 $F_a$。

由图 7-14 可知，这对角接触球轴承是反装的，所以派生轴向力的方向如图所示。又因为 $S_1 + F_A = (500 + 880)\,\text{N} = 1\,380\,\text{N} > S_2 = 1\,030\,\text{N}$，所以轴有向左移动的趋势，则轴承 2 被压紧、轴承 1 被放松（可参考图 7-8(b)，根据轴承的固定方式分析轴向力的传递）。由此得

放松端：　$F_{a1} = S_1 = 500$ N　　　　　（等于自身的派生轴向力）

压紧端：　$F_{a2} = S_1 + F_A = 1\,380$ N　　（等于其他轴向力的代数和）

（4）计算当量动载荷 $P$。

$$\frac{F_{a1}}{C_{0r}} = \frac{500}{19\,800} = 0.025, \quad \frac{F_{a2}}{C_{0r}} = \frac{1\,380}{19\,800} = 0.07$$

查表 7-7，用线性插值法求得 $e_1 = 0.394$，$e_2 = 0.442$。而

$$\frac{F_{a1}}{F_{r1}} = \frac{500}{1\,000} = 0.5 > e_1, \quad \frac{F_{a2}}{F_{r2}} = \frac{1\,380}{2\,060} = 0.67 > e_2$$

查表 7-7，用线性插值法可求得 $X_1 = 0.44$，$Y_1 = 1.42$；$X_2 = 0.44$，$Y_2 = 1.27$。由此得

轴承 1：$P_1 = f_p(X_1 F_{r1} + Y_1 F_{a1}) = 1 \times (0.44 \times 1\,000 + 1.42 \times 500)\,\text{N} = 1\,150\,\text{N}$

轴承 2：$P_2 = f_p(X_2 F_{r2} + Y_2 F_{a2}) = 1 \times (0.44 \times 2\,060 + 1.27 \times 1\,380)\,\text{N} = 2\,659\,\text{N}$

(5) 计算轴承寿命 $L_{10h}$。

因为 $P_2 > P_1$，故按轴承 2 计算。球轴承 $\varepsilon = 3$，根据式(7-3)得

$$L_{10h} = \frac{10^6}{60n}\left(\frac{f_t C_r}{P_2}\right)^\varepsilon = \frac{10^6}{60 \times 1\,500}\left(\frac{1 \times 26\,500}{2\,659}\right)^3 \text{h} = 10\,998\ \text{h} > L'_{10h} = 8\,000\ \text{h}$$

结论：所选 7306C 角接触球轴承合用。

**[例 7-4]**　图 7-15 所示为由一对圆锥滚子轴承支承的卷扬机中的轴系。轴承型号为 30210，两轴承所受径向载荷分别为 $F_{r1} = 2\,000$ N、$F_{r2} = 3\,500$ N，轴向外载荷 $F_A = 400$ N，方向如图示。试计算两轴承的当量动载荷。

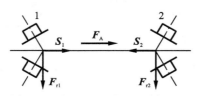

**图 7-15　卷扬机中的轴系**

**解**　(1) 计算派生轴向力 $S_1$、$S_2$。

查表 7-9 知 $S = \dfrac{F_r}{2y}$，其中 $Y$ 是 $\dfrac{F_a}{F_r} > e$ 时的轴向载荷系数。根据表 7-7 知圆锥滚子轴承 $\dfrac{F_a}{F_r} > e$ 时的 $Y$ 值及参数 $e$ 值均与接触角 $\alpha$ 有关，查相关机械设计手册，可得 30210 轴承 $\dfrac{F_a}{F_r} > e$ 时的 $Y = 1.4$，而 $e = 0.42$。

因此

$$S_1 = \frac{F_{r1}}{2Y} = \frac{2000}{2 \times 1.4}\ \text{N} = 714\ \text{N}$$

$$S_2 = \frac{F_{r2}}{2Y} = \frac{3500}{2 \times 1.4}\ \text{N} = 1\,250\ \text{N}$$

由图知轴承是正装的，则 $S_1$、$S_2$ 的指向相对。

(2) 计算两轴承的轴向载荷 $F_{a1}$、$F_{a2}$。

由于 $S_1 + F_A = (714 + 400)$ N $= 1\,114$ N $< S_2 = 1\,250$ N，所以轴有向左移动趋势，则轴承 1 被压紧、轴承 2 被放松。所以

压紧端：　　　　　　$F_{a1} = S_2 - F_A = (1\,250 - 400)$ N $= 850$ N

放松端：　　　　　　$F_{a2} = S_2 = 1\,250$ N

(3) 计算两轴承的当量动载荷 $P_1$、$P_2$。

$$\frac{F_{a1}}{F_{r1}} = \frac{850}{2\,000} = 0.425 > e = 0.42, \qquad \frac{F_{a2}}{F_{r2}} = \frac{1\,250}{3\,500} = 0.357 < e = 0.42$$

查表 7-7，得 $X_1 = 0.4$，$Y_1 = 1.4$；$X_2 = 1$，$Y_2 = 0$。

查表 7-8，卷扬机属于中等冲击载荷，故取 $f_p = 1.4$。则

轴承 1：

$$P_1 = f_p(X_1 F_{r1} + Y_1 F_{a1}) = 1.4 \times (0.4 \times 2\,000 + 1.4 \times 850)\ \text{N} = 2\,786\ \text{N}$$

轴承 2：

$$P_2 = f_p(X_2 F_{r2} + Y_2 F_{a2}) = f_p F_{r2} = 1.4 \times 3\,500\ \text{N} = 4\,900\ \text{N}$$

# 7.5　滚动轴承的静强度计算

对于转速很低或仅作缓慢摆动的滚动轴承,其主要失效形式是塑性变形,此时应对轴承进行静强度计算。对于受强烈冲击载荷作用的旋转轴承也应校核其静强度。静强度条件为

$$\frac{C_0}{P_0} \geqslant S_0 \tag{7-7}$$

式中:$S_0$ 为静强度安全系数,其值见表 7-10。

表 7-10　静强度计算的安全系数 $S_0$

| 轴承使用情况 | 使用要求、载荷性质及使用场合 | $S_0$ |
|---|---|---|
| 旋转轴承 | 对旋转精度和平稳性要求较高,或受强烈冲击载荷;<br>一般情况;<br>对旋转精度和平稳性要求较低,没有冲击或振动 | $1.5 \sim 2.0$<br>$0.5 \sim 2$<br>$0.5 \sim 0.8$ |
| 转速很低或摆动轴承 | 水坝门装置;<br>吊桥;<br>附加动载荷较小的大型起重机吊钩;<br>附加动载荷很大的小型装卸起重机吊钩 | $\geqslant 1$<br>$\geqslant 1.5$<br>$\geqslant 1$<br>$\geqslant 1.6$ |
| 各种场合下使用的推力调心滚子轴承 | | $\geqslant 4$ |

$C_0$ 为基本额定静载荷,它是规定的极限静载荷值,对于向心轴承,为径向基本额定静载荷,记为 $C_{0r}$;对于推力轴承,为轴向基本额定静载荷,记为 $C_{0a}$,基本额定静载荷值可根据轴承型号从轴承样本或有关的机械设计手册中查取。

$P_0$ 为当量静载荷,它是由径向载荷、轴向载荷折合而成的一假想载荷,按下列公式计算。

对于向心轴承:　　$\left. \begin{array}{l} P_0 = X_0 F_r + Y_0 F_a \\ P_0 = F_r \end{array} \right\}$　（取两式计算值的大者）

对于推力轴承:　　$\left. \begin{array}{ll} P_0 = 2.3 F_r \tan\alpha + F_a & \alpha \neq 90° \\ P_0 = F_a & \alpha = 90° \end{array} \right\}$

上述公式中,$X_0$、$Y_0$ 分别为当量静载荷的径向载荷系数和轴向载荷系数,其值见表 7-11。

表 7-11　当量静载荷的系数 $X_0$、$Y_0$

| 轴承类型 | | 单列轴承 | | 双列轴承 | |
|---|---|---|---|---|---|
| | | $X_0$ | $Y_0$ | $X_0$ | $Y_0$ |
| 深沟球轴承 | | 0.6 | 0.5 | 0.6 | 0.5 |
| 角接触球轴承 $\alpha/(°)$ | 15 | | 0.46 | | 0.92 |
| | 25 | 0.5 | 0.38 | 1 | 0.76 |
| | 40 | | 0.26 | | 0.52 |
| 向心滚子轴承 ($\alpha \neq 0$) | | 0.5 | $0.22\cot\alpha$ | 1 | $0.44\cot\alpha$ |
| 调心球轴承 | | 0.5 | $0.22\cot\alpha$ | 1 | $0.44\cot\alpha$ |

# 7.6　滚动轴承支承部件的组合设计

在完成滚动轴承类型及尺寸选择、寿命校核计算以后,还应对滚动轴承的支承结构进行组合设计,确保其正常工作。组合设计的内容包括:滚动轴承的轴向固定、滚动轴承组合的调整、滚动轴承的预紧、配合与装拆、润滑与密封等。

## 7.6.1　滚动轴承的轴向固定

滚动轴承的主要功能是对轴系回转零件起支承作用,并承受径向和轴向载荷,保证轴系部件在工作中能正常地传递轴向力,防止轴系发生轴向窜动而改变工作位置。为满足这一功能要求,必须对滚动轴承支承部件进行轴向固定。常用的轴向固定方法有以下三种。

### 1. 两端固定

如图 7-16(a)所示,这是一种最简单也是最常用的固定方法。每个支点的外侧各有一个顶住轴承外圈的轴承盖,它通过螺钉与机座连接,每个轴承盖限制轴系一个方向的轴向位移,合起来就限制了轴的双向位移。轴向外载 $F_A$ 的传递是通过轴肩、内圈、滚动体、外圈及轴承盖来实现的。图示为深沟球轴承组合,只能承受少量的轴向力,若轴向力较大,则应采用角接触球轴承组合或圆锥滚子轴承组合(正装),如图 7-16(b)所示。

轴系部件工作时,由于功率损失会使温度升高,轴受热后会伸长。对于图 7-16 所示的两端固定结构,其缺陷是显而易见的。由于两支点均被轴承盖固定,当轴受热伸长时,势必会使轴承受到附加载荷作用,影响轴承的使用寿命。因此,两端固定形式仅适合于工作温升不高且轴较短的场合(跨距 $L \leqslant 400$ mm),为确保安全可靠,在轴承外圈与轴承盖之间应留出适量的轴向间隙 $C$,以补偿轴的受热伸长。对于深沟球轴承,可取 $C=0.2\sim 0.4$ mm;对于角接触轴承,热补偿间隙靠轴承内部的游隙保证,具体数值由手册查取。由于 $C$ 值很小,故不必在装配图上画出,但须在技术要求中说明。

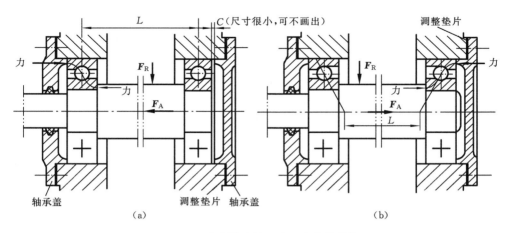

**图 7-16　滚动轴承的两端固定支承结构**

(a) 深沟球轴承组合；(b) 角接触球轴承组合

**2. 一端固定、一端游动**

当轴较长(跨距 $L>400$ mm)或工作温升较高时,轴的热膨胀量大,预留间隙的方法已不足以补偿轴的伸长量。此时应设置一个游动支点,采取一端固定、一端游动的支承形式。如图 7-17 所示,左端轴承为固定支点,可承受双向轴向力；右端轴承为游动支点,只承受径向力,轴受热伸长时游动支点可随轴移动。

设计时应注意不要出现多余的或不足的轴向固定。对于固定支点,轴向力不大时可采用深沟球轴承,如图 7-17(a)所示,其外圈左、右端面均被固定(看图时注意:此图是以轴心线为界,上、下分别表示两种不同的结构形式)。轴向力较大时,固定支点的一端可用轴承座孔的凸肩固定,如图(a)中的上半部分所示,这种结构使座孔不能一次镗削完成,影

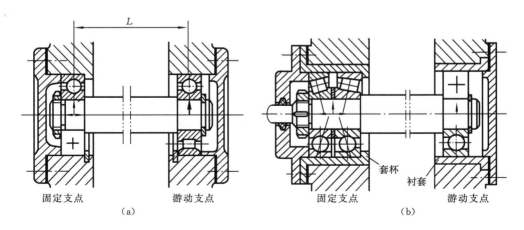

**图 7-17　一端固定、一端游动的支承结构**

响加工效率和同轴度;轴向力较小时,可用孔用弹性挡圈固定外圈,如图(a)中的下半部分所示。为了承受向右的轴向力,固定支点的内圈也必须进行轴向固定,此例是用圆螺母固定的。对于游动支点,常采用深沟球轴承(见图(a)中的上半部分),径向力大时也可采用圆柱滚子轴承(见图(a)中的下半部分)。游动支点选用深沟球轴承时,轴承外圈与轴承盖之间留有较大间距,使轴热膨胀时能自由伸长,但其内圈需轴向固定,以防轴承松脱;当游动支点选用圆柱滚子轴承时,其"游动"是靠内、外圈的相对错动来实现的,故内、外圈均应轴向固定,以免造成过大的错位。

图 7-17(b)中固定支点采用两个角接触轴承(圆锥滚子轴承或角接触球轴承)对称布置,分别承受左、右两方向的轴向力,共同承担径向力,适用于轴向载荷较大的场合。为了便于装配调整,固定支点采用了套杯结构,此时,选择游动支点轴承的尺寸时,一般应使轴承外径与套杯外径相等,或在座孔内增加衬套,以使两座孔直径相等,利于加工。

**3. 两端游动**

两端游动是对一根轴上的两个支点都不进行轴向固定,这种方式主要用在人字齿轮传动中的小齿轮轴上,如图 7-18 所示。人字齿轮啮合时齿轮的轴向力相互抵消,当大齿轮轴两端固定以后,小齿轮轴的轴向工作位置靠轮齿的形锁合来保证;另外,由于加工误差,齿轮两侧螺旋角不易做到完全一致,为使轮齿受力均匀,啮合传动时,应允许小齿轮轴系能作少量的轴向游动,故此时小齿轮轴系沿轴向不应固定。

由上述支承结构可知,对滚动轴承进行轴向固定就是对整个轴系进行固定,其方法都是通过轴承内圈与轴的紧固、外圈与座孔的紧固来实现的。轴承内圈的紧固应根据轴向力的大小选用轴端挡圈、圆螺母、轴用弹性挡圈等;轴承外圈的紧固常采用轴承盖、孔用弹性挡圈、座孔凸肩、止动环等结构措施。但要注意:当轴系采用图 7-16 所示的两端固定支承形式时,轴承内圈不需采取上述的紧固措施。

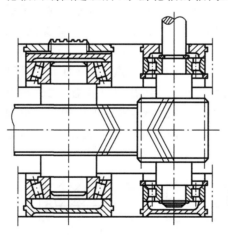

**图 7-18　两端游动的支承结构**

# 7.6.2　滚动轴承组合的调整

**1. 间隙的调整**

为保证滚动轴承正常运转,装配时要留有适当的轴向和径向间隙。间隙的大小对轴承的回转精度、受载、寿命、效率、温升、噪声等都有很大影响。间隙过大,则轴承的旋转精度降低,噪声增大;间隙过小,则由于轴的热膨胀使轴承受载加大,寿命缩短,效率降低。

因此,轴承组合装配时应根据实际的工作状况适当地调整间隙,并从结构上保证能方便地进行调整。

调整间隙的常用方法有以下两种。

（1）垫片调整　如图 7-16 所示的轴承组合,轴承盖与轴承座端面之间放置一组调整垫片,通过增加或减少调整垫片的厚度来调整间隙。

（2）螺钉调整　如图 7-19 所示,用螺钉 1 和碟形零件 3 调整轴承间隙,螺母 2 起锁紧作用。这种方法调整方便,但不能承受太大的轴向力。

**2. 位置的调整**

某些传动零件在安装时要求处于准确的轴向工作位置,才能保证正常工作。如图 7-20 所示的锥齿轮传动简图,装配时要求两个齿轮的节锥顶点重合于 $O$ 点,因此,两轴的轴承组合必须保证轴系能作轴向位置的调整。

图 7-21 所示为小锥齿轮轴系组合部件,为便于齿轮轴向位置的调整,采用了套杯结构。图中轴承为正装结构,有两组调整垫片,套杯与轴承座之间的垫片 1 用来调

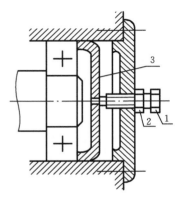

图 7-19　用螺钉调整间隙

整锥齿轮轴系部件的轴向位置,而轴承盖与套杯之间的垫片 2 用来调整轴承间隙。

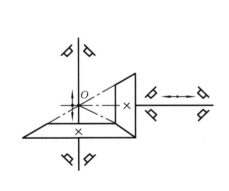

图 7-20　轴系位置调整简图

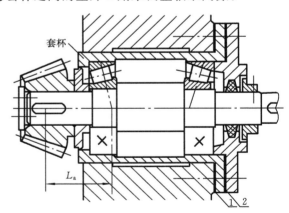

图 7-21　小锥齿轮轴系的调整结构

## 7.6.3　滚动轴承的预紧

在某些情况下,为了提高轴系的支承刚度和旋转精度(如精密机床的主轴部件),常需对滚动轴承进行预紧,以消除轴承内部的游隙。

所谓预紧,就是在安装轴承部件时,采取一定措施,预先对轴承施加一轴向载荷,使轴

承内部的游隙消除,并使滚动体与内、外套圈之间产生一定的预变形,处于压紧状态。预紧后的轴承经过工作载荷作用后,其内、外圈的轴向及径向的相对移动量比未预紧时小得多,支承刚度和旋转精度得到显著的提高。但预紧量应根据轴承的受载情况和使用要求合理确定,预紧量过大,轴承的磨损和发热量将增加,会导致轴承寿命降低。

　　通常是对成对使用的角接触轴承进行预紧。常用的预紧方法如图 7-22 所示。图(a)中正装的圆锥滚子轴承通过夹紧外圈而预紧;图(b)中角接触球轴承反装,在两轴承外圈之间加一金属垫片(其厚度控制预紧量大小),通过圆螺母夹紧内圈使轴承预紧,也可将两轴承相邻的内圈端面磨窄,其效果与外圈加金属垫片相同;图(c)所示是在一对轴承中间装入长度不等的套筒,预紧量由套筒的长度差控制;图(d)所示是用弹簧预紧,可得到稳定的预紧力。

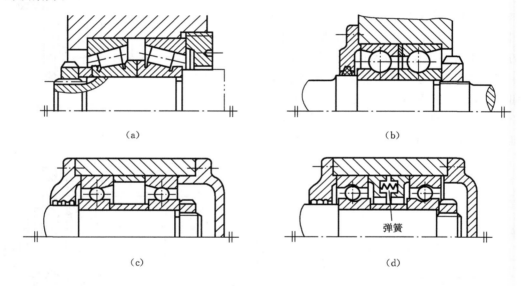

　　　　　(a)　　　　　　　　　　　　　　　　　(b)

　　　　　(c)　　　　　　　　　　　　　　　　　(d)

**图 7-22　滚动轴承的预紧结构**

## 7.6.4　滚动轴承的配合与装拆

　　滚动轴承的配合是指内圈与轴的配合及外圈与座孔的配合。轴承的周向固定是通过配合来保证的。由于滚动轴承是标准件,所以与其他零件配合时,轴承内孔为基准孔,外圈是基准轴,其配合代号不用标注。实际上,轴承的孔径和外径都具有公差带较小的负偏差,与一般圆柱体基准孔和基准轴的偏差方向、数值都不相同,所以轴承内孔与轴的配合比一般圆柱体的同类配合要紧得多。

　　轴承配合种类的选择应根据转速的高低、载荷的大小、温度的变化等因素来决定。配合过松,会使旋转精度降低,振动加大;配合过紧,可能因为内、外圈过大的弹性变形而影响轴承的正常工作,也会使轴承装拆困难。一般来说,转速高、载荷大、温度变化大的轴承应选紧一些的配合;经常拆卸的轴承应选较松的配合;转动套圈配合应紧一些;游动支点外圈与座孔的配合应松一些。与轴承内圈配合的回转轴常采用 n6、m6、k5、k6、j5、js6 等配合;与不转动的外圈相配合的轴承座孔常采用 J6、J7、H7、G7 等配合。

　　由于滚动轴承的配合通常较紧,为便于装配、防止损坏轴承,应采取合理的装配方法保证装配质量,组合设计时也应采取相应措施。

　　安装轴承时,小轴承可用铜锤轻而均匀地敲击配合套圈装入。大轴承可用压力机压入。尺寸大且配合紧的轴承可将孔件加热膨胀后再进行装配。拆卸轴承时,可采用专用工具,如图 7-23 所示的轴承拆卸器。为便于拆卸,轴承的定位轴肩高度应低于内圈厚度,其值可查阅轴承样本。需注意的是,装拆时力应施加在被装拆的套圈上,否则会损伤轴承。

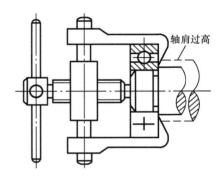

图 7-23　滚动轴承的拆卸

　　套杯内的轴承装拆时轴向移动的距离较长,通常采用圆锥滚子轴承,其内、外圈分别装配,操作较方便,且套杯孔内非配合部分的直径应稍大些(图7-21),既利于轴承外圈的装入,又减少孔的精加工面积。

## 7.6.5　滚动轴承组合的润滑与密封

　　滚动轴承的润滑剂一般根据 $dn$ 值($d$ 为轴承内径,$n$ 为轴转速)选择,$dn$ 值实际上反映了轴颈的圆周速度。当 $dn<(1.5\sim2)\times10^5$ mm·r/min 时,一般可采用脂润滑;否则,宜采用油润滑。当轴承附近的其他零件使用润滑油润滑时,可不必考虑 $dn$ 值的大小,直接利用该润滑油润滑轴承。

　　为了防止润滑剂流失及外界的灰尘、水汽等侵入轴承,需要对滚动轴承组合的轴伸出端处进行密封。密封的方法有两大类:接触式密封和非接触式密封。

**1. 接触式密封**

　　在轴承盖内放置软材料的密封件(如毡圈、唇形密封圈等),与转动轴直接接触而起密封作用。这种密封多用于转速不太高的场合,并要求密封处的轴段有较好的表面质量,以防密封件过早磨损。

　　(1)毡圈密封　如图 7-24(a)所示,在轴承盖(透盖)的孔内开出梯形槽,将矩形截面的半粗羊毛毡圈压入槽内与轴表面接触。这种密封结构简单,但磨损较快,一般用于转速不高、环境较清洁或脂润滑的场合。

　　(2)唇形密封圈密封　如图 7-24(b)所示,在轴承盖内放置一个用耐油橡胶等材料制成的唇形密封圈。若密封唇朝向轴承座外部(如图),则主要目的是防尘;反之,是为了防

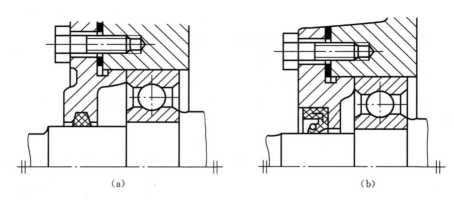

**图 7-24　接触式密封**

(a) 毡圈密封;(b) 唇形密封圈密封

止漏油。当采用两个唇形密封圈背靠背放置时,则既可防尘又可防止漏油。密封唇上套有一环形螺旋弹簧,使密封效果增强。这种密封装置安装方便、使用可靠,一般用于密封处线速度 $v < 7$ m/s、工作环境有尘或轴承用润滑油润滑的场合。

**2. 非接触式密封**

密封装置不与轴直接接触,多用于轴转速较高的场合。

(1) 间隙密封　如图 7-25(a)所示,轴承盖通孔表面与轴表面之间留有 $0.1 \sim 0.3$ mm 的狭小间隙,并在通孔内制出螺旋形沟槽,在槽内填充润滑脂,以增强密封效果。

(2) 迷宫式密封　如图 7-25(b)所示,旋转零件与静止零件之间的间隙做成曲路(迷宫)形式,并在间隙内填充润滑油或润滑脂以加强密封效果。这种密封工作可靠,对工作环境要求不高,无论轴承是脂润滑还是油润滑均可采用。

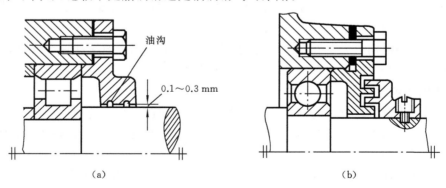

**图 7-25　非接触式密封**

(a) 间隙密封;(b) 迷宫式密封

# 习　题

**7-1**　滚动轴承的主要类型有哪几种？各有何特点？各适用于何种场合？

**7-2**　试说明下列各滚动轴承代号的含义：N307/P4；6207/P2；30206；51311/P6；7203AC。哪个轴承的公差等级最高？哪个轴承承受径向载荷的能力最强？哪个轴承不能承受径向载荷？

**7-3**　滚动轴承的主要失效形式是什么？寿命计算是针对哪种失效形式？

**7-4**　试说明滚动轴承的寿命、基本额定寿命、基本额定动载荷、当量动载荷等概念的含义。

**7-5**　一水泵采用深沟球轴承，代号为6209，轴转速 $n=2\,900$ r/min，已知受载较大轴承的径向载荷 $F_r=1\,810$ N，轴向载荷 $F_a=740$ N，常温下工作。试确定该轴承的基本额定寿命。

**7-6**　图示某轴由一对 30307 型轴承支承，$F_A=320$ N，$F_{r1}=4\,700$ N，$F_{r2}=1\,700$ N，载荷有中等冲击。试分别求出两轴承的当量动载荷 $P_1$、$P_2$。若将两轴承反装，但其他条件不变，则两轴承的当量动载荷 $P_1$、$P_2$ 分别等于多少？

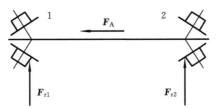

**题 7-6 图**

**7-7**　图示某轴用两个正装的角接触球轴承支承。轴颈直径 $d=40$ mm，转速 $n=950$ r/min，载荷有轻微冲击，常温下工作。已知两轴承所受的径向载荷分别为 $F_{r1}=4\,500$ N、$F_{r2}=1\,800$ N；轴向外载荷 $F_A=1\,200$ N。预期寿命 $L_{10h}'=5\,500$ h，试选择合适的轴承型号。

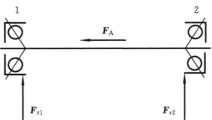

**题 7-7 图**

7-8　指出图示轴系中的错误结构及不合理之处,说明其原因并改正。

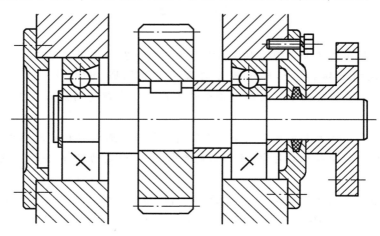

题 7-8 图

# 第8章 滑动轴承设计

滑动轴承具有承载能力强、吸振性好、工作平稳、噪声小、寿命长、能剖分等优点,故在高速、重载、高精度以及要求轴承结构能剖分的情况下,常采用滑动轴承。滑动轴承常用于内燃机、轧钢机、大型电动机、机床、仪表、雷达、天文望远镜等机械设备中。此外,在要求不高的场合也常采用滑动轴承,如水泥搅拌机、碎矿机等。

## 8.1 概　　述

### 8.1.1 滑动轴承的摩擦状态

滑动轴承工作时需用润滑剂润滑,其工作表面可能存在以下两种摩擦状态。

**1. 边界摩擦状态**

轴颈与轴承工作表面之间有润滑油存在,由于润滑油对金属表面的吸附作用,会在金属表面上形成一层油膜,称为边界油膜。边界油膜非常薄,不足以将相互摩擦的两金属表面完全隔开,所以,相互运动时,轴颈、轴承两金属表面在微观上仍存在尖峰部分的直接接触(图 8-1(a)),这种摩擦状态称为边界摩擦状态。

**2. 液体摩擦状态**

当满足一定的条件时,两摩擦表面间可形成具有一定厚度的压力油膜,将轴承和轴颈表面分隔开(图 8-1(b)),运转时不存在金属表面之间的摩擦,而是液体(润滑油)分子间的内摩擦,故摩擦因数相当小,可有效地减少摩擦磨损。这种状态称为液体摩擦状态。

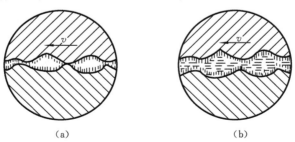

（a）　　　　　　　　　　　　　　　（b）

**图 8-1　滑动轴承的摩擦状态**(微观图)

（a）边界摩擦;（b）液体摩擦

除此之外,还有介于边界摩擦和液体摩擦之间的混合摩擦状态。边界摩擦状态和混合摩擦状态统称为非液体摩擦状态,不太重要的滑动轴承大多是在这种状态下工作。由上述可知,液体摩擦状态是滑动轴承最理想的工作情况,对于那些长期高速运转、精度要求高的机器,应确保其滑动轴承在液体摩擦状态下工作。

## 8.1.2　滑动轴承的类型及其结构形式

### 1. 滑动轴承的类型

按摩擦状态,滑动轴承可分为液体摩擦滑动轴承(液体摩擦状态)和非液体摩擦滑动轴承(边界摩擦状态或混合摩擦状态)。根据压力油膜的形成原理不同,液体摩擦滑动轴承又分为液体动压润滑轴承(简称动压轴承)和液体静压润滑轴承(简称静压轴承)。本章主要讨论非液体摩擦滑动轴承的设计,对动压和静压轴承只作简要介绍。

按承载方向,滑动轴承可分为承受径向力的向心轴承和承受轴向力的推力轴承两大类。

### 2. 滑动轴承的结构形式

滑动轴承的结构形式与摩擦状态和承载方向有关,通常由轴承座(盖)、轴瓦(套)、密封及紧固装置等组成。一些常用的滑动轴承,其结构参数的制定有部颁标准,可根据轴承的工况及使用条件按标准选择,也可自行设计。

#### 1) 向心轴承的结构形式

向心轴承常用的结构形式有剖分式、整体式和自动调心式等几种。

图 8-2 所示为典型的剖分式滑动轴承,由轴承盖、轴承座、剖分式轴瓦和连接螺栓组成。轴瓦是直接支承轴颈的重要零件。为了安装时易于对中、定位,轴承盖和轴承座的剖分面常制出阶梯形的榫口。剖分面应与外载方向基本垂直,否则会降低承载能力。图 8-2(a)所示为正剖分式结构;图 8-2(b)所示为斜剖分式结构,剖分面与安装基面成 45°夹角,用于径向载荷偏斜较大的场合。剖分式滑动轴承的装拆、维修比较方便,并可在轴瓦剖分面上放置一些薄垫片,以便在轴瓦磨损后调整轴承的径向间隙。

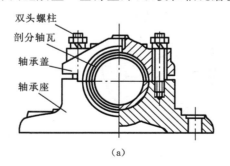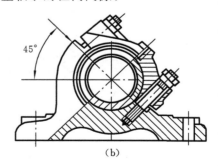

双头螺柱
剖分轴瓦
轴承盖
轴承座

(a)　　　　　　　　　　　　　(b)

**图 8-2　剖分式向心轴承**

(a)正剖分式向心轴承;(b)斜剖分式向心轴承

　　整体式向心滑动轴承的轴瓦是套筒式的(参见图 8-5(a)),直接压装在轴承座孔中。这种轴承结构简单,制造容易,刚度较大。但装拆时轴或轴承必须作轴向移动,不太方便,且轴瓦磨损后其径向间隙无法调整。因此,它仅适用于低速轻载或间歇工作的简单机械。

　　图 8-3 所示为自动调心式滑动轴承的结构简图。当轴承宽度 $l$ 较大时,由于轴的弯曲变形或两轴承座孔的同心度不能保证,会造成轴颈与轴承端部直接接触,引起剧烈的磨损和发热。因此,当宽径比 $l/d > 1.5$ 时,宜采用自动调心式滑动轴承。这种轴承的轴瓦外表面与轴承座孔的内表面是球面接触,球面中心在轴线上,故轴瓦可以自动调位以适应轴线的偏斜,使轴颈、轴瓦均匀接触。

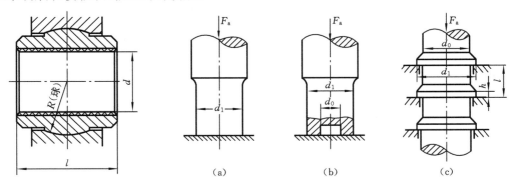

图 8-3　自动调心式轴承

图 8-4　推力轴承
(a) 实心式;(b) 空心式;(c) 多环式

**2) 推力轴承的结构形式**

　　推力滑动轴承只能承受轴向载荷,与向心轴承联合使用则可同时承受轴向和径向载荷。图 8-4 所示为推力轴承的结构简图。

　　推力轴承工作时,轴的端面或轴环的端面是承载面,它们与轴瓦相对运动。实心式轴端(图 8-4(a))中心处线速度为零,边缘处线速度最大,因而轴瓦磨损不均匀,压力分布也不均匀,故实际中很少使用。一般机器中常用空心式和多环式结构。多环式轴承承载能力强,但各环承载能力大小不等,故环数不能太多。

# 8.2　轴瓦的材料和结构

## 8.2.1　轴瓦的材料

　　滑动轴承工作时,轴瓦与轴颈的工作表面相互摩擦,磨损和胶合(也称烧瓦)是轴瓦的主要失效形式。因此,轴瓦材料应具有良好的减摩性、耐磨性和抗胶合性,并具有足够的强度。常用的轴瓦材料有如下几类。

　　(1) **轴承合金**　又称巴氏合金或白合金,有锡基和铅基两种,分别以锡或铅为软基体,加入适量的锑和铜而成。轴承合金的减摩性能好,具有良好的抗胶合性,但它的强度较低,而且价格较贵,所以一般将轴承合金浇铸在钢或铸铁做成的轴瓦基体上作为轴承衬使用。

（2）铜合金　主要有锡青铜、铝青铜和铅青铜三种。青铜强度要高于轴承合金,减摩性和耐磨性均很好,可在较高的温度(可达250℃)下工作。锡青铜适用于中速、中或重载轴承;铝青铜适用于低速重载轴承;铅青铜适用于高速重载轴承。

（3）铸铁　有普通灰铸铁和耐磨铸铁两种,价格低廉。铸铁材料中的石墨成分可在表面形成一层起润滑作用的石墨层。但这种材料性脆、跑合性差,只用于低速、轻载且无冲击的不重要轴承。

（4）粉末冶金材料　它是将铁或铜与石墨粉末混合,经压制烧结而成的多孔质材料,其孔隙占体积的10%～35%,可储存润滑油,故用此种材料制成的轴承又称含油轴承。但粉末冶金材料韧性较差,宜用于载荷平稳、低速和加油不方便的场合,目前在家用电器中应用较广。

（5）非金属材料　非金属轴瓦材料主要有塑料、橡胶等。以塑料用得最多,其优点是摩擦因数小,可塑性、跑合性良好,耐磨、耐蚀,可用水、油及化学溶液润滑。但它的导热性差,易变形,一般用于温度不高,载荷不大的场合。

常用的轴瓦材料及性能见表8-1。

表 8-1　常用的轴瓦材料及其性能

| 材料 | 牌　号 | $[p]$ /MPa | $[v]$ /(m/s) | $[pv]$ /(MPa·m/s) | 硬度/HBS 金属模 | 硬度/HBS 砂模 | 应用举例 |
|---|---|---|---|---|---|---|---|
| 铸铁 | 灰铸铁（HT150～250） | 1～4 | 0.5～2 | — | 160～180 | | 用于不受冲击的低速、轻载轴承 |
| 铜合金 | 锡青铜 ZCuSn10P1 | 15 | 10 | 15(20) | 90 | 80 | 用于重载、中速、高温及冲击条件下工作的轴承 |
| | 锡青铜 ZCuSn6Zn6Pb3 | 8 | 3 | 10(12) | 65 | 60 | 用于中载、中速工作的轴承,如起重机轴承及机床的一般主轴轴承 |
| | 铝青铜 ZCuAl10Fe3 | 30 | 8 | 12(60) | 110 | 100 | 用于受冲击载荷处,轴承温度可至300℃。轴颈需淬火 |
| | 铅青铜 ZCuPb30 | 25(平稳) | 12 | 30(90) | 25 | | 浇铸在钢轴瓦上做轴承衬,可受很大的冲击载荷,也适用于精密机床主轴轴承 |
| | | 15(冲击) | 8 | (60) | | | |

续表

| 材料 | 牌　　号 | $[p]$ /MPa | $[v]$ /(m/s) | $[pv]$ /(MPa·m/s) | 硬度/HBS 金属模｜砂模 | | 应 用 举 例 |
|---|---|---|---|---|---|---|---|
| 轴承合金 | ZSnSb11Cu6 （锡基） | 25（平稳） | 80 | 20（100） | 27 | | 用做轴承衬,用于重载、高速,温度低于 110 ℃的重要轴承,如汽轮机、内燃机、高转速的机床主轴轴承等 |
| | | 20（冲击） | 60 | 15 | | | |
| | ZPbSb16Sn16Cu2 （铅基） | 15 | 12 | 10（50） | 30 | | 用于不剧变的重载、高速轴承,如车床、发电机、压缩机、轧钢机等 |
| | ZPbSb15Sn5 （铅基） | 5 | 8 | 5 | 20 | | 用于中速、中载且冲击不大的轴承。如汽轮机、中等功率的电动机、拖拉机、发动机、空压机的轴承 |

注:括号中的 $[pv]$ 值为极限值,其余为润滑良好时的一般值。

## 8.2.2　轴瓦的结构

常用的轴瓦分为整体式和剖分式两种结构。按制造工艺不同,又分为整体铸造、双金属或三金属等多种形式。

整体式轴瓦是套筒形,称为轴套,通常用于整体式轴承,其结构如图 8-5(a)所示,轴套外径可取为 $D=(1.15\sim1.2)d$ 。剖分式轴瓦用于剖分式滑动轴承,如图 8-5(b)所示。为节省贵重有色金属,并提高轴瓦强度,常通过轧制或离心浇铸的方法使减摩材料依附在钢制轴瓦基体上,形成双金属或三金属轴瓦结构。

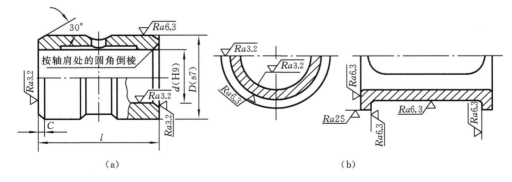

图 8-5　轴瓦结构

(a) 整体式轴瓦(轴套);(b) 剖分式轴瓦

　　轴瓦和轴承座不允许有相对移动,为了防止轴瓦移动,可将其两端做出凸缘(图 8-5 (b))以作轴向定位,或直接用销钉将轴瓦固定在轴承座上。

　　为了使滑动轴承获得良好的润滑,轴瓦或轴颈上需开设油孔及油沟,油孔用以导入润滑油,油沟使润滑油分布于整个摩擦面。油孔和油沟的位置、形状对轴承的承载能力影响很大。通常,油孔和油沟应设置在非承载区或油膜压力较小的区域,否则会降低轴承的承载能力。图 8-6 所示为几种常见的油沟,纵向油沟的长度应稍短于轴瓦的宽度,以防止润滑油过多地从两端泄漏。

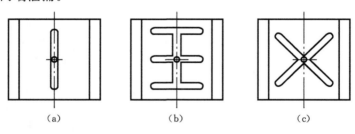

(a)　　　　　　　　　　(b)　　　　　　　　　　(c)

**图 8-6　几种常见的油沟形式**

# 8.3　润滑剂及其选择

　　轴承润滑的目的是降低摩擦功耗、减少磨损,同时还起到冷却、防锈、吸振等作用。

## 8.3.1　润滑剂

　　正确选用润滑剂,是滑动轴承正常工作的保证。常用的润滑剂主要有润滑油(液体)、润滑脂(半固体)和固体润滑剂等几大类。润滑油的润滑性能好,应用最广;润滑脂具有不易流失等优点;固体润滑剂一般用于不能使用油、脂的特殊场合。

### 1. 润滑油

　　常用的润滑油大致可分为三大类:矿物油、有机油和化学合成油,目前使用较多的是矿物油。润滑油的主要性能指标如下。

### 1) 黏度

　　它表征了流体中内摩擦阻力的大小,也是选择润滑油的主要依据。如图 8-7 所示,两个平行平板间充满了具有一定黏度的润滑油,若上板以速度 $v$ 移动,而下板静止,则由于油分子与平板表面的吸附作用,贴近移动板的油层将以同样的速度 $v$ 随板移动,而贴近静止板的油层将静止不动。若润滑油具有层流性质,则各油层将以不同的速度 $u$ 移动,于是各油层间产生相对滑移,因而各层的界面上就产生了剪应力 $\tau$。根据牛顿提出的黏性流体黏性定律,有

$$\tau = -\eta \frac{\partial u}{\partial y} \tag{8-1}$$

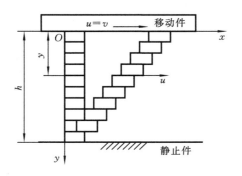

**图 8-7　平行平板间油的流动**

式中：$\eta$ 为比例常数，即流体的动力黏度；

$\dfrac{\partial u}{\partial y}$ 为流体沿垂直于运动方向的速度梯度，"一"号表示 $u$ 随 $y$ 的增大而减小。

由式（8-1）可知，黏度越大，润滑油的内摩擦力越大，流动性也就越差。

动力黏度 $\eta$ 的国际单位是 $N\cdot s/m^2$，记为 $Pa\cdot s$（帕·秒）；它的单位是 P（泊），1 P = 0.1 Pa·s。动力黏度又称绝对黏度，它主要用于流体动力学计算。

还可用运动黏度 $\nu$ 来表示流体黏度的大小，工业上润滑油的黏度常用运动黏度表示。运动黏度 $\nu$ 等于动力黏度 $\eta$ 与同温下该流体的密度 $\rho$（$kg/m^3$）的比值，即

$$\nu = \frac{\eta}{\rho} \quad m^2/s \tag{8-2}$$

$\nu$ 的国际单位是 $m^2/s$；物理单位是 $cm^2/s$，简称 St（斯），但 St 的单位太大，实际上常以其 1/100 即 cSt（厘斯）作单位。其换算关系为 1 St = 1 $cm^2/s$ = 100 cSt = $10^{-4}$ $m^2/s$。

润滑油的黏度并不是定值，它随温度和压力变化，且温度的影响尤其显著。温度升高则黏度下降。国家标准中规定，润滑油牌号所表示的黏度是在 40 ℃时测定的。

**2）油性**

油性是指润滑油中的极性分子对金属表面的吸附能力。吸附后形成一层边界油膜。吸附能力越强，油性越好。一般认为，动、植物油和脂肪酸的油性较好。

**3）闪点和凝点**

当润滑油在标准仪器中加热后所蒸发出的油气与火焰接近时有闪光发生，则此时的油温称为润滑油的闪点。闪点是衡量润滑油易燃性的一种指标。高温下工作的机械，必须使工作温度比润滑油的闪点低 30~40 ℃，以保证安全。凝点是润滑油失去流动性的极限温度，表征了润滑油的低温工作性能。

工业上常用润滑油的主要性质及用途如表 8-2 所示。国家标准规定各种润滑油牌号的黏度为该油 40 ℃时运动黏度的平均值。

**表 8-2　常用润滑油的主要性质及用途**

| 名　　称 | 牌　号 | 运动黏度/cSt (40℃) | 闪点(开口)/℃ ≥ | 凝点/℃ ≤ | 主要用途 |
|---|---|---|---|---|---|
| 全损耗系统<br>用油<br>(GB 443—1989) | L-AN15 | 13.5～16.5 | 150 | −5 | 用以代替原来的高速机油和机械油。分别用于纺机锭子、静压轴承、机床主轴、冲压和铸造等重型设备对润滑无特殊要求的全损耗系统,但不适用于循环润滑系统 |
|  | L-AN22 | 19.8～24.2 | 150 | −5 |  |
|  | L-AN32 | 28.8～35.2 | 150 | −5 |  |
|  | L-AN46 | 41.4～50.6 | 160 | −5 |  |
|  | L-AN68 | 61.2～74.8 | 160 | −5 |  |
|  | L-AN100 | 90.0～110 | 180 | −5 |  |
|  | L-AN150 | 135～165 | 180 | −5 |  |
| 轴承油<br>(SH/T 0017—1990) | L-FC10 | 9.00～11.00 | 140 | −18 | 适用于锭子、轴承、液压系统、齿轮和汽轮机等机械设备 |
|  | L-FC15 | 13.5～16.5 | 140 | −12 |  |
|  | L-FC22 | 19.8～24.2 | 140 | −12 |  |
|  | L-FC32 | 28.8～35.2 | 160 | −12 |  |
|  | L-FC46 | 41.4～50.6 | 180 | −12 |  |
| 汽轮机油<br>(GB 11120—2011) | L-TSA32 | 28.8～35.2 | 186 | −6 | 适用于汽轮机、发电机等高速高负荷轴承和各种小型液体润滑轴承 |
|  | L-TSA46 | 41.4～50.6 | 186 | −6 |  |
|  | L-TSA68 | 61.2～74.8 | 195 | −6 |  |
|  | L-TSA100 | 90.0～110 | 195 | −6 |  |

**2. 润滑脂**

润滑脂习惯上称为黄油或干油,是润滑油与各种稠化剂(如钙、钠、锂、铝等金属皂基)的膏状混合物。根据所用皂基的不同,常用润滑脂主要有以下几种。

**1) 常用润滑脂种类**

(1) 钙基润滑脂　具有良好的抗水性,但耐热性能差,其工作温度不宜超过 65 ℃。这种润滑脂的价格比较便宜。

(2) 钠基润滑脂　有较高的耐热性,工作温度可达 120 ℃,但抗水性差。这种润滑脂比钙基润滑脂有较好的防腐性。

(3) 锂基润滑脂　既能抗水,又能耐高温,其最高温度可达 145 ℃,在 100 ℃ 条件下可长期工作,而且有较好的机械稳定性,是一种多用途的润滑脂。

(4) 铝基润滑脂　铝基润滑脂有良好的抗水性,对金属表面有较高的吸附能力,有一定的防锈作用。在 70 ℃ 时开始软化,只适用于 50 ℃ 以下的温度。

**2) 润滑脂的主要性能指标**

(1) 针入度　它是表征润滑脂稀稠度的指标。针入度越小,则润滑脂越稠,不易从摩擦面中挤出,故承载能力强,密封性好,但摩擦阻力大。

（2）滴点　在规定的加热条件下,润滑脂受热后开始滴落时的温度称为滴点。它表征润滑脂耐高温的能力。润滑脂的工作温度应低于滴点 20～30 ℃。

### 3. 固体润滑剂

常用的固体润滑剂有石墨、二硫化钼（$MoS_2$）、聚四氟乙烯等。一般在超出润滑油或润滑脂的使用范围时才考虑使用固体润滑剂,如怕油污染、不易维护、高温、低速重载等条件下。滑动轴承润滑时,通常将固体润滑剂添加到润滑油或润滑脂中,用以提高油或脂的润滑性能。

## 8.3.2　润滑剂的选择

润滑剂对滑动轴承的工作性能及寿命影响较大,设计时,应注意选择合适的润滑剂,以确保轴承具有良好的工作性能和持久的寿命。选择润滑剂时可参考以下几个原则。

### 1. 类型选择

润滑油的润滑及散热效果较好,应用最广,液体摩擦滑动轴承和一般条件下的非液体摩擦滑动轴承均采用润滑油。润滑脂易保持在摩擦部位,维护简单,密封性好,对于要求不高、难于经常供油或摆动工作的非液体摩擦滑动轴承,可采用润滑脂。固体润滑剂的摩擦因数较大,散热性能差,但使用时间长,有特殊要求时可选用固体润滑剂。

### 2. 工作条件

轻载、高速条件下,应选黏度低的润滑油,以减小摩擦、降低润滑油的温升;高温、重载、低速条件下,选黏度高的润滑油,以利于形成油膜。启动频繁的轴承,应选用油性较好的润滑油。一般情况下,润滑油的工作温度最好不超过 60 ℃,而润滑脂的工作温度应低于其滴点 20～30 ℃。

### 3. 结构特点及环境条件

润滑间隙小时应选用低黏度的润滑油,以保证油能充分流入;间隙大时要用高黏度油,以避免油的流失。垂直润滑面、升降丝杆、开式齿轮、链条等,采用高黏度油或润滑脂以保持较好的附着性。电火花、赤热金属等有燃烧危险处,润滑油应有高闪点、高抗燃性。多尘潮湿环境下宜采用抗水的钙基、锂基或铝基润滑脂。

# 8.4　非液体摩擦滑动轴承的设计

## 8.4.1　失效形式

非液体摩擦滑动轴承工作时,因其摩擦表面不能被润滑油完全隔开,只能形成边界油膜,存在局部金属表面的直接接触,因此,轴承工作表面存在着不同程度的磨损,这将导致径向间隙增大,降低轴的旋转精度,甚至使轴不能正常工作。另外,当轴在高速、重载条件下工作时,若润滑不良,则摩擦、发热将加剧,使轴瓦发生胶合破坏,甚至会出现轴瓦与轴颈焊死在一起的现象。

## 8.4.2　设计计算

对于非液体摩擦滑动轴承,通常针对主要失效形式采用条件性计算。设计时,限制轴承的压强 $p$ 和相对滑动速度 $v$,以防止轴承过度磨损;限制轴承的 $pv$ 值,以防止轴承发生胶合失效。实践表明,按这种条件性计算方法进行设计,基本上能够满足轴承的工作能力要求。

**1. 限制轴承的平均压强 $p$**

为防止润滑油从工作表面挤出,避免轴承的过度磨损,应限制轴承的平均压强 $p$,即

$$p \leqslant [p]$$

对于向心轴承(图 8-8):

$$p = \frac{F_r}{dl} \leqslant [p] \quad \text{MPa} \tag{8-3}$$

对于推力轴承(图 8-4):

$$p = \frac{4F_a}{\pi z(d_1^2 - d_0^2)k} \leqslant [p] \quad \text{MPa} \tag{8-4}$$

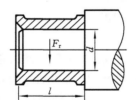

**图 8-8　向心轴承的受力**

式中:$F_r$ 为径向载荷,$F_a$ 为轴向载荷,单位均为 N;
　　　$d$ 为轴颈直径,$l$ 为轴承宽度,单位均为 mm;
　　　$d_1$、$d_0$ 分别为摩擦环的外径和内径,单位均为 mm;
　　　$z$ 为推力环数目;
　　　$k$ 为考虑油沟使接触面积减小的系数,通常取 $k = 0.8 \sim 0.9$;
　　　$[p]$ 为轴瓦材料的许用压强,见表 8-1。

对于推力轴承,当 $z > 1$ 时,由于各推力环间载荷分布不均,应将表 8-1 中的许用值降低 50%。

**2. 限制轴承的 $pv$ 值**

由于 $pv$ 值与摩擦功率损耗成正比,所以它代表了轴承的发热因素,$pv$ 值越大,轴承发热量越大,温升也越高。为防止轴承因温升过高而出现胶合破坏,应限制 $pv$ 值,即

$$pv \leqslant [pv]$$

对于向心轴承:

$$pv = \frac{F_r}{dl} \times \frac{\pi dn}{60 \times 1000} = \frac{F_r n}{19100l} \leqslant [pv] \quad \text{MPa} \cdot \text{m/s} \tag{8-5}$$

对于推力轴承:

$$pv_m = \frac{4F_a v_m}{\pi z(d_1^2 - d_0^2)k} \leqslant [pv] \quad \text{MPa} \cdot \text{m/s} \tag{8-6}$$

式中:$v$ 为摩擦面的相对滑动速度(m/s);

$n$ 为轴的转速(r/min);

$v_{\mathrm{m}}$ 为摩擦环上的平均线速度,即 $v_{\mathrm{m}}=\dfrac{\pi d_{\mathrm{m}} n}{60\times 1000}$,其中 $d_{\mathrm{m}}=\dfrac{d_1+d_0}{2}$;

$[pv]$ 为轴瓦材料的许用 $pv$ 值,见表 8-1。

对于推力轴承,由于采用平均速度计算,故 $[pv]$ 应远低于表中值,设计时,大致可取 $[pv]=2\sim 4$ MPa · m/s。

**3. 限制轴承的滑动速度 $v$**

当压强 $p$ 较小时,即使 $p$ 与 $pv$ 值都在许用范围内,也可能因滑动速度 $v$ 过大而引起轴瓦的过度磨损,故要求

$$v\leqslant [v]\quad \mathrm{m/s} \tag{8-7}$$

式中:$[v]$ 为许用滑动速度,见表 8-1。

表 8-1 给出的许用值多属于极限值。考虑到同一种轴承材料用于不同机器时,因载荷性质、供油情况和散热条件不同,其寿命也各异。因此,实际设计时,应按具体的机器寿命或修理间隔期决定许用值 $[p]$、$[v]$、$[pv]$,需要时,参考有关标准资料。

液体摩擦滑动轴承在启动和停车时,也处于非液体摩擦状态,因此,设计时也应按上述方法进行初算。

## 8.4.3　设计方法和步骤

滑动轴承设计的主要任务是:合理确定轴承的形式、结构及基本尺寸;选择轴瓦材料;选择润滑剂、润滑方法及润滑装置;对轴承进行校核计算;选择合适的轴承配合。

**1. 选择轴承的结构形式及材料**

设计时,一般根据已知的轴颈直径 $d$、转速 $n$ 和轴承载荷及使用要求,确定轴承的结构形式及轴瓦结构,并按表 8-1 初定轴瓦材料。

**2. 初步确定轴承的基本尺寸和参数**

宽径比 $l/d$ 是滑动轴承的重要参数。宽径比越大,轴承的承载能力也越强,但散热性能差,油温易升高,且易产生偏载;宽径比过小,油易从两端流失,承载能力低。通常取 $l/d=0.5\sim 1.5$。宽径比确定后,根据已知的轴颈直径 $d$ 确定轴承宽度 $l$ 及相关的轴承座外形尺寸。

**3. 校核计算**

按式(8-3)至式(8-7)对滑动轴承的工作能力进行校核计算,若不满足要求,则进行再设计。

**4. 选择轴承的配合**

轴瓦的孔径与轴颈直径公称尺寸是相同的,均为 $d$,采用间隙配合。设计时,应按不同的使用和旋转精度要求,合理选择轴承的配合,以确保轴承具有一定的径向间隙,以便润滑。具体选择可参考表 8-3。

### 5. 选择润滑剂

按前面介绍的原则和方法选择润滑剂。

**表 8-3　滑动轴承配合的选择**

| 配 合 代 号 | 应 用 举 例 |
|---|---|
| H7/g6 | 磨床与车床分度头主轴承 |
| H7/f7 | 铣床、钻床及车床的轴承,汽车发动机曲轴的主轴承及连杆轴承,齿轮减速器及蜗杆减速器轴承 |
| H9/f9 | 电动机、离心泵、风扇及惰轮轴的轴承,蒸汽机与内燃机曲轴的主轴承和连杆轴承 |
| H7/e8 | 汽轮发电机轴、内燃机凸轮轴、高速转轴、刀架丝杠、机车多支点轴等的轴承 |
| H11/ b11 或 H11/d11 | 农业机械用的轴承 |

**[例 8-1]**　一离心泵轴用非液体摩擦向心滑动轴承支承。轴颈直径 $d=45$ mm,轴转速 $n=1\,450$ r/min,轴承所受的径向载荷 $F_r=3\,000$ N,试设计此轴承。

**解**　具体设计计算过程如下。

(1) 确定轴承的结构形式。

为便于安装,采用剖分式向心滑动轴承结构。取宽径比 $l/d=1.1$,则 $l=1.1d=50$ mm。

(2) 选择轴瓦材料。

根据表 8-1,选锡青铜 ZCuSn6Zn6Pb3,$[p]=8$ MPa、$[pv]=10$ MPa·m/s、$[v]=3$ m/s。

(3) 校核计算。

压强:$p=\dfrac{F_r}{dl}=\dfrac{3\,000}{45\times50}$ MPa$=1.33$ MPa$<[p]=8$ MPa

$pv$ 值:$pv=\dfrac{F_r n}{19\,100l}=\dfrac{3\,000\times1\,450}{19\,100\times50}$ MPa·m/s$=4.55$ MPa·m/s

$<[pv]=10$ MPa·m/s

滑动速度:$v=\dfrac{\pi dn}{60\times1\,000}=\dfrac{45\times1\,450\pi}{60\times1\,000}$ m/s$=3.4$ m/s$>[v]=3$ m/s

校核结果:滑动速度 $v$ 超过了许用值。可改选锡青铜 ZCuSn10P1,由表 8-1 知,该材料的许用值均大于计算值,合用。

(4) 选择轴承配合。

查表 8-3,选轴承配合为 H9/f9。查有关的机械设计手册,得轴承孔的尺寸及偏差为 $\phi45^{+0.062}_{0}$ mm,轴颈的尺寸及偏差为 $\phi45^{-0.025}_{-0.087}$ mm。

(5) 选择润滑剂。

潮湿环境,故选用耐水的锂基润滑脂。

# 8.5　液体摩擦动压向心滑动轴承简介

## 8.5.1　动压油膜的生成机理

液体摩擦动压向心滑动轴承工作时,轴颈与轴承工作表面将形成一层具有足够压力的油膜,使两摩擦表面不直接接触而保持液体摩擦润滑状态。液体摩擦动压润滑形成机理如下。

如图 8-9(a)所示,两刚性平板 A 和 B 平行,两板摩擦面所形成的间隙内充满一定黏度的润滑油,若板 B 静止不动,板 A 以速度 v 沿水平方向向右运动。由于润滑油的黏性及它与平板间的吸附作用,与板 A 紧贴的油层的流速 u 等于板速 v,而与板 B 紧贴的油层的流速等于零,其他各流层的流速 u 则按线性规律分布。这种流动是由于油层受到剪切作用而产生的,所以称为剪切流。这时通过两平行平板间的任何垂直截面处的流量皆相等,润滑油虽能保持连续流动,但油膜对外载荷并无承载能力。

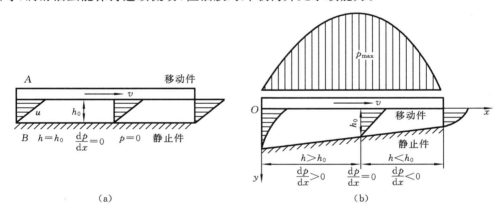

图 8-9　动压油膜分析

当平板 A 和 B 相互倾斜,使摩擦表面间形成楔形收敛间隙,且移动件的运动方向是从间隙较大的一方移向间隙较小的一方时(图 8-9(b)),润滑油必从大口流进、小口流出。此时各油层的速度若仍像图(a)中那样成三角形分布,则必然进油口流量大、出油口流量小,即进油多而出油少。假设润滑油是不可压缩的,所以润滑油必将在间隙内拥挤,从而形成油压,迫使进口的流速减慢(速度曲线内凹),出口的流速加快(速度曲线外凸),于是使进、出口的流量相等。这种由于工作表面的相对运动而在间隙内产生的压力油膜就是动压油膜。全部油膜压力之和即为油膜的承载能力,正常工作时油膜压力之和应与外载 F 平衡。油压 p 的分布规律如图 8-9(b)所示,可用一维雷诺方程描述油压 p 与轴承参数之间的关系:

$$\frac{\mathrm{d}p}{\mathrm{d}x} = 6\eta v \frac{h - h_0}{h^3} \qquad (8\text{-}8)$$

由上式可知,油压 $p$ 沿 $x$ 向的变化率,与润滑油的黏度 $\eta$、相对滑动速度 $v$、间隙的大小及间隙差等参数有关。由图 8-9(b)可看出,以间隙为 $h_0$ 的截面为界,其左边 $h > h_0$,根据式 (8-8),可知 $\frac{\mathrm{d}p}{\mathrm{d}x} > 0$,即油压 $p$ 随 $x$ 的增加而增大;在右边 $h < h_0$,$\frac{\mathrm{d}p}{\mathrm{d}x} < 0$,即油压 $p$ 随 $x$ 的增加而减小;在 $h_0$ 处,$\frac{\mathrm{d}p}{\mathrm{d}x} = 0$,此截面油压最大,且各油层速度成线性分布。

通过以上分析,可知形成动压油膜的必要条件是:

(1) 两工作表面必须形成收敛的楔形间隙;

(2) 间隙中必须连续充满具有一定黏度的润滑油或其他流体;

(3) 两工作表面必须具有一定的相对滑动速度,且运动方向应保证润滑油从大口流进、小口流出。

当然,对于一定大小的外载荷 $F$,为了得到足够的油膜压力,还必须使黏度 $\eta$、滑动速度 $v$、间隙大小等匹配适当。黏度大、滑动速度大、间隙小,则产生的油膜压力大,承载能力强。必要条件中的第一条是很重要的,如果两工作表面呈发散楔形(将图 8-9(b)中的速度 $v$ 反向),则油从小口进、大口出,油压必将低于出口和进口处的压力,不仅不能承受外载,而且会产生使两表面相互吸引的力。

## 8.5.2　液体摩擦动压向心滑动轴承动压油膜的形成过程

图 8-10 所示为液体摩擦动压向心滑动轴承的工作状态示意图。$O_1$ 为轴颈中心,$O_2$ 为轴承中心,当 $O_1$、$O_2$ 重合时,轴颈与轴承间有一间隙 $\delta$,称为半径间隙。图 8-10(a)所示为停车状态,轴颈下沉,处于轴承孔的最下方,此时轴颈表面与轴承孔表面之间自然构成弯曲的楔形间隙,这就满足了形成动压油膜的首要条件,$O_1$ 相对于 $O_2$ 的偏心距 $e$ 等于半径间隙 $\delta$。刚开始启动时,速度很低,间隙内的润滑油还没有形成动压油膜,轴颈和轴承表面直接接触,作用于轴颈上的摩擦力将迫使轴颈沿轴承孔壁向上爬,如图 8-10(b)所示。当轴颈转速继续升高时,间隙内的油膜压力也不断加大,从而将轴颈抬起使其与轴承脱离接触,如图 8-10(c)所示,但此时是不稳定状态,油膜压力的合力有向左的分力,会推动轴颈向左移动。当转速增加到一定值后,油膜压力完全将轴颈托起,达到稳定的液体摩擦状态,如图 8-10(d)所示,此时油膜压力的合力与外载 $F$ 平衡,由图中可看出 $O_1$、$O_2$ 不重合,偏心距为 $e$。转速越高,油膜压力也越大,偏心距 $e$ 越小。从理论上讲,转速趋于无穷大时,$O_1$、$O_2$ 重合,但是,当两中心重合时,两表面间的间隙处处相等,失去形成动压油膜的必要条件,所以实际上这种现象是不可能出现的。

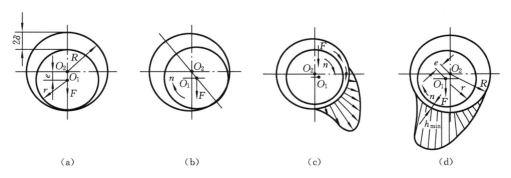

**图 8-10　动压向心滑动轴承动压油膜的形成过程**
(a) 停车；(b) 启动；(c) 形成油膜；(d) 稳定运行

# 习　　题

**8-1**　向心滑动轴承的主要结构形式有哪几种？各有何特点？

**8-2**　非液体摩擦滑动轴承的主要失效形式是什么？针对不同的失效,应如何校核计算?

**8-3**　在液体摩擦滑动轴承中,形成动压油膜的必要条件有哪些？

**8-4**　一非液体摩擦向心滑动轴承,$l/d=1.5$,轴瓦材料的 $[p]=5$ MPa,$[pv]=10$ MPa·m/s,$[v]=3$ m/s,轴颈直径 $d=100$ mm,轴转速 $n=500$ r/min。试求此轴承所能承受的最大载荷。

**8-5**　试设计某纺织机械上的一非液体摩擦向心滑动轴承。已知:轴颈直径 $d=40$ mm,轴承宽度 $l=45$ mm,轴承所受的径向载荷 $F_r=15\ 000$ N,轴的转速 $n=300$ r/min。

# 第9章 联轴器、离合器和制动器

联轴器、离合器和制动器是机器中常用的部件,大都已标准化、系列化。机械设计人员的主要任务是根据工作要求和使用条件合理地选用它们。联轴器、离合器和制动器的种类很多,下面介绍常用的几种类型。

## 9.1 联 轴 器

### 9.1.1 联轴器的功能与类型

联轴器用于两轴或轴与其他回转零件的连接,以传递运动和转矩。联轴器通常由两个半联轴器及连接件组成,采用键或销与主、从动轴连接。机器运转时联轴器所连接的两轴不能分离,只有当机器停车并将连接拆开后,两轴才能分离。

由于制造及安装误差、承载后的变形以及温度变化等原因,被联轴器连接的两轴的轴心线之间会存在相对位置误差,产生位移,往往不能保证严格地对中,如图9-1所示。这种位移可分为轴向位移(图(a))、径向位移(图(b))、角位移(图(c))和综合位移(图(d))。

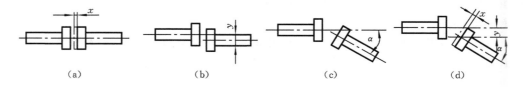

**图9-1 被连接的两轴轴心线的相对位移**

(a)轴向位移;(b)径向位移;(c)角位移;(d)综合位移

按照是否含有弹性元件,通常将联轴器分为刚性联轴器和弹性联轴器两大类。刚性联轴器全部由刚性元件组成,无缓冲、减振能力,适用于载荷平稳或轻微冲击的场合;弹性联轴器含有金属或非金属弹性元件,除具备补偿位移的能力外,还有缓冲、减振作用。

根据能否补偿两轴线的相对位移,刚性联轴器又可分为固定式刚性联轴器和可移式刚性联轴器两类。固定式刚性联轴器不具备位移补偿能力,对所连接的两轴轴心线的对中性要求较高。可移式联轴器利用自身相对可动的元件或间隙来补偿两轴轴线的相对位移,可避免轴系零件受到很大的附加载荷作用,适用于两轴轴心线不能严格对中的场合。

## 9.1.2　常用联轴器

### 1. 刚性联轴器

#### 1) 固定式刚性联轴器

由于固定式刚性联轴器不具有位移补偿能力,故要求所连接的两轴应具有较高的位置精度和刚度。固定式刚性联轴器承载能力较强,常用的有套筒式和凸缘式两种。

（1）套筒联轴器　套筒联轴器的结构如图 9-2所示,它通过联轴套连接两轴,被连接两轴的直径可以相同、亦可不同,套筒与轴之间一般通过销连接以传递转矩。

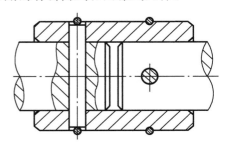

**图 9-2　套筒联轴器**

套筒联轴器结构简单、制造方便、成本低,其径向尺寸小,但是装配和拆卸都不太方便。套筒联轴器适用于低速、轻载、工作平稳的场合。

（2）凸缘联轴器　通常把凸缘联轴器的两个带有凸缘的半联轴器用键分别与两轴连接,然后用螺栓把两个半联轴器连成一体,以传递运动和转矩。凸缘联轴器有两种结构形式:有对中榫的凸缘联轴器(图 9-3(a))和普通凸缘联轴器(图 9-3(b))。普通凸缘联轴器靠铰制孔用螺栓来实现两轴对中,并靠螺杆传递转矩,此时杆与孔壁之间相互挤压,且杆受剪切应力作用。有对中榫的凸缘联轴器靠圆柱面的相互嵌合对中,用普通螺栓连接两个半联轴器,通过两个半联轴器结合面间的摩擦力传递转矩。

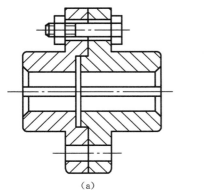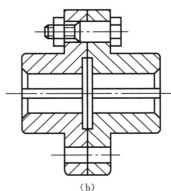

(a)　　　　　　　　　　　　　　(b)

**图 9-3　凸缘联轴器**

(a) 有对中榫的凸缘联轴器；(b) 普通凸缘联轴器

凸缘联轴器的材料可用灰铸铁和钢,重载或圆周速度大于 30 m/s 时应该用铸钢或锻钢。

**2）可移式刚性联轴器**

可移式刚性联轴器依靠自身零件之间的相对移动来补偿两轴的位置误差,因此通常需要在良好的润滑和密封条件下工作,不能缓冲、减振。常用的类型有十字滑块联轴器、齿式联轴器、万向联轴器等。

（1）十字滑块联轴器　如图 9-4 所示,两个半联轴器 1、3 端面开有径向凹槽,中间圆盘 2 两端面的凸牙相互垂直,并分别与两半联轴器的凹槽相嵌合。工作时,通过凸牙在凹槽内滑动来补偿两轴线的径向位移。

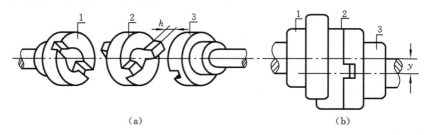

（a）　　　　　　　　　　　　　　　（b）

**图 9-4　十字滑块联轴器**

凹槽和凸牙的工作面要求较高的硬度（46～50HRC）并需润滑。当转速较高时,中间圆盘的偏心将会产生较大的离心力,加速工作面的磨损,并给轴和轴承带来较大的附加动载荷,故这种联轴器适用于低速、无冲击载荷的工作条件。

（2）齿式联轴器　如图 9-5 所示,齿式联轴器主要由两个带外齿的半联轴器 1 和两个带内齿及凸缘的外壳 2 组成,两外壳用螺栓相连,壳内储有润滑油,以便润滑轮齿。工作时,依靠内、外齿的啮合传递转矩。由于外齿轮的齿顶做成球面,球面中心位于轴线上,且轮齿间留有较大的齿侧间隙,故能补偿两轴的综合位移。若将外齿轮修成鼓形齿（图 9-5(c)）,则更有利于增强联轴器补偿综合位移的能力。

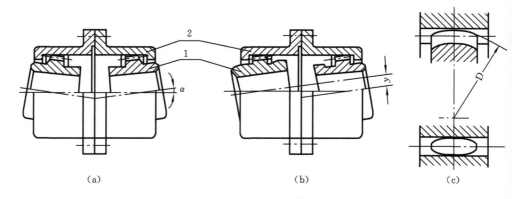

（a）　　　　　　　　　（b）　　　　　　　　　（c）

**图 9-5　齿式联轴器**

齿式联轴器能传递较大的转矩,适用的速度范围广,工作可靠;但结构较复杂,重量大,制造较困难,成本高。

（3）**万向联轴器**　　万向联轴器通过万向铰链结构来传递运动和补偿两轴心线角位移。图 9-6 所示为单万向联轴器,它由两个叉形接头 1、3（半联轴器）,一个中间连接件 2 及销轴 4、5 组成。销轴 4、5 互相垂直配置并分别把两个叉形接头与中间连接件连接起来。由于两叉形接头与销轴是铰接的,这样就构成了一个可动的连接,因此当一轴位置固定后,另一轴可以沿任意方向偏斜,以补偿较大的角位移,允许偏斜角 $\alpha$ 可达到 $35°\sim45°$。

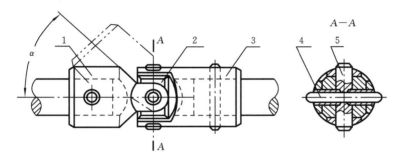

图 9-6　单万向联轴器

单万向联轴器的主要缺点是,当两轴轴线相交有角位移时,即使主动轴以等角速度 $\omega_1$ 回转,从动轴的角速度 $\omega_2$ 将在下列范围内发生周期性变化:$\omega_1\cos\alpha\leqslant\omega_2\leqslant\omega_1/\cos\alpha$。从动轴角速度的变化将引起附加动载荷,角位移 $\alpha$ 愈大,由此产生的动载荷也愈大。

因此工程实际中很少使用单万向联轴器,而常用双万向联轴器,如图 9-7 所示。当主动轴、从动轴与中间轴的夹角 $\alpha$ 相等,且中间轴两端叉形接头的叉面位于同一平面内时,其主、从动轴的角速度相等,从而可降低运转时的附加动载荷。双万向联轴器结构比较紧凑,效率较高,可用于两轴有较大的偏斜角或工作时有较大角位移的场合,也可用于主、从动轴轴线平行但有较大径向位移的场合。双万向联轴器目前已在汽车、拖拉机、金属切削机床中得到广泛应用。

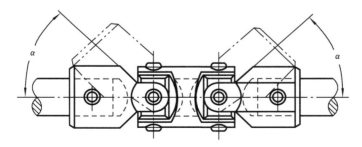

图 9-7　双万向联轴器

**2. 弹性联轴器**

这类联轴器因装有弹性元件,不仅可以补偿两轴间的相对位移,而且具有缓冲、减振能力。

**1）弹性套柱销联轴器**

如图 9-8 所示,弹性套柱销联轴器的结构与凸缘联轴器相似,只是用套有弹性套的柱销代替了连接螺栓。这种联轴器结构简单、装拆方便、成本较低,但弹性套易磨损,寿命较短。它多用于经常正、反转,启动频繁,转速较高,转矩不大,有振动、冲击的场合。

在安装这种联轴器时,应注意留出间隙 $c$,以便两轴工作时能有少量的相对位移。

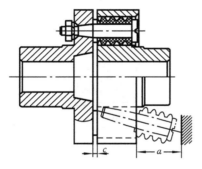

图 9-8　弹性套柱销联轴器

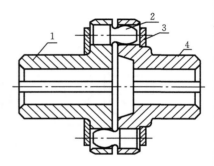

图 9-9　弹性柱销联轴器

**2）弹性柱销联轴器**

如图 9-9 所示,这种联轴器可以看成是由弹性套柱销联轴器简化而成的,即采用尼龙柱销 2 代替弹性套和金属柱销,将两个半联轴器 1、4 连接起来。为了防止柱销滑出,在柱销两端配置挡圈 3。装配时也应注意留出间隙。

弹性柱销联轴器结构简单,安装、制造方便,耐久性好,也有吸振和补偿位移的能力。这种联轴器常用于轴向窜动量较大,经常正、反转,启动频繁,转速较高的场合,可代替弹性套柱销联轴器。但它不宜用于可靠性要求高(如起重机提升机构)、重载和具有强烈冲击与振动的场合,径向位移或角位移大、安装精度低的轴系也不宜采用。

## 9.1.3　联轴器的选用

多数联轴器是标准件,一般情况下,只需根据工况条件及工作要求,正确选择联轴器的类型、确定联轴器的型号及尺寸。

**1. 联轴器类型的选择**

联轴器的类型应根据使用要求和性能要求来确定,选择时可考虑以下几方面:所传递转矩的大小和性质、转速的高低以及对缓冲、减振性能的要求;两轴线的相对位移的大小和方向;许用的外形尺寸和安装方法,对于大型联轴器,应能在轴不需作轴向移动的条件下实现装拆;联轴器的制造成本、使用寿命、工作环境、可靠性等。

一般来说,对低速、刚性大的短轴,可选用固定式刚性联轴器;对低速、刚性小的长轴,可选用可移式刚性联轴器;重载条件下,可选用齿式联轴器;转速较高且有振动、冲击时,宜选用弹性联轴器;两轴线相交时,应选用万向联轴器。

**2. 联轴器型号、尺寸的确定**

对于已标准化和系列化的联轴器,选定合适类型后,可按转矩、转速和轴的直径等从有关的机械设计手册中确定联轴器的型号及结构尺寸,所选联轴器应满足

$$T_{ca} \leqslant [T], n \leqslant n_{max} \tag{9-1}$$

式中:$T_{ca}$ 为计算转矩,$T_{ca} = K_A T$,其中 $K_A$ 为工作情况系数,用以考虑机器启动时及运转过程中可能出现的动载荷及过载现象,其值见表 9-1;

$T$ 为轴所传递的名义转矩;

$n$ 和 $n_{max}$ 分别为轴的转速和联轴器允许的最高转速。

**表 9-1　工作情况系数 $K_A$**

| 工作情况及工作机举例 | 原动机类型 | | | |
|---|---|---|---|---|
| | 电动机、汽轮机 | 四缸和四缸以上内燃机 | 双缸内燃机 | 单缸内燃机 |
| 转矩变化很小,如发电机、小型通风机、小型离心泵 | 1.3 | 1.5 | 1.8 | 2.2 |
| 转矩变化小,如透平压缩机、木工机床、运输机 | 1.5 | 1.7 | 2.0 | 2.4 |
| 转矩变化中等,如搅拌机、增压泵、有飞轮的压缩机、冲床 | 1.7 | 1.9 | 2.2 | 2.6 |
| 转矩变化和冲击载荷中等,如织布机、水泥搅拌机、拖拉机 | 1.9 | 2.1 | 2.4 | 2.8 |
| 转矩变化和冲击载荷大,如造纸机、挖掘机、起重机、碎石机 | 2.3 | 2.5 | 2.8 | 3.2 |
| 转矩变化大并有极强烈冲击载荷,如压延机、无飞轮的活塞泵、重型初轧机 | 3.1 | 3.3 | 3.6 | 4.0 |

应注意的是,联轴器所连接的两轴轴径可以不等,则两半联轴器的孔径应分别与对应的轴径相同。对每一种型号的联轴器,标准中给出了孔径的尺寸系列,两半联轴器的孔径应在给定的范围之内。另外,孔的形状(如长圆柱形孔、短圆柱形孔、锥形孔等)也应与轴端形状相适应。

**[例 9-1]**　电动机的输出轴与增压油泵的输入轴之间用联轴器相连。已知电动机的功率 $P = 7.5$ kW,转速 $n = 960$ r/min,载荷有变化,经常启动、停车,电动机输出轴直径 $d_1 = 38$ mm,长度 $l_1 = 80$ mm,油泵输入轴直径 $d_2 = 42$ mm,长度 $l_2 = 110$ mm。试选择合适的联轴器。

**解**　因为载荷有变化,且启动频繁,宜选用缓冲性能较好弹性套柱销联轴器。

查表 9-1 得 $K_A = 1.7$,则计算转矩

$$T_{ca} = K_A T = K_A \times 9\,550 \times \frac{P}{n} = 1.7 \times 9\,550 \times \frac{7.5}{960} \text{ N} \cdot \text{m} = 126.8 \text{ N} \cdot \text{m}$$

查有关的机械设计手册,选用 LT6 型弹性套柱销联轴器。其技术参数:许用转矩 $[T] = 250$ N·m;许用转速 $n_{max} = 3\,800$ r/min;孔径范围 32～42 mm。结构参数:两半联轴器均选用长圆柱形孔(Y 型),A 型键槽,电动机输出端孔径及孔长为 $\phi 38 \times 82$ mm;增压泵输入端孔径及孔长为 $\phi 42 \times 112$ mm。该联轴器标记为

$$\text{LT6} \ \frac{\text{YA38} \times 82}{\text{YA42} \times 112} \quad \text{GB/T 4323—2002}$$

分式上面是主动端半联轴器的参数,下面是从动端半联轴器的参数。

对于 Y 型轴孔、A 型键槽的代号,其标记也可以省略。当联轴器两端轴孔和键槽的形式与尺寸均相同时,可只标记一端,省略另一端。则上述联轴器标记为 LT6 $\frac{38 \times 82}{42 \times 112}$ GB/T 4323—2002。

# 9.2　离　合　器

## 9.2.1　离合器的功能与类型

离合器也是用于两轴间传递运动和转矩的轴系部件。与联轴器不同的是,离合器能在机器工作时随时使两轴接合或分离,以便进行变速、换向或使工作机暂停工作。

根据动作方式的不同,离合器可分为操纵式离合器和自动离合器两大类。操纵式离合器按操纵方式分为机械操纵离合器、电磁操纵离合器、液压操纵离合器及气压操纵离合器等。自动离合器利用某种作用原理能够自动实现接合和分离,不需专门的操纵装置。根据作用原理不同,自动离合器又分为安全离合器、离心离合器、超越离合器等。

对离合器的基本要求是:操纵方便省力,接合和分离迅速、平稳,动作准确,结构简单,维护方便,使用寿命长等。

## 9.2.2　常用离合器

### 1. 操纵式离合器

#### 1) 操纵式牙嵌离合器

如图 9-10 所示,操纵式牙嵌离合器主要由端面带齿的两个半离合器 1、2 组成,通过齿的啮合来传递运动和转矩。其中半离合器 1 固连在主动轴上,另一半离合器 2 用导向平键(或花键)与从动轴相连,并可由操纵机构的滑环 4 使其作轴向移动,以实现离合器的接合或分离。为了使两半离合器能够对中,在主动轴端的半离合器上有固定对中环 3,从动轴可在对中环内自由移动。

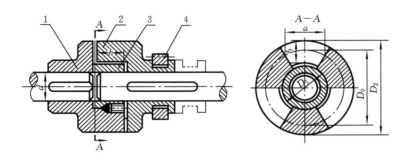

图 9-10　操纵式牙嵌离合器

这种离合器的齿形（沿圆柱的周向展开）有矩形、梯形、锯齿形和三角形四种，分别如图9-11所示。三角形齿接合和分离容易，但齿的强度较弱、传递的转矩较小。梯形和锯齿形齿强度较高，接合和分离也较容易，多用于传递大转矩的场合，但锯齿形齿只能单向工作，若用倾斜角大的一面工作时，会因齿与齿间产生很大轴向分力而迫使离合器分离。矩形齿制造容易，但接合困难，且接合以后，齿的工作面间无轴向分力作用，所以分离也较困难，故应用较少。

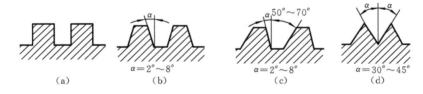

图 9-11　牙嵌式离合器的齿型
(a)矩形；(b)梯形；(c)锯齿形；(d)三角形

牙嵌离合器结构简单、外廓尺寸小，接合后两半离合器没有相对滑动。但牙嵌离合器只宜在两轴的转速差较小或相对静止的情况下接合，否则齿与齿之间会发生很大冲击，影响离合器的寿命。

**2）操纵式圆盘摩擦离合器**

操纵式圆盘摩擦离合器是摩擦式离合器中应用较广的一种。其与牙嵌离合器的根本区别在于它是依靠两接触面之间的摩擦力使主、从动轴接合以传递运动和转矩的。因此，它具有下述特点：能在不停机或两轴具有任何大小转速差的情况下进行接合；离合时冲击、振动小，能够实现平稳地接合及分离；过载时，摩擦面间将发生相对滑动，可以避免其他零件的损坏。操纵式圆盘摩擦离合器主要有单片式和多片式两种。

图 9-12 所示为单片式圆盘摩擦离合

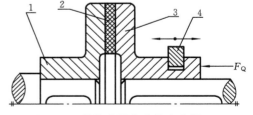

图 9-12　单片式圆盘摩擦离合器

器,半离合器 1 固装在主动轴上,半离合器 3 利用导向平键(或花键)与从动轴相连,为增大摩擦因数,在半离合器的端面贴上摩擦片 2,通过操纵杆和滑环 4 控制离合器的接合与分离。

单片式圆盘摩擦离合器结构简单,散热性好,但传递的转矩较小。传递较大转矩时,往往采用多片式摩擦离合器。

图 9-13(a)所示为多片式摩擦离合器,外摩擦片 5(图(b))与内摩擦片 6(图(c))交错放置。其中外摩擦片通过外齿与外轮毂 2 及轴 1 相连,内摩擦片通过内齿与套筒 4 及轴 3 相连。在套筒上开有三个纵向槽,其中安置可绕销轴摆动的曲臂压杆 8。当滑环 7 向左移动时,将拨动曲臂压杆,使压板 9 压紧内、外摩擦片,从而使离合器接合;当滑环向右移动时,摩擦片松开,则离合器分离。螺母 10 用来调节内、外摩擦片间的间隙。

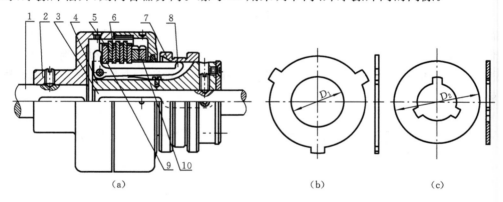

**图 9-13　多片式摩擦离合器**
(a)离合器结构;(b)外摩擦片;(c)内摩擦片

增加摩擦片的对数,可以提高离合器传递转矩的能力,且尺寸增加不多,所需轴向力也增加不多。但是,摩擦片过多会影响分离的灵活性,故一般不超过 10～15 对。由于采用多摩擦片形式有利于降低离合器的转动惯量,因此该类摩擦离合器宜用于高速传动。

摩擦离合器在接合或分离时有相对滑动,发热量较大,磨损严重。为了散热和减磨,可以将离合器浸入油中工作。根据是否浸入油中工作,将摩擦离合器分为干式和湿式两种类型。

**3) 电磁操纵的多盘摩擦离合器**

电磁操纵的多片摩擦离合器的工作原理如图 9-14 所示(图中仅画出了压紧摩擦盘时的情况)。内摩擦片上有内齿与带槽套筒相嵌合,外摩擦片的外缘上有槽与外套筒相嵌合,平时由外摩擦片上翘起的爪的弹性使内、外摩擦片互相分离,不传递转矩。通电时绕组产生磁通,吸引左端衔铁将内、外摩擦片压紧,以传递转矩。电磁摩擦离合器可实现远距离操纵,动作迅速,同时不会产生不平衡的轴向力,因而在机床、轧钢、冶金采矿、金属压延、搬运、船舶、渔业等设备的机械传动系统中得到了广泛的应用。

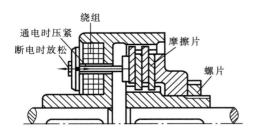

图 9-14　电磁操纵的多盘摩擦离合器

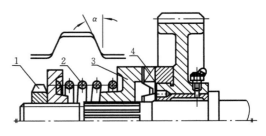

图 9-15　牙嵌式安全离合器

## 2. 自动离合器

### 1）安全离合器

安全离合器通常有嵌合式和摩擦式。当载荷达到最大值时它们将分开连接件或使连接件打滑，从而防止机器中的重要零件损坏。常用的牙嵌式安全离合器（图 9-15）和牙嵌式离合器很相似，只是牙嵌式安全离合器牙的倾斜角 $\alpha$ 较大，并由弹簧压紧装置代替滑环操纵机构。工作时，两半离合器由弹簧 2 的压紧力使牙盘 3、4 嵌合以传递转矩。一旦转矩超载，牙间的轴向推力将克服弹簧阻力和摩擦阻力，使牙盘 3 左移，离合器自动分离，牙盘 3、4 端面的牙齿跳跃滑过。当转矩降低到设定值以下时，离合器自动接合。弹簧的压力通过螺母 1 调节，以控制设定转矩的大小。

摩擦片式安全离合器与多片式摩擦离合器相似，只是没有操纵机构，而用弹簧将摩擦片压紧，并用螺钉调节压紧力的大小。当转矩超过极限时，摩擦片发生打滑，从而起到安全保护作用。

### 2）超越离合器

图 9-16 所示为滚柱式超越离合器。它主要由星轮 1、外圈 2、滚柱 3 和弹簧顶杆 4 组成。当星轮为主动件并顺时针方向旋转时，滚柱受摩擦力的作用被楔紧在槽内，因而带动外圈一起转动，离合器处于接合状态。当星轮反转时，滚柱受摩擦力的作用，被推到槽的较宽敞部分而不再被楔紧，从动外圈不随星轮回转，离合器处于分离状态。当然，外圈也可用做主动件。

如果星轮仍顺时针方向旋转，而外圈还能从另一条运动链获得与星轮转向相同但转速更高的运动，按相对运动原理，离合器将处于分离状态。此时星轮和外圈互不干涉，各以自己的转速转动。反之，当外圈转速低于主动星轮时，主动件能带动外圈转

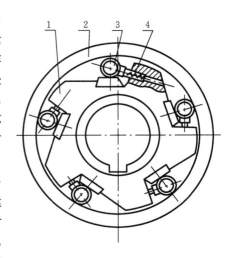

图 9-16　滚柱式超越离合器

动。由于这种离合器的接合和分离与星轮、外圈之间的转速差有关,具有从动件转速可超越主动件的特性,因此,称为超越离合器。由于这种离合器只能传递单向转矩,所以也称为定向离合器。

这种从动件可以超越主动件的特性广泛应用于内燃机的启动装置中。在汽车的启动装置中装上这种超越离合器,启动时电动机通过超越离合器的外圈(此时外圈是主动件,其转向在图中是逆时针方向)、滚柱、星轮带动内燃机,当内燃机发动以后,反过来带动星轮,使其获得与外圈转向相同但转速更大的运动,使离合器分离,以避免内燃机带动电动机超速旋转。

### 9.2.3 离合器的选择

与联轴器一样,大多数离合器已标准化或规格化,设计时,只需参考有关手册对其进行类比设计或选择即可。

选择离合器时,首先根据机器的工作特点和使用要求,结合各种离合器的性能特点,确定离合器的类型。类型确定后,可根据被连接的两轴的直径、计算转矩和转速,从有关手册中查出合适的型号,必要时,可对其薄弱环节进行承载能力校核。

# 9.3 制 动 器

### 9.3.1 制动器的功能与类型

制动器是用来降低机器的速度或迫使机器迅速停止运转的装置,其功能通常是利用摩擦副中的摩擦力矩来实现的。它一般装在机械的高速轴上,以减小制动力矩和制动器的尺寸。

按照工作状态,制动器可分为常闭式和常开式两种。常闭式制动器经常处于合闸状态,如起重机的提升机构即采用常闭式制动器,停车时合闸,提升时松闸,以确保安全;常开式制动器正好相反,经常处于松闸状态,需要制动时才合闸,如各种车辆的主制动器就是常开式的。

按照结构特点,制动器又可分为带式制动器、块式制动器等。

制动器大多已标准化,类型较多,使用场合较广。本节仅介绍两种常用的制动器。

### 9.3.2 常用制动器

#### 1. 带式制动器

图 9-17 所示为液压操纵带式制动器的结构简图。用挠性制动带 10 包围制动轮 9,当踩下踏板 2,通过杠杆及凸轮 3、液压系统(含油缸 5 和 7、活塞 4 和 8、油管 6、储油器 1等)将作用力传给制动带并使其收紧、抱住制动轮,带与轮间产生摩擦力,从而达到制动的

目的。机构 11 的作用是防止制动带偏斜或贴在制动轮上,并保证松闸的间隙。

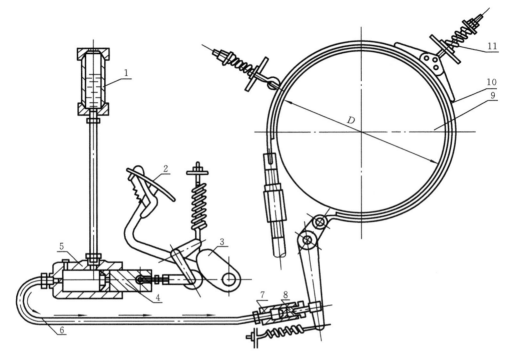

图 9-17　带式制动器

该制动器结构简单、紧凑,制动力矩大(因包角大)。但制动轮轴受较大的弯曲力,制动带的压力分布不均匀。这种制动器用于各种卷扬机、机床、汽车起重机的起升机构以及要求紧凑的机构中。

**2. 块式制动器**

块式制动器有多种形式,图 9-18 所示为常闭式的。它主要由位于制动轮 2 旁的两个制动臂 3 和两个制动瓦块 1 组成。紧闸装置 5 中的拉伸弹簧通过三角板 4(起杠杆作用)使制动器经常处于合闸状态,松闸装置 6 利用电磁力(或液力、人力)推动三角板使制动臂松开,机器便能自由运转。制动瓦块常用铸铁材料制成,也可在铸铁上覆以皮革或石棉带,以增大摩擦因数。若瓦块磨损,可调节拉杆的长度,使瓦块与制动轮间有足够的压紧力。

由于制动瓦块的包角小,所以它的制动力矩比带式制动器的小。但它制造安装简便、间隙调整容易、工作可靠、无压轴力,且已标准化,所以广泛应用于各种机械,如起重运输机械、石油机械、矿山机械、冶金机械、建筑机械等中。

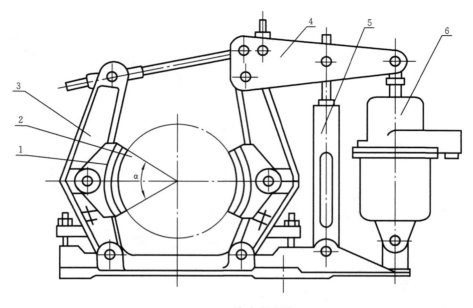

图 9-18　块式制动器

# 习　　题

**9-1**　联轴器、离合器、制动器的功能有何不同？各用在什么场合？

**9-2**　刚性联轴器与弹性联轴器在性能上有何区别？设计时如何选用？

**9-3**　如何选择联轴器的类型、型号和尺寸？

**9-4**　牙嵌离合器和摩擦式离合器各有何特点？超越离合器的工作原理是什么？

**9-5**　如何区别制动器是常开式还是常闭式的？常闭式制动器一般用于什么场合？

**9-6**　离心式水泵采用弹性柱销联轴器连接,原动机为电动机,传递功率 $P=30$ kW,转速 $n=350$ r/min,主、从动端轴径分别为 55 mm 和 50 mm,试选择该联轴器的型号。若原动机改为活塞式内燃机,又应如何选择联轴器？

# 第 10 章 弹 簧 设 计

## 10.1 弹簧的功用和类型

### 10.1.1 弹簧的功用

弹簧是一种常用的弹性零件,它在受载后产生较大的弹性变形,并能吸收和储存能量。其主要功能是:①减振和缓冲,如缓冲器、车辆的缓冲弹簧等;②控制运动,如制动器、离合器以及内燃机气门控制的弹簧;③储存或释放能量,如钟表发条、定位控制机构中的弹簧;④测量力和力矩,用于测力器、弹簧秤等。

### 10.1.2 弹簧的主要类型

按弹簧的受力性质不同,弹簧主要分为:拉伸弹簧,压缩弹簧,扭转弹簧和弯曲弹簧。按弹簧的形状不同又可分为螺旋弹簧、板弹簧、环形弹簧、碟形弹簧等。除金属弹簧外,还有空气弹簧、橡胶弹簧等非金属弹簧。表 10-1 列出了各种常用弹簧的基本形式。

表 10-1 弹簧的类型

| 弹 簧 形 状 | 承 受 载 荷 | | | | |
|---|---|---|---|---|---|
| | 拉 伸 | 压 缩 | | 扭 转 | 弯 曲 |
| 螺旋形 | 圆柱螺旋拉伸弹簧 | 圆柱螺旋压缩弹簧 | 圆锥螺旋压缩弹簧 | 圆柱螺旋扭转弹簧 | — |
| 其他形状 | — | 环形弹簧 | 碟形弹簧 | 平面涡卷弹簧 | 板弹簧 |

一般机械中最常用的是圆柱螺旋弹簧,本章主要介绍这类弹簧的设计方法。

# 10.2　弹簧的制造方法、材料及许用应力

## 10.2.1　弹簧的制造

螺旋弹簧的制造要经过卷制、挂钩制作(拉簧)或端面加工(压簧)、热处理、工艺试验等过程,重要的弹簧还要进行强压处理。

卷制分冷卷和热卷。簧丝直径 $d<(8\sim10)$ mm 的弹簧,直接使用预热处理后的弹簧丝在常温下卷制,称为冷卷。冷卷弹簧一般要进行低温回火以消除内应力。对于直径较大的弹簧,则要在 $800\sim1\,000$ ℃ 的温度下卷制,称为热卷。热卷后需进行淬火、中温回火等处理。冷卷和热卷的螺旋压缩与拉伸弹簧分别用代号 Y、L 和 RY、RL 表示。

对于一些重要的弹簧,还要进行工艺检验和冲击疲劳试验。为提高弹簧的承载能力,可将弹簧在超过工作极限载荷下持续强压 $6\sim8$ h。为提高弹簧的疲劳强度,常采用喷丸处理,使其表面产生有益的残余应力。经过强压处理和喷丸处理的弹簧不得再进行热处理。

## 10.2.2　弹簧的材料和许用应力

弹簧在机械中常承受具有冲击性的变载荷,所以弹簧材料应具有高的弹性极限、疲劳极限、冲击韧度和良好的热处理性能。常用的弹簧材料有以下几种。

(1)碳素弹簧钢　价廉、易得,热处理后具有较高的强度和韧度,适宜的塑性。但当弹簧丝直径 $d>12$ mm 时不易淬透,故仅适用于一般用途的小尺寸弹簧。

(2)合金弹簧钢　在碳素弹簧钢中加入锰、硅、铬、钒等合金元素,可提高钢的淬透性,改善钢的力学性能。合金弹簧钢适用于受变载荷和冲击载荷作用的弹簧。

(3)不锈钢和铜合金材料　用于要求防腐蚀、防磁性和导电的弹簧。

(4)非金属材料　包括橡胶、纤维增强塑料等。选择材料时,应根据弹簧的功用、载荷大小、载荷性质及循环特性、工作强度、周围介质以及重要程度来进行选择。几种弹簧材料的性能和许用应力值见表 10-2,弹簧钢丝的抗拉强度见表 10-3。

表 10-2　弹簧材料及其许用应力

| 类别 | 牌号 | 压缩弹簧许用剪切应力 [$\tau$]/MPa | | | 许用弯曲应力 [$\sigma_b$]/MPa | | 切变模量 $G$/MPa | 弹性模量 $E$/MPa | 推荐硬度范围 /HRC | 推荐使用温度 /℃ | 特性及用途 |
|---|---|---|---|---|---|---|---|---|---|---|---|
| | | Ⅰ类 | Ⅱ类 | Ⅲ类 | Ⅱ类 | Ⅲ类 | | | | | |
| 钢丝 | 碳素弹簧钢丝、琴钢丝 | $(0.3\sim0.38)\sigma_b$ | $(0.38\sim0.45)\sigma_b$ | $0.5\sigma_b$ | $(0.6\sim0.68)\sigma_b$ | $0.8\sigma_b$ | $79\times10^3$ | $206\times10^3$ | — | $-40\sim120$ | 强度高,性能好,适用于做小弹簧,如安全阀弹簧或要求不高的大弹簧 |
| | 油淬-回火碳素弹簧钢丝 | $(0.35\sim0.4)\sigma_b$ | $(0.4\sim0.47)\sigma_b$ | $0.55\sigma_b$ | $(0.6\sim0.68)\sigma_b$ | $0.8\sigma_b$ | | | | | |
| | 65Mn | 340 | 455 | 570 | 570 | 710 | | | | | |
| | 60Si2Mn 60Si2MnA | 445 | 590 | 740 | 740 | 925 | | | $45\sim50$ | $-40\sim120$ | 弹性好,回火稳定性好,易脱碳,用于受大载荷的弹簧 |
| | 50CrVA | | | | | | | | $45\sim50$ | $-40\sim210$ | 用于制作截面大、高应力的弹簧,亦用于变载荷、高温工作的弹簧 |
| | 65Si2MnWA 60Si2CrVA | 560 | 745 | 931 | 931 | 1167 | | | $47\sim52$ | $-40\sim250$ | 强度高,耐高温,耐冲击,弹性好 |
| | 30W4Cr2VA | 442 | 588 | 735 | 735 | 920 | | | $43\sim47$ | $-40\sim350$ | 高温时强度高,淬透性好 |
| 不锈钢丝 | 1Cr18Ni9 | $(0.28\sim0.34)\sigma_b$ | $(0.34\sim0.38)\sigma_b$ | $0.45\sigma_b$ | $(0.5\sim0.65)\sigma_b$ | $0.75\sigma_b$ | $71\times10^3$ | $185\times10^3$ | | $-200\sim300$ | 耐腐蚀 |
| | 0Cr18Ni9 17Cr18Ni9 | 324 | 432 | 533 | 533 | 677 | $71.6\times10^3$ | $197\times10^3$ | — | $-250\sim300$ | 耐腐蚀、耐高温,适用于制作化工、航海用的小弹簧 |
| | 40Cr13 | 441 | 588 | 735 | 735 | 922 | $75.5\times10^3$ | $215\times10^3$ | $48\sim53$ | $-40\sim300$ | 耐腐蚀、耐高温,适用于制作化工、航海用的较大尺寸弹簧 |

续表

| 类别 | 牌号 | 压缩弹簧许用剪切应力 [τ]/MPa | | | 许用弯曲应力 [σ_b]/MPa | | 切变模量 G/MPa | 弹性模量 E/MPa | 推荐硬度范围 /HRC | 推荐使用温度 /℃ | 特性及用途 |
|---|---|---|---|---|---|---|---|---|---|---|---|
| | | Ⅰ类 | Ⅱ类 | Ⅲ类 | Ⅱ类 | Ⅲ类 | | | | | |
| 不锈钢丝 | Co40CrNiMo | 500 | 667 | 834 | 834 | 1 000 | $76.5 \times 10^3$ | $197 \times 10^3$ | — | —40 ～400 | 耐腐蚀,强度高,防磁,低后效,高弹性 |
| 青铜丝 | QSi3-1 | 265 | 353 | 442 | 442 | 550 | $41 \times 10^3$ | $93 \times 10^3$ | HBS 90～100 | —40 ～120 | 耐腐蚀,防磁,用于制作电器仪表、航海用的弹簧 |
| | QSn4-3 QSn6.5-0.1 | | | | | | $40 \times 10^3$ | | | | |
| | QBe2 | 353 | 442 | 550 | 550 | 730 | $44 \times 10^3$ | $129 \times 10^3$ | 37～40 | —40 ～120 | 导电性好,弹性好,耐腐蚀,防磁,用于制作精密仪器的弹簧 |

注:① 按应力循环次数 N 不同,弹簧分为三类:Ⅰ类 $N > 10^6$;Ⅱ类 $N = 10^3 \sim 10^6$,可用于受冲击载荷的场合;Ⅲ类 $N < 10^3$;

② 拉伸弹簧的许用剪切应力为压缩弹簧的80%;

③ 表中[τ]、[σ_b]、G 和 E 值,是常温下按表中推荐硬度范围的下限值时的数值。

表 10-3　弹簧钢丝的抗拉强度 σ_b　　　　　　　单位:MPa

| 碳素弹簧钢丝 (GB/T 23935—2009) | | | | 油淬—回火碳素弹簧钢丝 (GB/T 23935—2009) | | | 不锈钢弹簧钢丝 (GB/T 23935—2009) | | |
|---|---|---|---|---|---|---|---|---|---|
| 钢丝直径 d/mm | B级 低应力 弹簧 | C级 中应力 弹簧 | D级 高应力 弹簧 | 钢丝直径 d/mm | A类 一般 强度 | B类 较高 强度 | 钢丝直径 d/mm | A类 | B类 |
| 1 | 1660 | 1960 | 2300 | 2 | 1618 | 1716 | 0.1～0.2 | 1618 | 2157 |
| 1.6 | 1570 | 1830 | 2110 | 2.2～2.5 | 1569 | 1667 | 0.23～0.4 | 1569 | 2059 |
| 2.0 | 1470 | 1710 | 1910 | 3 | 1520 | 1618 | 0.45～0.7 | 1569 | 1961 |
| 2.5 | 1420 | 1660 | 1760 | 3.2～3.5 | 1471 | 1569 | 0.8～1.0 | 1471 | 1863 |
| 3.0 | 1370 | 1570 | 1710 | 4 | 1422 | 1520 | 1.2～1.4 | 1373 | 1765 |
| 3.2～3.5 | 1320 | 1570 | 1660 | 4.5 | 1373 | 1471 | 1.6～2.0 | 1324 | 1667 |
| 4～4.5 | 1320 | 1520 | 1620 | 5 | 1324 | 1422 | 2.3～2.6 | 1275 | 1590 |
| 5 | 1320 | 1470 | 1570 | 5.5～6.5 | 1275 | 1373 | 2.8～4 | 1177 | 1471 |
| 6 | 1220 | 1420 | 1520 | 7～9 | 1226 | 1324 | 4.5～6 | 1079 | 1373 |
| 7～8 | 1170 | 1370 | | 10 以上 | 1177 | 1275 | 6.5～8 | 981 | 1275 |

注:表中 σ_b 值均为下限值。

# 10.3　圆柱螺旋拉、压弹簧的设计

## 10.3.1　圆柱螺旋拉、压弹簧的结构和几何尺寸

### 1. 圆柱螺旋拉、压弹簧的结构

圆柱螺旋压缩弹簧的结构如图 10-1 和图 10-3(a)所示。在自由状态下压缩弹簧各圈之间应有适当的间隙 $\delta$,以便弹簧受载时能产生相应的变形。为了使弹簧在压缩后仍能保持一定的弹性,设计时还应考虑在最大载荷作用下,各圈之间仍需保留一定的间隙 $\delta_1$。一般推荐 $\delta_1 \approx 0.1d \geqslant 0.2$ mm,式中 $d$ 为弹簧丝直径。弹簧节距 $p$ 在 $(1/3 \sim 1/2)D_2$ 的范围内。压缩弹簧两端各有 $0.75 \sim 1.25$ 圈的支承圈,它只起支承作用而不参与变形,称为死圈,常见的端部结构如图 10-1 所示,其中图(a)为两端圈并紧并磨平(YⅠ或 RYⅠ型),图(b)为两端圈并紧且不磨平(YⅢ型)。重要场合应采用 YⅠ或 RYⅠ型弹簧,以保证两支承面与弹簧的轴线垂直,使弹簧受压时不至于产生歪斜。

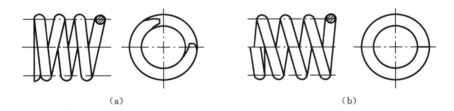

(a)　　　　　　　　　　　　　　　　　　　(b)

**图 10-1　压缩弹簧的端部结构**

(a) YⅠ、RYⅠ型;(b) YⅢ型

拉伸弹簧的结构如图 10-2 和图 10-3(b)所示,各圈之间一般无间隙,其端部制有挂

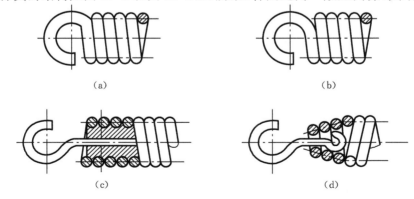

(a)　　　　　　　　　　　　　　　　　(b)

(c)　　　　　　　　　　　　　　　　　(d)

**图 10-2　拉伸弹簧的端部结构**

(a) LⅠ、RLⅠ型;(b) LⅡ、RLⅡ型;(c) LVⅡ型;(d) LVⅢ型

钩,以便安装和加载。挂钩形式如图 10-2 所示。其中图(a)和图(b)所示分别为半圆形钩和圆环钩,这两种挂钩的弯曲应力较大,只能用于弹簧丝直径 $d \leqslant 10$ mm 的中小载荷和不重要的地方;图(c)和图(d)所示分别为可调钩环和可转钩环,适用于受力较大的场合。

**2. 圆柱螺旋拉、压弹簧的几何尺寸**

圆柱形螺旋弹簧的主要几何尺寸有:弹簧丝直径 $d$、外径 $D$、内径 $D_1$、中径 $D_2$、节距 $p$、螺旋升角 $\gamma$、自由高度(压缩弹簧)或长度(拉伸弹簧)$H_0$,如图 10-3 所示。此外,还有有效圈数 $n$、总圈数 $n_1$ 等,其几何尺寸计算公式见表 10-4。

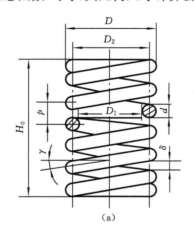 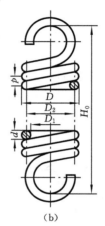

**图 10-3　圆柱螺旋弹簧**

(a) 压缩弹簧;(b) 拉伸弹簧

**表 10-4　圆柱螺旋拉、压弹簧的几何尺寸计算公式**

| 名称与代号 | 螺旋压缩弹簧 | 螺旋拉伸弹簧 |
|---|---|---|
| 弹簧丝直径 $d$/mm | 由强度计算公式确定 | |
| 弹簧中径 $D_2$/mm | $D_2 = Cd$ | |
| 弹簧内径 $D_1$/mm | $D_1 = D_2 - d$ | |
| 弹簧外径 $D$/mm | $D = D_2 + d$ | |
| 弹簧指数 $C$ | $C = D_2/d$,一般 $4 \leqslant C \leqslant 16$ | |
| 螺旋升角 $\gamma$/(°) | $\gamma = \arctan \dfrac{p}{\pi D_2}$,对压缩弹簧,推荐 $\gamma = 5° \sim 9°$ | |
| 有效圈数 $n$ | 由变形条件计算确定,一般 $n > 2$ | |
| 总圈数 $n_1$ | 冷卷:$n_1 = n + (2 \sim 2.5)$;<br>YI 型热卷:$n_1 = n + (1.5 \sim 2)$ | $n_1 = n$,$n_1$ 的尾数为 1/4、1/2、3/4 或整圈,推荐 1/2 圈 |

| 名称与代号 | 螺旋压缩弹簧 | 螺旋拉伸弹簧 |
|---|---|---|
| 自由高度或长度 $H_0$/mm | 两端圈磨平: $n_1 = n + 1.5$ 时, $H_0 = np + d$<br>$n_1 = n + 2$ 时, $H_0 = np + 1.5d$<br>$n_1 = n + 2.5$ 时, $H_0 = np + 2d$<br>两端圈不磨平: $n_1 = n + 2$ 时, $H_0 = np + 3d$<br>$n_1 = n + 2.5$ 时, $H_0 = np + 3.5d$ | L I 型: $H_0 = (n+1)d + D_1$<br>L II 型: $H_0 = (n+1)d + 2D_1$<br>L III 型: $H_0 = (n+1.5)d + 2D_1$ |
| 工作高度或长度 $H_n$/mm | $H_n = H_0 - \lambda_n$ | $H_n = H_0 + \lambda_n$, $\lambda_n$ 为变形量 |
| 节距 $p$/mm | $p = d + \dfrac{\lambda_{max}}{n} + \delta_1 = \pi D_2 \tan\gamma \ (\gamma = 5° \sim 9°)$ | $p = d$ |
| 间距 $\delta$/mm | $\delta = p - d$ | $\delta = 0$ |
| 压缩弹簧高径比 $b$ | $b = H_0 / D_2$ | |
| 展开长度 $L$/mm | $L = \pi D_2 n_1 / \cos\gamma$ | $L = \pi D_2 n +$ 钩部展开长度 |

## 10.3.2　圆柱螺旋弹簧的特性曲线

弹簧应在弹性极限内工作,不允许有塑性变形。弹簧所受载荷与其变形之间的关系曲线称为弹簧的特性曲线。

**1. 压缩弹簧的特性曲线**

螺旋压缩弹簧的特性曲线如图 10-4 所示。图中 $H_0$ 为弹簧未受载时的自由高度。$F_{min}$ 为最小工作载荷,它是使弹簧稳定在安装位置的初始载荷。在 $F_{min}$ 的作用下,弹簧从自由高度 $H_0$ 被压缩到 $H_1$,相应的压缩变形量为 $\lambda_{min}$。在弹簧的最大工作载荷 $F_{max}$ 作用下,弹簧的高度被压缩到 $H_2$,压缩变形量增至 $\lambda_{max}$。图中 $F_{lim}$ 为弹簧的极限载荷,在其作用下,弹簧高度为 $H_{lim}$,变形量为 $\lambda_{lim}$,这时弹簧丝应力达到了材料的弹性极限。弹簧的工作行程 $h = H_1 - H_2 = \lambda_{max} - \lambda_{min}$。

**2. 拉伸弹簧的特性曲线**

螺旋拉伸弹簧的特性曲线如图 10-5 所示。按卷绕方法的不同,拉伸弹簧分为无初应力和有初应力的两种。拉伸弹簧冷卷绕制后若不进行其他热处理,弹簧丝内存在与工作应力相反方向的残余切应力,称为初应力。热卷或冷卷后进行热处理的拉伸弹簧无初应力。无初应力的拉伸弹簧其特性曲线与压缩弹簧的特性曲线相同,如图 10-5(b) 所示。有初应力的拉伸弹簧的特性曲线如图 10-5(c) 所示,图中增加了一段假想的变形量 $x$,相应的拉力 $F_0$ 是克服这段假想变形量而使弹簧开始伸长所需的初拉力,即当工作载荷大于 $F_0$ 时,弹簧才开始变形。

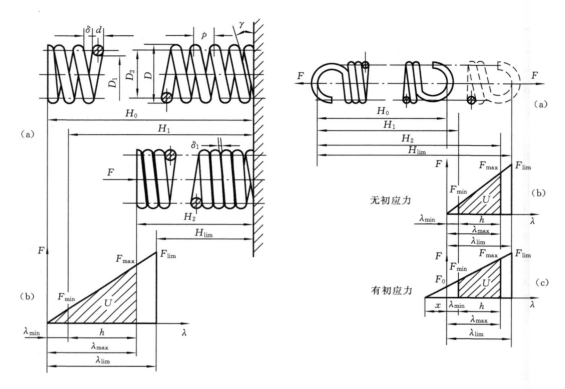

**图 10-4　圆柱螺旋压缩弹簧的特性曲线**　　　**图 10-5　圆柱螺旋拉伸弹簧的特性曲线**

对于一般拉、压螺旋弹簧,最小工作载荷通常取为 $F_{min} \geqslant 0.2F_{lim}$,对于有初拉力的拉伸弹簧 $F_{min} > F_0$;弹簧的工作载荷应小于极限载荷,通常取 $F_{max} \leqslant 0.8F_{lim}$。因此,为保持弹簧的线性特性,弹簧的工作变形量(工作行程 $h$)应取在 $(0.2 \sim 0.8)\lambda_{lim}$ 范围内。

等节距的圆柱螺旋弹簧的特性曲线为一直线,即弹簧的刚度 $k$(使弹簧产生单位变形所需的载荷称为弹簧刚度)为常数,这种弹簧是等刚度弹簧。

对于压缩弹簧或无初应力的拉伸弹簧,其刚度为

$$k = \frac{F_{min}}{\lambda_{min}} = \frac{F_{max}}{\lambda_{max}} = \frac{F_{lim}}{\lambda_{lim}} = \frac{F_{max} - F_{min}}{h} = 常数 \tag{10-1}$$

对于有初应力的拉伸弹簧,其刚度为

$$k = \frac{F_0}{x} = \frac{F_{min}}{x + \lambda_{min}} = \frac{F_{max}}{x + \lambda_{max}} = \frac{F_{lim}}{x + \lambda_{lim}} = \frac{F_{max} - F_{min}}{h} = 常数 \tag{10-2}$$

## 10.3.3　圆柱螺旋拉、压弹簧设计时应满足的条件

圆柱螺旋拉、压弹簧应满足的条件是:①强度条件;②刚度条件;③稳定性条件(对于压缩弹簧)。以下逐项进行分析。

**1. 强度条件**

弹簧通常受变应力作用,故其主要失效形式是疲劳断裂。圆柱螺旋压缩弹簧和拉伸弹簧工作时,其弹簧丝的受力情况完全相同。现就图 10-6 所示的受轴向载荷 $F$ 作用的压缩弹簧进行分析。

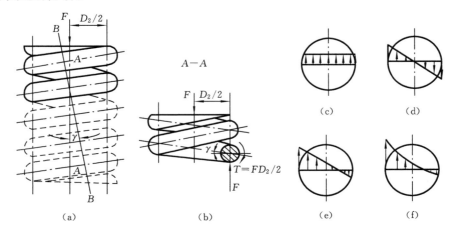

图 10-6　圆柱螺旋压缩弹簧的受力及应力分析

如图 10-6(a)所示,在通过轴线的截面 $A-A$ 上,弹簧丝的截面为椭圆形,而在弹簧丝的法向截面 $B-B$ 上,弹簧丝的截面为圆形。这两个截面的夹角等于螺旋升角 $\gamma$。由于 $\gamma$ 一般很小,可近似认为弹簧丝的 $A-A$ 截面是直径为 $d$ 的圆形截面,从而使计算得以简化。

弹簧丝的 $A-A$ 截面(图 10-6(b))上作用着由剪切力 $F$ 产生的剪切应力 $\tau_F$ 及由转矩 $T=FD_2/2$ 产生的扭转剪切应力 $\tau_T$,其最大剪切应力 $\tau$ 为

$$\tau = \tau_F + \tau_T = \frac{F}{\pi d^2/4} + \frac{FD_2/2}{\pi d^3/16} = \frac{8FD_2}{\pi d^3}\left(\frac{1}{2C}+1\right) \quad \text{MPa} \qquad (10\text{-}3)$$

式中:$C$ 为弹簧中径 $D_2$ 与簧丝直径 $d$ 的比值,即 $C=D_2/d$,称为弹簧指数。$C$ 值通常在 $4\sim16$ 范围内,设计时可按表 10-5 选取。弹簧指数是弹簧设计时的一个重要参数,影响着弹簧刚度。当弹簧丝直径 $d$ 一定时,$C$ 值小则弹簧中径 $D_2$ 也小,弹簧刚度增大,但弹簧的曲率也大,卷制困难,且工作时弹簧圈内侧产生的初应力较大;$C$ 值大时则与上述情况相反。$C$ 值过大的弹簧,工作时易发生颤动。

表 10-5　弹簧指数 $C$ 的选用范围

| 弹簧丝直径 $d$/mm | $0.2\sim0.4$ | $0.5\sim1.0$ | $1.1\sim2.2$ | $2.5\sim6$ | $7\sim16$ | $18\sim50$ |
|---|---|---|---|---|---|---|
| $C$ | $7\sim14$ | $5\sim12$ | $5\sim10$ | $4\sim9$ | $4\sim8$ | $4\sim6$ |

在图 10-6 中,图(c)为剪切力 $F$ 引起的剪切应力 $\tau_F$ 分布简图;图(d)为转矩 $T$ 引起的

扭转剪切应力 $\tau_T$ 分布简图；图(e)为上述两种应力的合成简图,可知,最大应力发生在弹簧丝截面的内侧,实践证明,弹簧的疲劳断裂通常是由这点开始。考虑到弹簧螺旋升角 $\gamma$ 和曲率对应力的影响,引入曲度系数 $K$ 对式(10-3)进行修正,则弹簧丝内侧的最大应力(图10-6(f))及其强度条件为

$$\tau_{max} = K\,\frac{8F_{max}D_2}{\pi d^3} \leqslant [\tau] \quad \text{MPa} \tag{10-4}$$

式中:$K$ 为曲度系数。$K$ 一般可按下式计算:

$$K = \frac{4C-1}{4C-4} + \frac{0.615}{C} \tag{10-5}$$

弹簧丝直径 $d$ 的设计公式为

$$d \geqslant 1.6\sqrt{\frac{KF_{max}C}{[\tau]}} \quad \text{mm} \tag{10-6}$$

式中:$[\tau]$ 为许用剪切应力(MPa),按表 10-2 选取；

$\quad\quad F_{max}$ 为弹簧的最大工作载荷(N)。

应用式(10-6)计算时,因弹簧指数 $C$ 和许用剪切应力 $[\tau]$ 均与直径 $d$ 有关,所以需要试算才能得出合适的弹簧丝直径 $d$。

**2. 刚度条件**

根据材料力学的知识,可求得圆柱螺旋弹簧的变形计算公式为

$$\lambda = \frac{8FC^3n}{Gd} \quad \text{mm} \tag{10-7}$$

式中:$G$ 为材料的切变模量(MPa),由表 10-2 选取；

$\quad\quad n$ 为弹簧的有效圈数(工作圈数)。

由式(10-7)可得弹簧圈数为

$$n = \frac{G\lambda d}{8FC^3} = \frac{Gdh}{8C^3(F_{max}-F_{min})} \tag{10-8}$$

对于拉伸弹簧,总圈数 $n_1 > 20$ 时,一般圆整为整数圈；$n_1 < 20$ 时,则可圆整为 0.5 的倍数。对于压缩弹簧,$n_1$ 的尾数宜取 1/4、1/2 或整数圈,常用 1/2 圈。为了保证弹簧具有稳定的性能,弹簧的有效工作圈数 $n > 2$。

由式(10-7)还可得出弹簧刚度的计算公式为

$$k = \frac{F}{\lambda} = \frac{Gd}{8C^3n} \quad \text{N/mm} \tag{10-9}$$

由式(10-9)可知,$C$ 值越大、工作圈数 $n$ 越多,则弹簧刚度越小。

**3. 稳定性条件**

当作用在压缩弹簧上的轴向载荷 $F$ 过大,且高径比 $b = H_0/D_2$ 超出一定范围时,弹簧会产生较大的侧向弯曲(图 10-7)而失稳。

为保证压缩弹簧的稳定性,一般规定:两端固定时,取 $b < 5.3$；一端固定、另一端自由时,

取 $b<3.7$；两端自由时，应取 $b<2.6$。如未能满足上述要求，应按下式进行稳定性验算：

$$F_{\max} < F_c = C_b k H_0 \quad N \tag{10-10}$$

式中：$F_c$ 为临界载荷（N）；

　　　$C_b$ 为不稳定系数，见图 10-8。

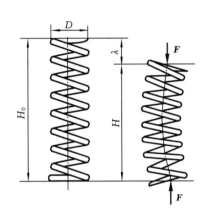

图 10-7　压缩弹簧的失稳

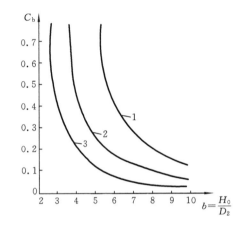

图 10-8　不稳定系数 $C_b$

1—两端固定；2—一端固定、一端自由；3—两端自由

## 10.3.4　圆柱螺旋拉、压弹簧的设计实例

　　弹簧设计时，一般是根据弹簧的最大工作载荷 $F_{\max}$、最小工作载荷 $F_{\min}$、工作行程 $h$ 及其他尺寸限制和工作条件等，来确定弹簧丝直径 $d$、工作圈数 $n$ 以及其他几何尺寸，并绘制工作图。

　　单个圆柱螺旋拉、压弹簧的一般设计步骤如下。

　　（1）先根据工作条件、要求等，试选弹簧材料、弹簧指数 $C$。由于 $\sigma_b$ 与 $d$ 有关，所以往往还要预先假定弹簧丝的直径 $d$。

　　（2）按强度条件式（10-6）计算出弹簧丝的直径 $d$，如果所得结果与假设不符合，则以上过程需重复进行。

　　（3）按刚度条件式（10-8）计算出弹簧的有效圈数 $n$。

　　（4）若设计的是压缩弹簧，则按式（10-10）进行弹簧的稳定性校核。

　　（5）由表 10-4 计算弹簧其他的几何尺寸，画出弹簧的零件工作图及特性曲线。

　　以下就一个实例来说明圆柱螺旋弹簧的设计方法和过程。

　　[例 10-1]　试设计一圆柱螺旋压缩弹簧，簧丝剖面为圆形。已知最小载荷 $F_{\min}=200\ N$，最大载荷 $F_{\max}=500\ N$，工作行程 $h=10\ mm$，按Ⅱ类弹簧设计，要求弹簧外径不超过 28 mm，端部并紧磨平。

**解** (1) 根据外径要求,初选弹簧指数 $C=7$,并采用试算法。

由 $C=D_2/d=(D-d)/d$ 且 $D\leqslant 28$,取 $d=3.5$。查表 10-3,选用 C 级碳素弹簧钢丝时,$\sigma_b=1\,570$ MPa。由表 10-2 知,$[\tau]=0.4\,\sigma_b=0.4\times 1\,570$ MPa$=628$ MPa。由式(10-5)得 $K=1.21$。由式(10-6)计算得 $d\geqslant 4.15$ mm,与原假设的 3.5 mm 相差较大,故应重新计算。

改选弹簧指数 $C=6$,取 $d=4$ mm,查得 $\sigma_b=1\,520$ MPa,$[\tau]=0.4\,\sigma_b=608$ MPa,$K=1.25$,代入式(10-6)得

$$d\geqslant 1.6\sqrt{\frac{KF_{max}C}{[\tau]}}=1.6\times\sqrt{\frac{1.25\times 500\times 6}{608}}\,\text{mm}=3.98\,\text{mm}$$

计算出的 $d$ 值与改选 $C$ 后的直径接近,故确定 $d=4$ mm,$D_2=Cd=6\times 4$ mm$=24$ mm,则 $D=D_2+d=(24+4)$ mm$=28$ mm,符合题目要求。

(2) 求弹簧有效工作圈数 $n$。

变形量 $\lambda_{max}$ 由图 10-4 确定,即

$$\lambda_{max}=h\,\frac{F_{max}}{F_{max}-F_{min}}=10\times\frac{500}{500-200}\,\text{mm}=16.7\,\text{mm}$$

查表 10-2 得,$G=79\,000$ MPa,由式(10-8)得

$$n=\frac{G\lambda d}{8FC^3}=\frac{79\,000\times 16.7\times 4}{8\times 500\times 6^3}=6.11$$

取 $n=6.5$ 圈,考虑到两端各并紧一圈,则弹簧总圈数为

$$n_1=n+2=6.5+2=8.5$$

(3) 确定实际最大变形量 $\lambda_{max}$、实际最小变形量 $\lambda_{min}$ 和实际最小载荷 $F_{min}$。

$$\lambda_{max}=\frac{8nF_{max}C^3}{Gd}=\frac{8\times 6.5\times 500\times 6^3}{79\,000\times 4}\,\text{mm}=17.77\,\text{mm}$$

由图 10-4 可知

$$\lambda_{min}=\lambda_{max}-h=(17.77-10)\,\text{mm}=7.77\,\text{mm}$$

$$F_{min}=\frac{\lambda_{min}Gd}{8nC^3}=\frac{7.77\times 79\,000\times 4}{8\times 6.5\times 6^3}\,\text{N}=218.6\,\text{N}$$

(4) 计算弹簧节距 $p$、自由高度 $H_0$、螺旋升角 $\gamma$ 和弹簧丝展开长度 $L$。

在 $F_{max}$ 作用下,压缩弹簧相邻两圈的间距 $\delta_1\geqslant 0.1d=0.4$ mm,取 $\delta_1=0.5$ mm,则无载荷作用下弹簧的节距为

$$p=d+\frac{\lambda_{max}}{n}+\delta_1=\left(4+\frac{17.77}{6.5}+0.5\right)\,\text{mm}=7.23\,\text{mm}$$

基本符合 $p=(1/3\sim 1/2)D_2$ 的要求。

端面并紧、磨平后弹簧的自由高度为

$$H_0=np+1.5d=(6.5\times 7.23+1.5\times 4)\,\text{mm}=52.995\,\text{mm}$$

无载荷作用下弹簧的螺旋角为

$$\gamma = \arctan\left(\frac{p}{\pi D_2}\right) = \arctan\left(\frac{7.23}{\pi \times 24}\right) = 5°28'38''$$

满足 $\gamma = 5° \sim 9°$ 的范围。

弹簧丝的展开长度为

$$L = \frac{\pi D_2 n_1}{\cos\gamma} = \frac{\pi \times 24 \times 8.5}{\cos 5°28'38''} \text{ mm} = 643.8 \text{ mm}$$

（5）稳定性计算。

$$b = \frac{H_0}{D_2} = \frac{52.995}{24} = 2.21$$

采用两端固定支座，$b = 2.21 < 5.3$，不会失稳。

（6）绘制弹簧特性曲线及零件工作图（略，见图 10-4）。

# 10.4　其他弹簧简介

## 10.4.1　板弹簧

板弹簧是弯曲弹簧。图 10-9 所示为简单的、一块板的矩形板弹簧。由材料力学可导出其根部所受的最大弯曲应力以及前端的最大变形，并应满足

$$\sigma_{max} = \frac{6Fl}{bt^2} \leqslant [\sigma] \tag{10-11}$$

$$\lambda = \frac{4Fl^3}{Ebt^3} \leqslant [\lambda] \tag{10-12}$$

图 10-10 所示为重叠板弹簧。重叠板弹簧一般由 6～14 片长度不等的等宽弹簧钢板重叠在一起，并用弹簧夹和螺栓固定而成。由于重叠板弹簧的板与板之间有摩擦，所以在承受振动载荷时有衰减作用。板弹簧的刚度很大，是一种强力弹簧，主要用于各种车辆的减振装置和某些锻压设备（如弹簧锤）的结构中。

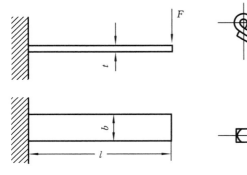

图 10-9　矩形板弹簧

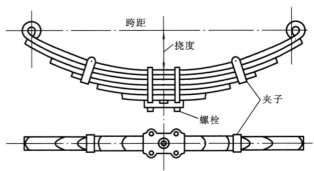

图 10-10　重叠板弹簧

## 10.4.2 圆柱形螺旋扭转弹簧

扭转弹簧常用于压紧、储能或传递扭矩,它的两端带有杆臂或挂钩,以便固定或加载(图 10-11(a))。扭转弹簧的工作扭矩 $T$ 与扭转角 $\varphi$ 之间是线性关系,其特性曲线如图 10-11(b)所示,图中 $T_{\min}$、$T_{\max}$ 和 $T_{\lim}$ 分别为最小、最大工作扭矩和极限扭矩,$\varphi_{\min}$、$\varphi_{\max}$ 和 $\varphi_{\lim}$ 为相应的扭转角。

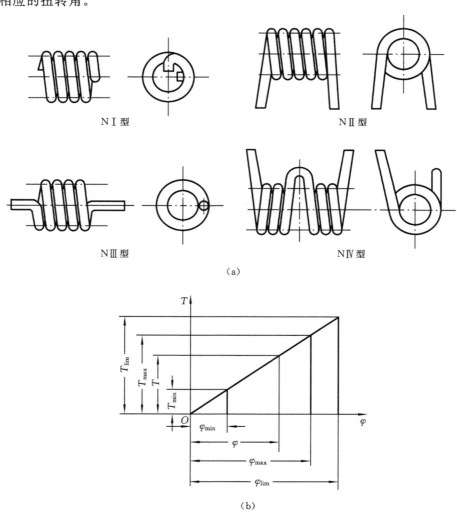

NⅠ型    NⅡ型

NⅢ型    NⅣ型

(a)

(b)

**图 10-11 扭转弹簧及其特性曲线**

(a) 各种类型的扭转弹簧;(b) 特性曲线

## 10.4.3　碟形弹簧

碟形弹簧呈无底碟状,一般用薄钢板冲压而成。实用中将很多碟形弹簧组合起来,并装在导杆上或套筒中工作(图 10-12(a))。碟形弹簧只能承受轴向载荷,是一种刚度很大的压缩弹簧。作为强力缓冲和减振装置,常用在重型机床、火炮等设备上。

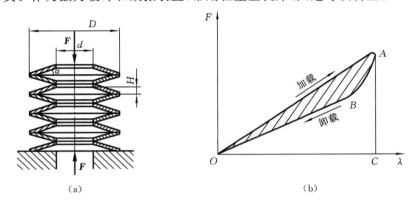

图 10-12　碟形弹簧及其特性曲线

碟形弹簧受载时,其锥角 $\alpha$ 将减小,产生轴向变形。工程上通常将碟形弹簧加载时的特性曲线近似取为直线 $OA$(图 10-12(b)),由于工作中有能量消耗,卸载过程中的特性曲线为曲线 $ABO$。近似三角形 $OAC$ 的面积 $U$ 代表外载所做的功,两段特性曲线 $OA$ 与 $ABO$ 所围成的面积 $U_0$(图 10-12(b)中的阴影部分)代表弹簧的内摩擦损耗功。比值 $U_0/U$ 则表征弹簧的缓冲能力,比值越大说明弹簧的缓冲能力越强。

## 10.4.4　环形弹簧

环形弹簧是由带内、外锥面的弹性圆环组合而成的一种压缩弹簧(图 10-13(a))。当

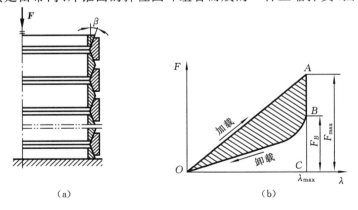

图 10-13　环形弹簧及其特性曲线

承受轴向载荷时,内、外环接触锥面间将产生很大的压力,使内环直径减小、外环直径增大,从而使弹簧产生轴向变形(缩短)。卸载后,弹簧则恢复到原来尺寸。加载过程中,内、外环锥面间将产生很大摩擦力,消耗较大的能量,由图 10-13(b)所示的特性曲线可以看出,阴影部分的面积与三角形 $OAC$ 的面积之比(即比值 $U_0/U$)很大,因此这种弹簧具有很强的缓冲、减振能力,常用在重型车辆、飞机起落架等缓冲装置中。

## 10.4.5　橡胶弹簧

橡胶弹簧主要因其防振功能而被用在各种机械和车辆中。它具有体积小、质量轻的特点,与金属材料的接合比较容易,对振动有衰减作用,对于高频振动的绝缘效果良好,因而也有隔音的作用。橡胶耐压缩且剪切能力较强,但在受拉伸的场合中应用较少。

由于天然及人造橡胶的质量已有很大的提高,其力学性能明显改善,在汽车等的机械部件上被大量使用。图 10-14(a)所示是用于支承机架时的情形,图(b)所示是在扭转时起防振作用的情形。

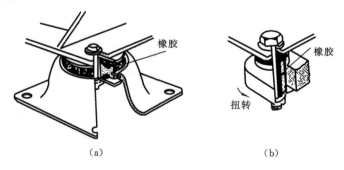

(a)　　　　　　　　　　　　(b)

**图 10-14　橡胶弹簧的应用**

## 10.4.6　空气弹簧

可利用空气的压缩性使其起到弹簧的作用,如汽车、自行车的轮胎就是一例。在各种车辆上空气弹簧已经实用化,在某些方面,空气弹簧可取代金属弹簧。

图 10-15 所示是车辆空气弹簧的一个例子。该弹簧的橡胶气囊及气室内的空气因其压缩性而起弹簧的作用,可以承受与内部气压和有效受压面积的乘积相等的载荷,如果车辆和车体的相对位置发生变化,可自动控制阀动作,控制空气的自动进出。其特点是能保持车体的高度。

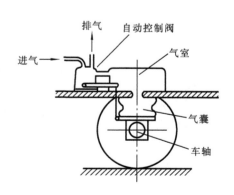

**图 10-15　气囊式车辆用空气弹簧**

空气弹簧与金属弹簧相比,有以下优点:①可以使刚度与载荷无关,取较小的值;②隔音效果很好;③对高频振动的绝缘性好。

# 习 题

**10-1** 圆柱形螺旋压缩弹簧,用Ⅱ类碳素弹簧钢丝制造。已知弹簧丝直径$d=6$ mm,弹簧中径 $D_2=34$ mm,有效圈数 $n=10$,试问:当轴向载荷 $F$ 为 900 N 时,弹簧的变形量是多少?

**10-2** 某牙嵌式离合器用圆柱形螺旋弹簧的参数如下:$D=36$ mm,$d=3$ mm,$n=5$,弹簧材料为碳素弹簧钢丝,最大工作载荷 $F_{max}=100$ N,载荷循环次数 $N<10^3$,试校核此弹簧的强度。

**10-3** 某控制用圆柱形螺旋压缩弹簧,最大工作载荷 $F_{max}=1\,000$ N,弹簧丝直径 $d=5$ mm,中径 $D_2=30$ mm,材料为 65 Mn,有效工作圈数 $n=10$ 圈,弹簧两端并紧、磨平,采用两端铰支结构。试求:①弹簧的最大变形量 $\lambda_{max}$ 和弹簧刚度 $k$;②弹簧的自由高度 $H_0$;③验算弹簧的稳定性。

**10-4** 设计一受静载荷作用的圆柱螺旋拉伸弹簧,工作载荷 $F=560$ N,相应变形量 $\lambda=29$ mm。

**10-5** 设计一具有初拉力的圆柱螺旋拉伸弹簧,已知:弹簧中径 $D_2=10$ mm,外径 $D<15$ mm。要求弹簧变形量为 6 mm 时,拉力为 160 N;变形量为 15 mm 时,拉力为 200 N。应力循环次数 $N<10^5$。

# 参 考 文 献

[1] 钟毅芳,吴昌林,唐增宝.机械设计[M].2版.武汉:华中科技大学出版社,2001.

[2] 杨家军,张卫国.机械设计基础[M].武汉:华中科技大学出版社,2002.

[3] 濮良贵,纪名刚.机械设计[M].8版.北京:高等教育出版社,2006.

[4] 钟毅芳,杨家军,程德云,等.机械设计原理与方法[M].武汉:华中科技大学出版社,2001.

[5] 朱孝录.中国机械设计大典(第4卷)[M].南昌:江西科学技术出版社,2002.

[6] 徐灏.机械设计手册[M].北京:机械工业出版社,1991.

[7] 黄纯颖.工程设计方法[M].北京:中国科学技术出版社,1989.

[8] 廖林清.机械设计方法学[M].重庆:重庆大学出版社,1996.

[9] 彭文生,李志明,黄华梁.机械设计[M].北京:高等教育出版社,2002.

[10] 黄华梁,彭文生.机械设计基础[M].北京:高等教育出版社,2001.

[11] 杨可桢,程光蕴.机械设计基础[M].4版.北京:高等教育出版社,1999.

[12] 邱宣怀.机械设计[M].4版.北京:高等教育出版社,1997.

[13] 余俊.滚动轴承计算——额定负荷、当量负荷及寿命[M].北京:高等教育出版社,1993.

[14] 余梦生,吴宗泽.机械零部件手册:选型、设计、指南[M].北京:机械工业出版社,1996.

[15] 薛迪甘.焊接概论[M].3版.北京:机械工业出版社,1997.

[16] 吴宗泽.机械结构设计[M].北京:高等教育出版社,1988.

[17] 胡建钢.机械系统设计[M].北京:水利电力出版社,1991.

[18] 吴宗泽.高等机械零件[M].北京:清华大学出版社,1991.

[19] 帕尔 G,拜茨 W.工程设计学[M].张直明,译.北京:机械工业出版社,1992.

[20] 机械设计实用手册编委会.机械设计实用手册[M].北京:机械工业出版社,2009.

[21] 袁剑雄,李晨霞,潘承怡.机械结构设计禁忌[M].北京:机械工业出版社,2008.

[22] 斯波茨,舒普,霍恩伯格.机械零件设计[M].北京:机械工业出版社,2007.